21世纪高等学校计算机基础实用系列教材

C语言程序设计

◎ 陆黎明 朱媛媛 编著

清华大学出版社

北京

内 容 简 介

本书以目前流行的 C 语言为例，全面阐述了高级语言程序设计的基本概念、基本方法和基本技术，主要内容包括程序设计基础，数据类型、运算符和表达式，结构化程序设计，数组，指针，函数，结构体类型，文件等。

本书强调程序设计方法的教学，通过大量趣味性和实用性的例题来说明 C 语言中语法的应用，以及程序设计的概念、方法、技巧，并对例题做了详细的分析，富有启发性；将初学者较难掌握的指针数据类型提前到数组这一章节，使学生有较多的时间来理解和掌握其应用；所配的练习题题型丰富，有针对性，贴近生活，能够激发学生学习的兴趣和积极性；附录中的程序调试技术可帮助初学者尽快掌握程序调试的基本技术；结构合理，重点突出，难点分散，图文并茂，格式规范，有利于学生的学习和培养良好的程序设计风格与习惯。

本书可作为各类高等学校本科、高职高专、成人教育的教材，也可作为计算机等级考试（二级 C）的参考书和自学教材。

本书封面贴有清华大学出版社防伪标签，无标签者不得销售。
版权所有，侵权必究。举报：010-62782989，beiqinquan@tup.tsinghua.edu.cn。

图书在版编目（CIP）数据

C 语言程序设计/陆黎明，朱媛媛编著. —北京：清华大学出版社，2017（2024.2重印）
（21 世纪高等学校计算机基础实用规划教材）
ISBN 978-7-302-46355-9

Ⅰ. ①C… Ⅱ. ①陆… ②朱… Ⅲ. ①C 语言－程序设计 Ⅳ. ①TP312.8

中国版本图书馆 CIP 数据核字（2017）第 021740 号

责任编辑：黄　芝　　王冰飞
封面设计：刘　健
责任校对：梁　毅
责任印制：杨　艳

出版发行：清华大学出版社
网　　址：https://www.tup.com.cn, https://www.wqxuetang.com
地　　址：北京清华大学学研大厦 A 座　　邮　编：100084
社 总 机：010-83470000　　邮　购：010-62786544
投稿与读者服务：010-62776969，c-service@tup.tsinghua.edu.cn
质量反馈：010-62772015，zhiliang@tup.tsinghua.edu.cn

印 装 者：三河市龙大印装有限公司
经　　销：全国新华书店
开　　本：185mm×260mm　　印　张：16.5　　字　数：411 千字
版　　次：2017 年 8 月第 1 版　　印　次：2024 年 2 月第 7 次印刷
印　　数：4001～4500
定　　价：49.80 元

产品编号：073518-02

前　言

以信息技术为主要标志的第三次科技革命不仅极大地推动了人类社会经济、政治、文化领域的变革，而且也影响了人类生活方式和思维方式，作为信息技术基础的程序设计也因此成为了绝大多数高校理工科专业的基础课程。对于计算机相关专业而言，程序设计是进一步学习其他专业课程的基础；对于非计算机专业而言，程序设计是理工科专业学生所应掌握的一项基本技能，从而能利用计算机来解决本专业领域的问题。近几年来，程序设计课程"以应用为背景，以传授程序设计方法为核心，以学生计算思维能力以及问题的求解能力和语言的应用能力培养为目标，把程序设计语言从只注重理解语言语法转变为一种编程工具"的教学理念已得到了普遍的认同。本书是这一教学理念的具体实践，主要体现在：

（1）C语言既满足了现代程序设计的基本要求，又是许多其他编程语言的基础，其精练的语法、强大的功能、广泛的应用，使得其在各类编程语言排行榜上常年占据前两名的位置，但C语言灵活丰富的语法和指针的应用也给初学者带来了困难。本书不刻意追求C语言语法知识的大而全，对不太主要的语法知识（如主函数参数、位运算、共用体、枚举类型、宏定义和条件编译等）不作介绍，对较少使用又较难的指针知识（如指向数组的指针、指针数组、二级指针等）作简要介绍，突出重点。

（2）指针类型及其应用是C语言中的难点，也是后续课程（如数据结构）的必备知识。本书将指针类型提前到数组这一章节，使学生能尽早理解指针概念并掌握其基本用法，在后续章节中注重介绍指针在数组、函数和链表中的运用，目的是使学生有一个比较长的时间来学习指针和掌握指针由易到难的应用。同时，这样使本书体系很好地反映了知识点的内在联系，增加了指针应用的机会，降低了指针学习的难度。另外，递归函数执行过程的理解是C语言中的又一个难点，本书通过独特的图示展示了递归函数执行时形参的变化过程，以帮助学生理解递归函数的执行。

（3）本书列举了大量有趣味性和应用背景的程序设计例题（书中将仅仅说明语言语法的举例称为示例，以示区别），在举例时不是先给出程序再去解释程序的算法，而是先分析问题，从中找出解决问题的思路和方法，再编写成程序，并对已有的方法提出改进的可能，举一反三，从而启发学生的思维，旨在培养学生的计算思维能力。本书中所选编的例题一方面展示了程序设计最基本的思想、方法和技巧，另一方面也展示了C语言中自增自减运算符、逻辑运算符的短路求值规则、指针变量作数组名、返回指针值的函数、指向函数的指针、静态局部变量、外部函数等语法知识的应用。

（4）本书所选配的练习题不但题型丰富，而且有针对性、贴近生活，这样一方面有利于学生对基本概念的理解，另一方面也能够激发学生学习的兴趣和积极性，从而掌握程序设计最基本的思想、方法和技巧，提高编程能力。

（5）程序设计是实践性很强的课程，该课程听不会，看不会，只能练会。学习程序设计最好的方法是勤学勤练，边看书边调试代码，先把书上的例子上机运行，再努力完成练习题中的编程题，在实践中掌握编程知识并逐步理解和掌握程序设计的思想和方法。希望初学者通过阅读附录中的常见错误分析和程序调试内容，尽快掌握程序调试的基本方法和技术，提高程序调试能力。

C语言常见的编程环境 Turbo C、Borland C++、Visual C++ 6.0 都是 20 世纪的产品，不建议使用。微软推出的开发环境 Visual Studio 2013 等是目前最流行的 Windows 平台应用程序开发环境，其功能强大，但体积也庞大（仅安装包就在 1GB 以上），因此不建议初学者使用。一些常见的免费编程工具（如 Dev-C++、Code::Blocks、C-Free 等）特别适合初学者，本书例题全部在 Dev-C++ 5.5.3 MinGW 4.7.2 编程环境下调试通过。读者可到 Dev-C++的官网 https://sourceforge.net/projects/orwelldevcpp/下载最新版的 Dev-C++编程环境。使用本书的老师若需要练习题答案和 PPT 文件可与清华大学出版社联系。

本书结构合理、重点突出、难点分散、图文并茂、格式规范，有利于学生的学习和培养良好的程序设计风格与习惯，适合作为各类高等学校本科、高职高专、成人教育的教材，也可作为计算机等级考试（二级 C）的参考书和自学教材。

由于作者水平有限，虽然力争精准，但疏漏之处在所难免，敬请专家和读者指正。

作　者

2017 年 5 月于上海

目 录

第 1 章 程序设计基础 ·· 1

1.1 数在计算机内的表示形式 ·· 1
    1.1.1 进位计数制 ·· 1
    1.1.2 数制转换 ·· 2
    1.1.3 码制 ··· 4
    1.1.4 定点数和浮点数 ··· 6
    1.1.5 字符编码 ·· 7
1.2 程序设计和算法 ·· 10
    1.2.1 计算机的工作原理 ··· 10
    1.2.2 程序设计 ·· 10
    1.2.3 算法 ··· 11
1.3 程序设计语言 ··· 15
    1.3.1 程序设计语言分类 ··· 15
    1.3.2 C 语言的发展和特点 ·· 16
1.4 C 语言的字符集和标识符 ·· 18
    1.4.1 字符集 ·· 18
    1.4.2 标识符 ·· 18
1.5 C 程序的基本结构和上机步骤 ·· 19
    1.5.1 C 程序的基本结构 ··· 19
    1.5.2 C 程序的上机步骤 ··· 21
练习 1 ·· 22

第 2 章 数据类型、运算符和表达式 ··· 24

2.1 常量和变量 ·· 24
    2.1.1 常量 ··· 24
    2.1.2 变量 ··· 25
2.2 基本数据类型 ··· 26
    2.2.1 整型数据 ·· 26
    2.2.2 实型数据 ·· 28
    2.2.3 字符型数据 ··· 30
    2.2.4 变量的初始化 ·· 32

2.3 运算符和表达式……33
 2.3.1 算术运算符和算术表达式……34
 2.3.2 赋值运算符和赋值表达式……35
 2.3.3 逗号运算符和逗号表达式……37
 2.3.4 &运算符和 sizeof 运算符……37
 2.3.5 运算符的优先级和结合性……38
2.4 数据类型转换……39
 2.4.1 类型自动转换……39
 2.4.2 类型强制转换……40
练习 2……41

第 3 章 结构化程序设计……44

3.1 结构化程序设计概述……44
3.2 顺序结构程序设计……45
 3.2.1 C 语言语句概述……45
 3.2.2 常用的输入和输出函数……47
 3.2.3 顺序结构程序设计举例……52
3.3 选择结构程序设计……53
 3.3.1 关系运算符和关系表达式……53
 3.3.2 逻辑运算符和逻辑表达式……54
 3.3.3 if 语句……55
 3.3.4 条件运算符……62
 3.3.5 switch 语句……63
3.4 循环结构程序设计……66
 3.4.1 while 循环结构……67
 3.4.2 do-while 循环结构……68
 3.4.3 for 循环结构……70
 3.4.4 循环结构的嵌套……72
 3.4.5 无条件转移语句……74
 3.4.6 循环程序设计方法举例……77
练习 3……81

第 4 章 数组、指针……93

4.1 一维数组……93
 4.1.1 一维数组的定义……93
 4.1.2 一维数组的初始化……94
 4.1.3 一维数组元素的引用……95
 4.1.4 一维数组应用举例……96

4.2　二维数组···103
　　　　4.2.1　二维数组的定义··103
　　　　4.2.2　二维数组的初始化···104
　　　　4.2.3　二维数组元素的引用··104
　　　　4.2.4　二维数组应用举例···105
　　4.3　指针与数组···108
　　　　4.3.1　指针与指针变量··108
　　　　4.3.2　与指针有关的运算···109
　　　　4.3.3　指针与一维数组··113
　　　　4.3.4　用 typedef 自定义类型··116
　　　　4.3.5　指针与二维数组··117
　　4.4　字符数组和字符串处理函数··119
　　　　4.4.1　字符数组··120
　　　　4.4.2　常用字符串处理函数··123
　　　　4.4.3　字符数组应用举例···126
　　4.5　指针数组和二级指针···130
　　　　4.5.1　指针数组··130
　　　　4.5.2　指向指针的指针··132
　　练习 4···133

第 5 章　函数···142
　　5.1　函数概述···142
　　5.2　函数的定义···143
　　5.3　函数的调用···145
　　　　5.3.1　函数声明··145
　　　　5.3.2　函数调用··147
　　　　5.3.3　形参与实参···149
　　　　5.3.4　库函数调用实例··150
　　5.4　数组作为函数的参数···152
　　　　5.4.1　数组元素作函数实参··152
　　　　5.4.2　指针作函数参数··153
　　　　5.4.3　数组名作函数参数···156
　　5.5　函数的嵌套调用和递归调用··161
　　　　5.5.1　函数的嵌套调用··161
　　　　5.5.2　函数的递归调用··162
　　5.6　指针与函数···166
　　　　5.6.1　返回指针值的函数···166
　　　　5.6.2　动态存储分配函数···168

5.6.3　指向函数的指针 170
5.7　变量的作用域和存储类别 174
　　5.7.1　变量的作用域 174
　　5.7.2　变量的存储类别 177
5.8　内部函数和外部函数 183
　　5.8.1　内部函数 183
　　5.8.2　外部函数 183
　　5.8.3　外部函数应用举例 183
练习 5 186

第 6 章　结构体类型 196

6.1　结构体类型的定义 196
6.2　结构体变量的定义和使用 198
　　6.2.1　结构体变量的定义和初始化 198
　　6.2.2　结构体变量的使用 200
6.3　结构体数组 201
　　6.3.1　结构体数组的定义和初始化 201
　　6.3.2　结构体指针 202
6.4　结构体作函数参数 203
　　6.4.1　结构体变量作函数参数 203
　　6.4.2　结构体指针（数组）作函数参数 204
6.5　动态数据结构——链表 206
　　6.5.1　单链表概述 206
　　6.5.2　单链表的基本操作 207
　　6.5.3　单链表应用举例 211
练习 6 212

第 7 章　文件 216

7.1　文件概述 216
7.2　文件的打开和关闭 218
　　7.2.1　文件类型指针 218
　　7.2.2　文件的打开 218
　　7.2.3　文件的关闭 219
7.3　文件的读写 220
　　7.3.1　文件的字符读写 220
　　7.3.2　文件的字符串读写 223
　　7.3.3　文件的格式化读写 225
　　7.3.4　文件的数据块读写 227
7.4　文件的定位 229

      7.4.1 rewind()函数 ·· 229
      7.4.2 fseek()函数 ·· 230
      7.4.3 ftell()函数 ·· 232
  7.5 文件的出错检测与处理 ·· 233
      7.5.1 ferror()函数 ··· 233
      7.5.2 clearerr()函数 ·· 233
  练习 7 ··· 234

附录 A 常用运算符的含义、优先级和结合性 ·· 236

附录 B 常用 C 库函数 ·· 237

附录 C 常见错误分析和程序调试 ·· 241

参考文献 ·· 252

第 1 章　　程序设计基础

在学习 C 语言程序设计之前，本章首先介绍数在计算机内的表示形式，然后介绍程序设计和算法的概念，以及二者之间的关系，接着介绍程序设计语言的分类和特点，最后介绍 C 语言的发展历史、特点、字符集、标识符、程序结构和上机步骤等。

1.1　数在计算机内的表示形式

数是计算机程序处理的基本对象，了解数在计算机内的表示形式，是学习程序设计的前提。

1.1.1　进位计数制

进位计数制是指用一组特定的数字符号按照一定的进位规则来表示数的计数方法，十进制计数系统是在 8 世纪由阿拉伯数学家发明的。以下两个概念在讨论进位计数制时很重要。

（1）基数。基数就是进位计数制中允许使用的不同基本符号的个数。例如，十进制共有 10 个基本符号（0、1、2、3、4、5、6、7、8、9），其基数是 10；二进制共有两个基本符号（0、1），其基数是 2。

（2）权值。权值是进位计数制中的一种因子，权值的概念可用以下实例来说明。十进制数 $3656.83=3\times10^3+6\times10^2+5\times10^1+6\times10^0+8\times10^{-1}+3\times10^{-2}$。在这个数中，有些相同的数字处在不同的位置，因而所代表的数值的大小也不同，各位数字所代表的数值大小由权值来决定。在这个十进制数中，从左到右各位数字的权值分别为 10^3、10^2、10^1、10^0、10^{-1}、10^{-2}，它们都是 10（这个数的基数）的整数次幂。十进制数的特点是"逢 10 进 1"。

因此，任意进制的数都可以表示为它的各位数字与权值乘积之和。假设有一个 r 进制的数 p 共有 m 位整数和 n 位小数，每位数字用 $d_i(-n\leqslant i\leqslant m-1)$ 表示，即 $p=d_{m-1}d_{m-2}\cdots d_1d_0d_{-1}\cdots d_{-n}$，可表示为

$$p= d_{m-1}\times r^{m-1}+d_{m-2}\times r^{m-2}+\cdots+d_1\times r^1+d_0\times r^0+d_{-1}\times r^{-1}+\cdots+d_{-n}\times r^{-n}$$

习惯上将上述 r 进制数的表示式中基数 r 和幂的指数都写成十进制数的形式。如果对上面式（它是一个多项式）中的幂运算、乘法运算和加法运算都按照十进制的法则进行，所得到的结果就是该 r 进制数 p 的十进制数值。因此，将 r 进制数转换成十进制数是非常方便的。r 进制数的特点是"逢 r 进 1"。

人们在日常生活中经常使用十进制数，但在表示时间时，用十二进制（或二十四进制）表示小时，用六十进制表示分和秒。在计算机内部，通常采用二进制数，它只有两个基本

符号,即 0 和 1,特点是"逢 2 进 1"。但二进制数的缺点是不易记忆和书写,所以又提出了八进制数和十六进制数。八进制数有 8 个基本符号,即 0,1,…,7,它们是从十进制数中借来的。十六进制数有 16 个基本符号,除了从十进制数中借来的 0,1,…,9,还加上 6 个英文字母 A、B、C、D、E、F。

为了避免各种进制数在使用时产生混淆,在给出一个数时,同时应指明它的进制,通常用下标 10、2、8、16(或字母 D、B、O、H)分别表示十进制、二进制、八进制、十六进制。例如 $(586)_{10}$、$(11011)_2$、$(356)_8$、$(4AF)_{16}$、$(586)_D$、$(11011)_B$、$(356)_O$、$(4AF)_H$ 等。4 种进制数的对应关系如表 1.1 所示。

表 1.1 4 种进制数的对应关系

十进制	二进制	八进制	十六进制
0	0	0	0
1	1	1	1
2	10	2	2
3	11	3	3
4	100	4	4
5	101	5	5
6	110	6	6
7	111	7	7
8	1000	10	8
9	1001	11	9
10	1010	12	A
11	1011	13	B
12	1100	14	C
13	1101	15	D
14	1110	16	E
15	1111	17	F

计算机内部采用二进制数的原因主要有两个:①表示容易,二进制数中的 0 和 1 可以很方便地用晶体管的两个稳定的状态(导通和截止)来表示;②运算简单,二进制数的加法和乘法各只有 3 条运算规则,即 0+0=0,0+1=1,1+1=10 和 0×0=0,0×1=0,1×1=1。而十进制数有 10 个基本符号,要用 10 种状态才能表示,实现困难。另外,十进制数的运算规则也比较复杂,这样也增加了实现的困难程度。

这里要特别说明的是,计算机内部采用二进制工作,一般应用采用十进制数,这样就经常需要在二进制和十进制之间进行相互转换,这种转换相对来说不是很方便。为了方便转换,同时方便记忆和书写,所以提出了八进制数和十六进制数。八进制数和十六进制数是给专业人员使用的,不是给普通用户使用的。

1.1.2 数制转换

1. 十进制数与 r 进制数之间的相互转换

1)r 进制数转换为十进制数

从 1.1.1 小节可知,r 进制数(r 可以为二、八或十六)转换为十进制数的转换规则是:

各位数字与相应权值的乘积之和，即为转换结果。例如：

$(10110.1)_2 = 2^4 + 2^2 + 2^1 + 2^{-1} = (22.5)_{10}$

$(456.45)_8 = 4 \times 8^2 + 5 \times 8^1 + 6 \times 8^0 + 4 \times 8^{-1} + 5 \times 8^{-2} = (302.578125)_{10}$

$(2AF.48)_{16} = 2 \times 16^2 + A \times 16^1 + F \times 16^0 + 4 \times 16^{-1} + 8 \times 16^{-2}$
$= 2 \times 16^2 + 10 \times 16 + 15 \times 1 + 4 \times 16^{-1} + 8 \times 16^{-2} = (687.28125)_{10}$

2）十进制数转换为 r 进制数

（1）十进制整数转换为 r 进制整数的转换规则是"除基数取余"，即十进制数反复地除以基数，并记下每次得到的余数，直到商为 0 为止，将所得余数按最后一个余数到第一个余数的顺序依次排列起来即为转换结果。例如：

```
2 | 83        1
  2 | 41      1
    2 | 20    0
      2 | 10  0
        2 | 5 1
          2 | 2 0
            2 | 1 1
                0
```

可得 $(83)_{10} = (1010011)_2$

（2）十进制小数转换为 r 进制小数的转换规则是"乘基数取整"，即十进制小数乘以基数，将乘积的整数部分取出来，小数部分再乘以基数。重复上述过程，直到乘积的小数部分为 0 或满足转换精度要求为止。将每次取得的整数按第一个整数到最后一个整数的顺序依次排列起来即为转换结果。例如：

```
    0.8125
  ×     2
  ―――――――
  [1].625
  ×     2
  ―――――――
  [1].25
  ×     2
  ―――――――
  [0].5
  ×     2
  ―――――――
  [1].0
```

可得 $(0.8125)_{10} = (0.1101)_2$

在本例中，能够精确转换，没有丝毫误差。但要特别注意的是，有些十进制小数不能完全精确地转换为对应的二进制小数，此时可以在满足所要求精度的条件下用 0 舍 1 入的方法进行处理。例如，十进制小数 0.1 对应的二进制小数是一个无限循环小数，即

$(0.1)_{10} = (0.0\ \underline{0011}\ \underline{0011}\ \underline{0011}\ \underline{0011}\cdots)_2 \approx (0.0001100110011010)_2$　　（取 16 位小数）

（3）一个十进制数既有整数部分，又有小数部分，将其转换为 r 进制数的转换规则是：将该十进制数的整数部分和小数部分分别进行转换，然后将两个转换结果连接起来即为转换结果。例如，将 $(124.625)_{10}$ 转换为二进制数，因为 $(124)_{10} = (1111100)_2$，$(0.625)_{10} = (0.101)_2$，

所以$(124.625)_{10}=(1111100.101)_2$。

2. 二进制数与八进制数、十六进制数之间的相互转换

由于二进制数与八进制数、十六进制数之间的特殊关系（8 和 16 都是 2 的整数次幂，即 $8=2^3$, $16=2^4$），所以使得二进制数与八进制数、十六进制数之间的相互转换非常简单。

1）二进制数与八进制数之间的相互转换

二进制数转换为八进制数的转换规则是"三位并一位"，即以小数点为基准，整数部分从右到左每三位一组，最左一组不足三位时前面补 0，小数部分从左到右每三位一组，最右一组不足三位时后面补 0，然后，每组用等值的八进制数字代替即可。例如：

$(10010001.0011)_2$=(10 010 001.001 1$)_2$=(010 010 001.001 100$)_2$=$(221.14)_8$

八进制数转换为二进制数的转换规则是"一位拆三位"，即把每一位八进制数写成等值的三位二进制数即可，注意 0 也要写成三位二进制数 000。例如：

$(506.36)_8$=(101 000 110.011 110$)_2$=$(101000110.01111)_2$

2）二进制数与十六进制数之间的相互转换

只要把二进制数与八进制数之间的相互转换时用到的"三位并一位"和"一位拆三位"改为"四位并一位"和"一位拆四位"，即可实现二进制数与十六进制数之间的相互转换。例如：

$(10101001.0011)_2$=(1010 1001.0011$)_2$=$(A9.3)_{16}$

$(506.36)_{16}$=(0101 0000 0110.0011 0110$)_2$=$(10100000110.0011011)_2$

1.1.3 码制

在计算机内部，由于二进制数的每一位数字（0 或 1）是用电子器件的两种稳定状态来表示的，因此，二进制位（bit）是最小信息单位。计算机内部最常用的信息单位是字节（byte，1byte=8bits），常见 PC 机内存储器一个存储单元的大小（即存储容量的基本单位）是 1 字节。由于 PC 的内存储器有许许多多的存储单元，用字节来描述存储容量的大小显得比较烦琐，其他常用的单位还有千字节（KB）、兆字节（MB）和吉字节（GB），$1KB=2^{10}bytes=1024bytes$，$1MB=2^{10}KB=1024KB$，$1GB=2^{10}MB=1024MB$。目前 PC 的内存储器的存储容量普遍达到了 4GB。

1. 机器数

在计算机内部表示数，要考虑数的长度、符号和小数点的表示等问题。把数本身（指数值部分）以及符号一起数字化了的数称为机器数，机器数是二进制数在计算机内部的表示形式。机器数有以下几个特点：

- 有固定的位数。在计算机内部，所能存储的二进制数的长度（最大位数）是固定的，通常的位数有 8 位、16 位、32 位、64 位（即 1 字节、2 字节、4 字节、8 字节）等。
- 数的符号数字化。一个数有符号（即正号+或负号−），而计算机的内存储器是由二进制位构成的，不能直接表示正负号，必须要做变换，即数字化。通常用"0"表示正，用"1"表示负，并将该位称为符号位。
- 依靠格式上的约定表示小数点的位置。

下面讨论二进制整数的机器数形式，即原码、补码、反码等。

2. 原码

一个数的原码是：最高位（最左边一位）是符号位（"0"表示正号，"1"表示负号），其余各位给出数的绝对值的机器数表示方法。数0的原码不唯一，有"正零"和"负零"之分。例如，假设机器数的位数是8位，则

[+83]$_\text{原}$=01010011   [−83]$_\text{原}$=11010011
[+127]$_\text{原}$=01111111   [−127]$_\text{原}$=11111111

原码的优点是简单直观，缺点是加减运算较复杂。例如，两个原码表示的机器数做加法运算：

<u>1</u>0001101+<u>0</u>0001011=？   即−13+11=？

表面上看是做加法，事实上由于两数异号要做减法，还要根据数的绝对值决定到底是哪个数减哪个数，最后还要决定减法结果的符号。

3. 补码

引进补码的目的主要是为了把减法运算化为加法运算，从而降低计算机 CPU 内部运算器的复杂度，降低制造成本。减法运算如何能够化为加法运算呢？答案是：任何有模的计量器，均可化减法运算为加法运算。"模"是指一个计量系统的计数范围。例如，有一块手表显示5点15分，但是它快了5分钟，理应做减法（即分针倒退5小格），使得它显示正确的时间5点10分。事实上，做加法（即分针前进55小格）也可达到同样的目的（这里没有考虑时针的变化）。因为做加法 15+55 时，结果 70 超出了手表分针的表示范围，分针停在 10 分上，而 60 被自动舍去，这里的 60 就是模。

由于机器数的位数是固定的，也是有限的，即计算机内的运算都是有模运算。模在计算机中是表示不出来的，若运算结果超出能表示的数值范围，就会自动舍去溢出量（模）。由此，引进了补码的概念。假设机器数的位数是 n，模为 2^n，数 x 的补码定义为：

$$[x]_\text{补}=\begin{cases} x & (0 \leqslant x < 2^{n-1}) \\ 2^n + x & (-2^{n-1} \leqslant x < 0) \end{cases}$$

例如，假设机器数的位数是8位，则

[+83]$_\text{补}$=01010011   [−83]$_\text{补}$=2^n+x=2^8+(−1010011)=100000000−1010011=10101101
[+127]$_\text{补}$=01111111   [−127]$_\text{补}$=2^n+x=2^8+(−1111111)=100000000−1111111=10000001
[+0]$_\text{补}$=[−0]$_\text{补}$=00000000   [−128]$_\text{补}$=2^n+x=2^8+(−10000000)=100000000−10000000=10000000

原码不能表示−128，这是因为0的原码表示不唯一，有"正零"和"负零"之分，而0的补码表示是唯一的。所以，10000000 在原码中表示"负零"，而在补码中可表示−128。补码的位数与可表示的数的范围对应关系如表1.2所示。

表 1.2 补码的位数与可表示的数的范围对应关系

补码的位数	可表示的数的范围
8	−128～+127
16	−32 768～+32 767
32	−2 147 483 648～+2 147 483 647

同一个数的原码与补码的相互转换规则如下。

- 原码转换为补码：正数的补码即为原码，负数的补码在其原码的基础上符号位不变，其余各位取反后末位加 1。原码 10…0 是个例外，不适合本转换规则。
- 补码转换为原码：正数的原码即为补码，负数的原码在其补码的基础上符号位不变，其余各位取反后末位加 1。补码 10…0 是个例外，不适合本转换规则。

数用补码表示后，就能将减法运算化为加法运算。假设机器数的位数是 8，则

[83-127]$_{补}$=[+83]$_{补}$+[-127]$_{补}$=01010011+10000001=11010100=[-44]$_{补}$

根据补码转原码规则，得[-44]$_{原}$=10101100，运算结果完全正确。再如：

[83-2]$_{补}$=[+83]$_{补}$+[-2]$_{补}$=01010011+11111110=$\underline{1}$01010001=[+81]$_{补}$

因为模为 2^8，上式中有下画线的 1 会自动舍去，正数的补码就是原码，得[+81]$_{原}$=01010001，运算结果完全正确。

4．反码

假设机器数的位数是 n，数 x 的反码定义为：

$$[x]_{反}=\begin{cases} x & (0 \leqslant x < 2^{n-1}) \\ 2^n+x-1 & (-2^{n-1} \leqslant x < 0) \end{cases}$$

反码很少直接用于计算，而是作为计算补码的过渡手段。

5．移码

假设机器数的位数是 n，数 x 的移码定义为：

$[x]_{移}=2^{n-1}-1+x$　　$(-2^{n-1} \leqslant x < 2^{n-1})$

无论 x 为正数还是负数，其移码均加 $2^{n-1}-1$。移码在计算机中主要用于表示浮点数中的阶码。

1.1.4 定点数和浮点数

根据小数点的位置是否固定，机器数又分为定点数和浮点数两种表示方法。小数点是隐含的，即小数点本身不占一个二进制位。

1．定点数

定点数是将小数点固定在数中某个约定的位置，通常有以下两种约定：

（1）定点整数。定点整数的小数点位置固定在最低数值位的后面，用来表示纯整数。例如，$(83)_{10}$=$(1010011)_2$，若定点数长度为 8 位（最高位为符号位），则该数的机内表示为 01010011。

（2）定点小数。定点小数的小数点位置固定在符号位与最高数值位之间，用来表示纯小数。例如，$(-0.8125)_{10}$=$(-0.1101)_2$，若定点数长度仍为 8 位，则该数的机内表示为 11101000。

定点数的运算规则比较简单，但不适合对数值范围变化比较大的数据进行运算。

2．浮点数

如果机器数采用浮点数表示，则小数点的位置是不固定的，可以浮动。为了理解小数点浮动的概念，下面用数的指数表示形式为例来说明。设有十进制数 2.718，其可以等价地表示为多种指数形式，如 2.718×10^0 或 0.2718×10^1 或 0.02718×10^2 或 27.18×10^{-1} 或 271.8×10^{-2} 等。不难看出，小数点的位置是可以向左或向右浮动（表示数缩小或扩大若干倍），只要在小数点位置浮动的同时增减指数的值，即可保证数的值不变。任何一个二进制数 N 都可以

表示为下面的指数形式：

$$N = 2^e \times M$$

e 称为 N 的阶码，为整数，可正可负，决定小数点的位置，M 称为 N 的尾数。

为了简化浮点数的操作，提高运算精度，在一个二进制数 N 的诸多指数形式中，具有 $\pm 1.d_1 \cdots d_n \times 2^{\pm e}$（$d_i$ 是二进制数字 0 或 1）形式的称为规格化的指数形式，如 $1.0110011 \times 2^{+3}$ 就是 $(1011.0011)_2$ 的规格化指数形式，任何一个二进制数 N 只有一个规格化的指数形式。在计算机中存储二进制数 N 时，首先将其表示为规格化的指数形式，然后再分别存储尾数部分和阶码部分。显然，尾数占用的二进制位数决定了数的精度（有效位数），阶码占用的二进制位数决定了数的取值范围。IEEE 754 标准规定，单精度浮点数的长度为 4 个字节，1 位符号位，尾数占用 23 位，阶码占用 8 位。双精度浮点数的长度为 8 个字节，1 位符号位，尾数占用 52 位，阶码占用 11 位，如图 1.1 所示。

图 1.1　二进制数浮点数表示的 IEEE 754 标准格式

浮点数的运算方法比较复杂，但可表示的数的绝对值的取值范围也比较大。计算机的高级语言中的实型数据在计算机内一般都是用浮点数表示的。

1.1.5　字符编码

计算机除了能处理数值数据信息外，还能处理大量的非数值数据信息，如字符、汉字信息等，这些字符、汉字等也必须用二进制代码形式表示，这就是字符编码。

1. ASCII 码

ASCII 码是美国国家标准信息交换码（American National Standard Code for Information Interchange）的简称，是目前国际上使用最广泛的字符编码。ASCII 码共定义了 128 个字符（称为 ASCII 码字符集），每个字符的 ASCII 码用 7 位二进制数（$d_6d_5d_4d_3d_2d_1d_0$）来表示，如表 1.3 所示。用二进制数来表示字符，即对字符进行编码，但其中定义的有些字符不能被打印或被显示出来，称为控制字符。在计算机内部，ASCII 码用 1 字节（8 个二进制位）来存放，最高位（d_7）通常设置为 0。

表 1.3　ASCII 码表

二进制位 $d_3d_2d_1d_0$	控制字符		符号与数字		大写字母		小写字母	
$d_6d_5d_4$	000	001	010	011	100	101	110	111
0000	NUL	DLE	SP	0	@	P	`	p
0001	SOH	DC1	!	1	A	Q	a	q
0010	STX	DC2	"	2	B	R	b	r
0011	ETX	DC3	#	3	C	S	c	s
0100	EOT	DC4	$	4	D	T	d	t

续表

二进制位 $d_6d_5d_4$	控制字符		符号与数字		大写字母		小写字母	
$d_3d_2d_1d_0$	000	001	010	011	100	101	110	111
0101	ENQ	NAK	%	5	E	U	e	u
0110	ACK	SYN	&	6	F	V	f	v
0111	BEL	ETB	'	7	G	W	g	w
1000	BS	CAN	(	8	H	X	h	x
1001	HT	EM	)	9	I	Y	i	y
1010	LF	SUB	*	:	J	Z	j	z
1011	VT	ESC	+	;	K	[	k	{
1100	FF	FS	,	<	L	\	l	|
1101	CR	GS	-	=	M	]	m	}
1110	SO	RS	.	>	N	^	n	~
1111	SI	US	/	?	O	_	o	DEL

ASCII 码表中字符的顺序大致为：32 个控制字符→空格→…→数字 0~9→…→字母 A~Z→…→字母 a~z→…→最后一个控制字符。由于比较字符的大小实际上是比较字符的 ASCII 码的大小，记住 ASCII 码表中字符的大致顺序，就能很快判断出比较的结果，如"字母 A<字母 a"成立，而"字母 A<数字 8"不成立。

2．汉字编码

随着我国国际地位的不断提高，汉字在国际事务和全球信息交流中的作用越来越大。计算机在我国也得到了广泛的应用，对汉字的计算机处理已成为当今文字信息处理中的重要内容。要在计算机中处理汉字，必须解决几个问题：①如何把汉字输入到计算机中；②计算机内部如何表示和存储汉字并如何与西文兼容；③如何把汉字从计算机中输出。为此，必须将汉字代码化，即对汉字进行编码。针对汉字处理过程中的输入、内部表示和输出这 3 个主要环节，每一个汉字的编码都包括输入码、交换码、机内码和字形码，其中的交换码和机内码用于解决汉字的表示问题。在汉字信息处理系统中，要对这几种代码进行转换。

1）输入码

为了利用计算机上现有的标准西文键盘来输入汉字，必须为汉字设计输入编码。已经申请专利的汉字输入编码方案有六七百种之多，而且还不断有新的输入法问世。目前使用最广泛的有搜狗拼音输入法、五笔字型输入法等，如汉字"宝"的拼音输入码为 bao。

2）机内码

为了在计算机内部表示和存储汉字，我国在 1980 年公布了 GB2312 国家标准，该标准中共收录了 6763 个汉字以及各种符号（如标点符号、数字序号、数学运算符号、ASCII 字符、希腊字母等）。由于汉字和各种符号众多，该标准把所有 6763 个汉字以及各种符号分成 94 张表，每张表都有一个编号（从 1 开始），称为区号。每个汉字（或符号）在表中也有一个编号（从 1~94），称为位号。理论上，该标准共有 94×94=8836 个字符编码，其中 01 区到 09 区为各种符号，16 区到 55 区为最常用汉字共 3755 个（94×40-5=3755）并以拼音顺序排列，56 区到 87 区为次常用汉字共 3008 个（94×32=3008）并以部首顺序排列，88 区到 94 区为空。这样每个汉字都有一个区号和一个位号，简称区位码，如汉字"宝"

在第 17 区 06 位，其区位码为 1106H，因为$(17)_{10}=(11)_{16}$，$(06)_{10}=(06)_{16}$。

汉字的区位码虽然解决了汉字的表示问题，但没有实用性，因为与控制字符的编码冲突。为此提出了国标码的概念，国标码是在区位码的基础上对区号和位号分别加 20H（即十进制数 32），如汉字"宝"的国标码为 3126H。由于国标码中的两个字节的取值范围（33~126）与 ASCII 码表中的可打印字符的取值范围完全一致，这样国标码为 3126H（即第一个数值为 31H，第二个数值为 26H）完全可以理解为字符"1"和"&"的 ASCII 码，导致二义性。

为了解决与西文字符的兼容性问题，最后提出了机内码的概念。由于西文字符用 ASCII 码表示，在计算机内存储时占用 1 字节且最高位为 0，如果汉字在国标码的基础上对 2 字节分别加 80H（即最高位置 1）就可以解决二义性问题。所以得到如下等式：

机内码 H=国标码 H+8080H=区位码 H+2020H+8080H=区位码 H+A0A0H

例如，汉字"宝"的机内码=1106H+A0A0H=B1A6H，表 1.4 完全验证了这一结果。这种在 GB2312 标准基础上导出的机内码也称为 GB 机内码，所以，一个汉字在计算机内存储时占用 2 字节，放的就是该汉字的 GB 机内码。

要特别说明的是：GB2312 中第 03 区中的 94 个字符，除个别字符外，与 ASCII 码表中从"!"开始的 94 个可打印字符的形状几乎完全一样。两者的区别是：①ASCII 码表中的字符是西文字符（也称半角字符）用 ASCII 码表示，如逗号","用 2CH 表示，在内存中占 1 字节；而第 03 区中的字符是中文字符（也称全角字符）用 GB 机内码表示，如逗号","用 A3ACH 表示，在内存中占 2 字节；②同样一个逗号输出时的宽度不一样，一个中文逗号的宽度是两个西文逗号的宽度。

表 1.4　GB2312 第 17 区中的汉字与机内码对照表

	0	1	2	3	4	5	6	7	8	9	A	B	C	D	E	F
A		薄	雹	保	堡	饱	宝	抱	报	暴	豹	鲍	爆	杯	碑	悲
B	卑	北	辈	背	贝	钡	倍	狈	备	惫	焙	被	奔	苯	本	笨
C	崩	绷	甭	泵	蹦	迸	逼	鼻	比	鄙	笔	彼	碧	蓖	蔽	毕
D	毙	毖	币	庇	痹	闭	敝	弊	必	辟	壁	臂	避	陛	鞭	边
E	编	贬	扁	便	变	卞	辨	辩	辫	遍	标	彪	膘	表	鳖	憋
F	别	瘪	彬	斌	濒	滨	宾	摈	兵	冰	柄	丙	秉	饼	炳	

国家标准 GB2312 推出的时间较早，只收录了 6763 个汉字，有许多人名中的汉字没有收录，如汉字"镕""喆"等。我国在 1993 年又公布了 GB13000 国家标准，该标准中共收录了 20 902 个汉字（含 GB2312 标准中的 6763 个汉字），并对新增的汉字提出了新的机内码编码方案，这种在 GB13000 标准基础上导出的机内码称为 GBK 机内码（当然兼容 GB 机内码）。GBK 机内码是目前正在我国大陆和港澳地区广泛使用的汉字机内码。

继 GB13000 标准后，我国在 2000 年公布了新的 GB18030 国家标准，该标准共收录了 27 484 个汉字（含 GB13000 标准中的 20 902 个汉字），为解决人名、地名用字问题提供了解决方案，为汉字研究、古籍整理等领域提供了统一的信息平台。

需要说明的是，汉字除了有 GBK 机内码编码方案，还有我国台湾地区的汉字编码方案 Big5，以及国外的汉字编码方案 HZ 等。同一个汉字的不同机内码的编码显然是不同的，有时看到的乱码现象就是用一种编码方案去解释另一种编码方案造成的。

下面再举一个综合例子来说明西文的 ASCII 码和汉字的 GBK 机内码。首先，用记事本创建一个名为 code.txt 的文本文件，其内容是下面一行文字（含汉字、大小写英文字母、数字字符、中西文逗号和控制字符）：

宝贝，iPad2,Steve Jobs✓

其中✓表示回车。查看文件属性知该文件大小是 24 字节。用 DEBUG 工具查看这 24 字节的内容如下（注：最后 8 字节不是本文件的内容，忽略不看），请读者对照表 1.3 和表 1.4 进行理解。

```
B1 A6 B1 B4 A3 AC 69 50-61 64 32 2C 53 74 65 76
65 20 4A 6F 62 73 0D 0A-06 E8 74 00 34 00 0F 0B
```

由于比较汉字的大小实际上是比较汉字机内码的大小，了解了 GBK 机内码的编码方案（最常用汉字从 16 区到 55 区并以拼音顺序排列，显然，排在前面的 GBK 机内码小），就能很快判断出比较的结果，如"贝<宝"不成立，而"大<小"成立。

3）字形码

字形码（俗称字库）是表示汉字字型信息（汉字的结构、形状、笔画等）的编码，用来实现计算机对汉字的输出（显示及打印）。由于汉字是方块字，因此字形码最常用的表示方式是点阵形式，有 16×16 点阵、24×24 点阵、32×32 点阵、64×64 点阵等。点阵的点数越多，输出的汉字就越美观、漂亮。存储一个 16×16 点阵的汉字字形信息需要 256（16×16=256）个二进制位，共 32 字节，该 32 字节就是字形码。而存储一个 64×64 点阵的汉字字形信息需要 512（64×64÷8=512）字节的字形码。由于汉字的数量众多，汉字的字形码需要大量的存储空间，通常将其以字库的形式存放在磁盘上，如 Windows 10 系统就放在 Windows\Fonts 文件夹中，当需要时才检索字库来输出相应汉字的字形。

1.2　程序设计和算法

1.2.1　计算机的工作原理

计算机的基本工作原理可以概括为"存储程序、程序控制"，该原理最初是由匈牙利数学家冯·诺依曼（John Von Neumann）于 1945 年提出来的，故称为冯·诺依曼原理。按照该原理，计算机工作时需要先将要执行的程序和相关的数据放入内存中，在执行程序时，中央处理器（Central Processing Unit，CPU）根据程序计数器从内存中取出指令放入 CPU 中进行分析，并根据分析结果执行相应的操作，然后再取出下一条指令并分析后执行，如此循环下去，直到最后一条指令。其工作过程就是不断地取出指令、分析指令和执行指令的过程，最后将计算的结果放入指令指定的存储器地址中。

计算机能够识别的所有指令的集合称为该种计算机的指令系统。所谓程序，就是为了完成一个特定的任务按照一定的逻辑组合在一起并可以连续执行的指令的集合，简单地说，程序就是指令的有序集合。

1.2.2　程序设计

计算机解决问题的基本过程是：首先对问题进行分析，然后设计出合适的算法，进而转化成某种计算机语言编写的程序并输入计算机，经调试后执行这个程序，最终达到解决问题的目的。而设计、编写和调试程序的过程就是程序设计。

程序设计的基本过程可以分成以下几个步骤。

（1）问题或需求定义。首先对要处理的对象进行调查，理解用户要求，划清工作范围。

（2）分析问题，建立数学模型。即对要解决的问题进行分析，找出运算操作和变化的规律，并用抽象的数学语言描述出来。

（3）确定数据结构。根据用户提出的要求，确定数据的组织形式。

（4）确定算法。针对存放数据的数据结构，确定如何解决问题的详细步骤。

（5）画流程图。根据已确定的算法，画出流程图，这样能使人们思路清晰，减少编写程序时的错误。

（6）编写程序。使用选定的程序设计语言编写程序代码，把流程图描述的算法用程序设计语言描述出来，变成能由计算机运行的目标程序。

（7）调试程序。调试程序就是对送入计算机的程序进行排错、试运行的过程，调试的结果是得到一个能正确运行的程序。

（8）整理并写出文档资料。程序调试通过后，应将有关资料进行整理，编写程序使用说明书，交付用户使用。

一个程序主要包括以下两方面的内容：

- 对数据的描述。在程序中要指定用到哪些数据以及这些数据的类型和数据的组织形式，也就是数据结构。
- 对操作的描述。即要求计算机进行操作的步骤，也就是算法。

数据是操作的对象，操作的目的是对数据进行加工处理，以得到期望的结果。打个比方，厨师制作菜肴，需要有菜谱，菜谱上一般要说明：①所用原料；②加工方法。没有原料无法加工成菜肴，而对同样的原料不同的加工方法可以加工出不同风味的菜肴。

程序是在数据的特定表示方式基础上，对抽象算法的具体描述。在程序设计当中，算法是灵魂，数据结构是加工对象，算法解决的是"做什么"和"怎么做"的问题。因此，程序员必须认真考虑及设计数据结构和操作步骤（即算法）。世界著名的计算机科学家 Wirth（沃思）提出了以下著名的公式，表达了程序设计的实质：

$$程序=算法+数据结构$$

直到今天，这个公式对于过程化程序设计来说依然是适用的。

1.2.3 算法

1. 算法的概念

广义地说，为解决一个问题而采取的方法和步骤，就称为"算法（algorithm）"。计算机算法就是为解决某个问题（或完成某项任务）而精确定义的一系列操作顺序，以便在有限的步骤内得到所求问题的解答。

计算机算法可分为两大类别：数值运算算法和非数值运算算法。数值运算的目的是得到数值解，如求解方程的根或函数的定积分运算等。而非数值运算应用的范围更为广泛，最常见的是用于事务管理领域，如信息检索、人事管理等。目前，计算机在非数值运算方面的应用比例远远超过了在数值运算方面的应用。

很多关于数值运算的问题都有现成的模型可以套用，有比较成熟的算法，有些问题还有现成的程序供程序员选用，因此人们对数值运算的算法研究比较深入。而对非数值运算方面的问题，由于问题的多样性，难以规范化，因此人们只对其中的一些典型问题进行了比较深入的算法研究，如查找算法、排序算法等。下面通过一个实例来介绍算法的概念。

例 1.1 输入 10 个数，找出其中最大的数并输出。

分析：解决此类问题的一般思路是引入一个变量 max 保存最大数，先将输入的第 1 个数存入 max，然后输入第 2 个数并与 max 比较，如果大于 max，则用其取代 max 的原值，再输入第 3 个数，做同样的操作，依次进行下去，直到所有数据输入完为止。

除变量 max 外，还要引入一个变量 i 统计已输入数据的个数，一个变量 x 暂时存放当前输入的数据，算法描述如下：

（1）输入一个数，存放在一个变量 max 中。

（2）设置用来累计比较次数的计数器 i（也是一个变量），并给 i 赋初值 1，即 1=>i。

（3）输入一个数，存放在另一个变量 x 中。

（4）比较 max 和 x 中的数，若 x>max，则将 x=>max，否则，max 的值不变。

（5）i 增加 1，即 $i+1$=>i。

（6）若 i≤9，则返回(3)，继续执行，否则输出 max 中的数，此时 max 中的数即为最大数。

2．算法的特性

一个算法应具有以下特征：

- 有穷性。一个算法必须在执行有限个操作步骤后终止，而且每一步都在合理的时间内完成。
- 确定性。算法中每一步的含义都必须是确切的，不能是含糊的、模棱两可的，即不能出现任何有二义性的语句。
- 有效性。算法中的每一步操作都应该可以有效执行，并得到确定的结果。一个不可执行的操作是无效的。例如，把一个数被 0 除的操作就是无效操作，在算法设计中应当避免这种操作的出现。算法中只要有一个操作是不能执行的，整个算法就不具有有效性。
- 有零个或多个输入。输入是指在算法执行时，需要从外界取得的信息（一般是通过键盘输入）。一个算法可以没有输入，也可以有一个或多个输入，这都取决于问题本身。
- 有一个或多个输出。输出就是将算法执行的结果送到输出设备（一般为显示器或打印机）。算法对数据的处理结果必须通过输出才能得以体现，没有输出的算法是无意义的。

3．算法的描述方法

为了描述一个算法，可以用多种不同的表示方法。常见的有：

（1）用自然语言表示算法。本章例 1.1 中介绍的算法就是用自然语言表示的。自然语言就是人们日常使用的语言，如汉语、英语等。一般来说，用自然语言表示算法易于理解，但文字冗长，表示的含义也不太严格，往往要根据上下文来判断其正确含义，比较容易出现"歧义"，也不便于描述分支结构或循环结构。

（2）用流程图表示算法。流程图是算法的图形描述工具。其用一些几何图形来表示各种操作，直观形象，逻辑性强，易于理解，是最常用的一种描述算法的方法。美国国家标准化协会（American National Standard Institute，ANSI）规定了一些常用的流程图符号，目前已为世界各国程序员普遍采用，如图1.2所示。

图1.2 流程图符号

例1.2 用流程图表示例1.1的算法（求从键盘输入的10个数中的最大值）。
如图1.3所示，其中的Y和N分别表示"是"和"否"。

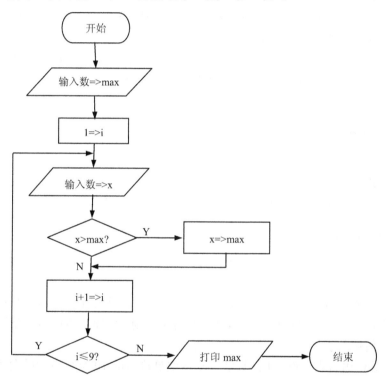

图1.3 例1.1的算法流程图

（3）用N-S图表示算法。在传统的流程图中，由于流程线的随意性，大大降低了算法的可读性，随着问题规模和复杂程度的增加，流程图的结构将变得非常复杂。1973年美国学者Nassi和Shneiderman提出了一种新的流程图形式——N-S图，完全去掉了流程图中的流程线，全部算法写在一个矩形框内，在该框内还可以包含其他的从属于它的框，层次感强，嵌套明确，支持自顶向下、逐步求精，使得N-S图非常适合于结构化的程序设计。

例1.3 用N-S图表示例1.1的算法（求从键盘输入的10个数中的最大值）。
N-S图如图1.4所示。

从图 1.4 中可以看出，如果算法中的控制结构嵌套得太深，内层的方块越画越小，一方面增加了画图的难度；另一方面使图的清晰性受到影响。

(4) 用伪代码表示算法。用传统的流程图和 N-S 图表示算法直观易懂，但画起来比较费事，在设计一个算法时，可能要反复修改，而修改流程图是比较麻烦的。因此，流程图适于表示一个算法，但在设计算法过程中使用不是很理想。为了设计算法时方便，常用一种称为伪代码（pseudo code）的工具。

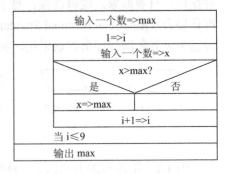

图 1.4　例 1.1 的算法 N-S 图

伪代码表示法是用介于自然语言与计算机语言之间的文字和符号来描述算法。其不用图形符号，书写方便，格式紧凑，易于修改，含义表达清楚，便于向计算机语言表示算法（即程序）过渡。该方法一般为软件专业人员所使用。

例 1.4　用伪代码表示例 1.1 的算法（求从键盘输入的 10 个数中的最大值）。

用类似于 C 语言的伪代码表示例 1.1 的算法的描述如下：

```
算法开始
    输入一个数=>max
    1=>i
    do {
        输入一个数=>x
        if (x>max)  x=>max
        i+1=>i
    }while(i<=9)
    输出max
算法结束
```

(5) 用计算机语言表示算法。用计算机语言表示算法实际上就是编写程序。当然，用计算机语言表示算法必须严格遵守所用语言的语法规则，后续章节将逐步介绍 C 语言的语法规则以及如何用其表示一个算法。

例 1.5　用 C 语言表示例 1.1 的算法（求从键盘输入的 10 个数中的最大值）。

```c
#include <stdio.h>
int main()
{   int max, x, i;
    scanf("%d", &max);
    i=1;
    do {
        scanf("%d", &x);
        if (x>max) max=x;
        i++;
    }while(i<=9);
```

```
    printf("max=%d\n", max);
    return 0;
}
```

1.3　程序设计语言

要使计算机按照人的意图工作,就必须借助人与计算机进行信息交换的工具——"语言"来编排指令,表达需要计算机来解决问题的逻辑。这种按照一定的逻辑组合在一起并可以连续执行的指令集合就称为"程序",而把用于编写程序,实现人与计算机"对话"的语言称为"程序设计语言"。

1.3.1　程序设计语言分类

1. 低级语言

低级语言又称面向机器的语言,是指这类语言依赖于机器。由于不同种类的计算机一般有不同的指令系统,因此由该类语言编写的程序移植性差。该类语言主要有机器语言和汇编语言。

(1) 机器语言。机器语言实际上就是指直接用二进制代码"0"和"1"形式表示指令的指令系统作为程序设计语言。由于机器语言是用二进制代码形式表示的,因此用其编写的程序能被计算机直接识别和执行,且执行速度快;缺点是用机器语言编写的程序不便于记忆、阅读和书写。

(2) 汇编语言。汇编语言(assembly language)是指用助记符形式表示指令的指令系统作为程序设计语言。汇编语言是一种面向机器的程序设计语言,汇编语言中的每条指令对应机器语言中的一条指令,不同类型的计算机系统一般有不同的汇编语言。由于汇编语言是用助记符形式表示的,因此用其编写的程序不能被计算机直接识别和执行,必须由汇编语言翻译程序(简称汇编程序或汇编器,assembler)翻译成机器语言程序才能运行。汇编语言适用于编写直接控制硬件操作的底层程序,执行速度快、效率高。

汇编语言在可读性上虽然有所改善,但用其编写程序编程效率低、程序可移植性差,因此各种高级语言就接二连三地出现了。

2. 高级语言

高级程序设计语言(high-level programming language,简称高级语言)是指用于描述计算机程序的类自然语言。它是程序设计发展的产物,屏蔽了机器的细节,提高了语言的抽象层次。高级语言采用接近自然语言和数学语言的语句,易学、易用、易维护,并且在一定程度上与机器无关,给编程带来了极大方便。用高级语言编写的程序(即源程序)可读性好,可移植性高,但不能被计算机直接识别,需要翻译成机器语言程序后才能被执行。高级语言按翻译方式可分为以下两类:

(1) 解释型。将源程序逐句翻译,翻译一句执行一句,边翻译边执行,翻译由计算机执行解释程序自动完成。这种方式的程序执行效率比较低,而且不能生成可独立执行的可执行文件,应用程序不能脱离其解释器。但这种方式比较灵活,可以动态地调整、修改应用程序,如 BASIC 语言和 Perl 语言。

（2）编译型。将源程序一次整体翻译成机器语言程序（即目标程序），这种语言的目标程序可以脱离其语言环境独立执行，而且执行效率较高，实现这种翻译的程序称为编译器（compiler）。现在大多数的高级语言都是编译型的，C语言就属于编译型语言。

表 1.5 以 Intel 公司的 x86 系列 CPU 为例，说明了机器语言、汇编语言、高级语言之间的关系。

表 1.5 机器语言、汇编语言、高级语言之间的关系

汇编语言	翻译	机器语言（十六进制）	翻译	高级语言
MOV AX,53	汇编	B85300	编译	X=+83
MOV BX,FFFE	==>	BBFEFF	<==	Y=-2
ADD AX,BX		01D8	解释	X=X+Y

目前人们使用的高级程序设计语言有上百种，常用的也有几十种。例如，适用于初学者的 BASIC 语言；适用于科学计算的 FORTRAN 语言；适用于商业和管理领域的 COBOL 语言；适用于教学的 Pascal 语言；适用于逻辑推理的 Prolog 语言；适用于网络编程的 Java 语言、C#语言和 PHP 语言；适用于编写系统软件和应用软件的 C 语言和 C++语言；简单易学适用于初学者和数据处理的 Python 语言；专门用于数据统计分析的 R 语言等。这些语言中，C 语言既具有高级语言的优点，又具有低级语言的许多特点，是当前使用最广泛的高级语言之一。

1.3.2 C 语言的发展和特点

1. C 语言的产生和发展

C 语言是目前最为流行的高级程序设计语言之一。C 语言的发展与操作系统 UNIX 密不可分，其是在 B 语言的基础上发展起来的，根源可以追溯到 ALGOL 60。

1960 年出现的 ALGOL 60 是一种面向问题的高级语言，其离硬件远，不宜用来编写系统软件。1963 年，英国的剑桥大学在 ALGOL 60 基础上推出了 CPL(Combined Programming Language)语言，CPL 语言比较接近硬件，但规模比较大。1967 年，英国剑桥大学的 Matin Richards 对 CPL 语言作了简化，推出了 BCPL（Basic Combined Programming Language）语言。1970 年，美国贝尔实验室的 Ken Thompson 以 BCPL 语言为基础，对其作了进一步简化，设计出了很简单且很接近硬件的 B 语言（取 BCPL 的第一个字母），并用 B 语言编写了 UNIX 操作系统。

B 语言依赖于机器、过于简单，无类型。为了克服 B 语言的局限性，1972 年，贝尔实验室的 D.M.Ritchie 在 B 语言的基础上又设计出了 C 语言（取 BCPL 的第二个字母），它保留了 B 语言的精练和接近硬件的优点，又克服了 B 语言过于简单和无数据类型等缺点。最初的 C 语言是为描述和实现 UNIX 操作系统提供一种工作语言而设计的。1973 年，Ken Thompson 和 D.M.Ritchie 两人合作把 UNIX 操作系统的 90%以上程序用 C 语言改写（即 UNIX 第 5 版）。

直到 1975 年 UNIX 操作系统的第 6 版公布后，C 语言的突出优点才引起人们的广泛注意。1977 年出现了不依赖于具体机器的 C 语言编译文本《可移植 C 语言编译程序》，使 C 语言移植到其他机器时所需做的工作大大简化了。

以 1978 年发表的 UNIX 操作系统的第 7 版中的 C 编译程序为基础，Brian W. Kernighan 和 Dennis M. Ritchie（简称 K&R）合著了影响深远的名著 The C Programming Language 一书，这本书成为后来广泛使用的 C 语言的基础，被称为 K&R C。1989 年，美国国家标准化协会 ANSI 根据 C 语言问世以来各种版本对 C 语言的扩充，制定了新的标准，称为 ANSI C 或 C89。1988 年，K&R 按照即将公布的 ANSI C 国家标准重写了他们的经典著作 The C Programming Language。1990 年，国际标准化组织 ISO（International Standard Organization）接受 C89 作为国际标准。1999 年，ISO 又对 C 语言标准进行了修订，尤其是增加了 C++ 中的一些功能，该标准被称为 C99。2011 年 12 月，ISO 公布了 C 语言标准的第三版，这一标准被称为 C11。

随着面向对象编程技术的出现，尽管许多新的高级语言如 C++、Java 和 C# 不断涌现，但 C 语言仍然魅力不减，其高效、可移植等优点，更是成为前景广阔的嵌入式系统主流开发语言。另外，Java，C++ 等面向对象语言是 C 语言的发展，C 语言是 C++ 语言的基础，C++ 语言和 C 语言在很多方面是兼容的。在掌握了 C 语言后，再进一步学习 C++ 语言，就不会对面向对象语言的语法感到陌生，可达到事半功倍的效果。

2．C 语言的特点

C 语言相对于其他高级语言，有很多的优点。概括来讲，其主要特点如下：

（1）语言简洁紧凑，使用方便灵活，运算符丰富。C 语言一共只有 32 个关键字，9 种控制语句，它们构成了 C 语言的全部指令。C 语言程序比其他语言程序简练，源程序短，表达方式简洁，书写形式自由。C 语言的运算符包含的范围很广泛，共有 34 种运算符。C 语言把括号、赋值、强制类型转换等都作为运算符处理，从而使 C 语言的运算类型极其丰富，表达式类型多样化，灵活使用 C 语言可以实现其他高级语言难以实现的运算。

（2）表达能力强。C 语言可以完成通常要由机器指令来实现的普通的算术及逻辑运算，可以直接处理字符、数字、地址，可以进行位操作，能实现汇编语言的大部分功能。

（3）数据类型丰富。C 语言具有丰富的数据类型，除了整型、实型和字符型等基本数据类型外，还有数组类型、结构体类型、共用体类型、指针类型等数据类型，能实现各种复杂的数据结构（如链表、树、图等）。

（4）C 语言是一种结构化程序设计语言。结构化程序结构清晰、可读性强。C 语言具有功能很强的选择、循环等结构化控制语句（如 if-else 语句、while 语句、do-while 语句、for 语句），C 语言又是函数式语言，C 程序是由一个个函数构成的，函数可以作为程序模块以实现程序的模块化。因此，C 语言是结构化程序设计的理想语言，符合现代编程风格要求。

（5）可直接对硬件进行操作。C 语言可以直接访问物理地址，能进行位（bit）操作，能实现汇编语言的大部分功能，可以直接对硬件进行操作。

（6）生成目标代码质量高，程序执行效率高。相对汇编语言而言，许多高级语言的代码效率要低很多，但 C 语言则不然。据实验统计表明，针对同一问题，C 语言的代码效率只比汇编语言低 10%~20%。

（7）可移植性好（与汇编语言比）。移植是指程序从一个环境不加改动或稍加改动就可以在另一个环境中运行。C 语言标准化程度高，其编译系统已在多种计算机上实现，因此 C 语言程序移植非常容易。

1.4 C语言的字符集和标识符

1.4.1 字符集

C语言的字符集是用来书写C语言源程序时允许出现的所有字符的集合,即字符是组成语言的最基本的元素。C语言字符集由以下几类字符组成。

(1) 大小写英文字母:a~z 和 A~Z。

(2) 数字字符:0~9。

(3) 空白符:空格符、制表符、换行符等统称为空白符。空白符只在字符常量和字符串常量中起作用。在其他地方出现时,只起分隔作用,编译程序对它们忽略不计。因此在程序中使用空白符与否,对程序的编译不发生影响,但在程序中适当的地方使用空白符将增加程序的清晰性和可读性。

(4) 26个特殊字符: + - * / % < > ! = : ? ^ ~ | &
( ) [ ] { } # \ _ ; , . ' " 。

要特别说明的是:在字符常量、字符串常量和注释中还可以使用汉字或其他可表示的图形符号。

1.4.2 标识符

标识符就是名字,其是一个字符序列,可以用来标识变量名、符号常量名、函数名、类型名、文件名等。标识符必须满足以下规则:①所有标识符必须由字母(a~z, A~Z)或下画线(_)开头;②标识符其他部分的字符可以用字母、下画线或数字(0~9)组成。

例如,以下标识符是合法的。

a, _ok, x1, sum, student_name

以下标识符是非法的。

3a   以数字开头

ok?   出现非法字符?

boy-1   出现非法字符 −(减号)

C语言中的标识符有以下3种类型。

(1) 关键字:系统预先定义的、有特定含义的标识符,又称保留字。C语言共有33个关键字,根据关键字的作用,可以分为以下4类。

- 数据类型关键字(12个):char, double, enum, float, int, long, short, signed, struct, union, unsigned, void。
- 控制语句关键字(12个):break, case, continue, default, do, else, for, goto, if, return, switch, while。
- 存储类型关键字(4个):auto, extern, register, static。
- 其他关键字(5个):const, restrict, sizeof, typedef, volatile。

(2) 预定义标识符:系统预先定义的、用于编译预处理命令中的标识符,如 include, define 等。

（3）自定义标识符：依据标识符的命名原则，由用户自己定义的标识符。

使用标识符时需注意以下几点：

（1）大小写字母表示不同意义，即代表不同的标识符，如 sum 和 Sum 是两个不同的标识符。

（2）自定义标识符不能使用 C 语言的关键字，最好也不要和预定义标识符同名，一旦同名，系统预定义的相应功能便会丢失。

（3）自定义标识符虽然是由程序员随意定义的，但标识符是用于标识某个量的符号，因此，命名时应做到简洁且"见名知意"，以提高程序的可读性。例如，用标识符 sum 表示总和，用 price 表示价格等。

（4）标准 C 语言没有限制标识符的长度，但受各种版本的 C 语言编译系统限制。例如，在某版本 C 语言中规定标识符前 8 个字符有效，当两个标识符前 8 个字符相同时，则被认为是同一个标识符。不过，目前大多数的 C 编译系统都能识别最大长度为 31 的标识符。

1.5 C 程序的基本结构和上机步骤

1.5.1 C 程序的基本结构

下面通过一个典型的 C 语言程序，来了解 C 程序的基本结构。

例 1.6 输入两个整数，输出其中的较大数。

```c
/* 输入两个整数，输出其中的较大数 */
#include <stdio.h>                         /* 编译预处理命令 */
int main()                                 /* 主函数 */
{   int x,y,z;                             /* 定义变量 */
    int max(int a, int b);                 /* 自定义函数max()的声明 */

    printf("Enter two integers: ");        /* 显示提示信息 */
    scanf("%d%d", &x,&y);                  /* 输入两个整数 */
    z=max(x,y);                            /* 调用max()函数求出较大数 */
    printf("Max=%d\n", z);                 /* 输出结果 */
    return 0;
}

int max(int a, int b)                      /* 函数max()的定义 */
{   int c;

    if (a>b)  c=a;
    else  c=b;
    return c;                              /* 把较大数返回主调函数 */
}
```

从例 1.6 中可以看出，C 程序一般由函数、注释、编译预处理命令等部分组成。

1）函数

C 程序是由函数构成的，函数是程序设计模块化的体现，一个函数用来实现一个特定的功能。一个程序可以包含多个函数，这些函数可以是由用户自己设计定义的（如例 1.6 中的 max()函数）；也可以是系统提供的，通过编译预处理命令把它们包含进来（如例 1.6 中的 scanf()函数和 printf()函数）。一个程序中一定要有一个主函数 main()，而且只允许有一个，主函数可以放在程序的任何地方（可以放在众多函数的最前面，中间的某个地方或最后），但不管主函数放在程序的哪个位置，程序的执行都是从主函数开始的，更明确地说，程序的执行就是执行主函数，其他函数只能通过主函数或被主函数已经调用的函数调用。

一个函数由两部分组成：

- 函数首部。函数首部包括函数返回值类型、函数名、形式参数名和参数类型。
- 函数体。即函数首部下面的大括号{ … }内的部分。如果一个函数内有多个大括号，则最外层的一对{ }为函数体的范围。函数体一般由变量定义部分和执行语句部分组成。表达式语句（或赋值语句）是 C 程序中用得最多的语句。C 程序没有行号，也不严格规定书写格式。因此书写格式相对自由，一行内可以写几个语句，一个语句可以分写在多行上，但每个语句的结尾必须有一个分号。分号是 C 语句的必要组成部分，即使是程序中最后一个语句也必须包含分号。C 语言本身没有输入输出语句，输入和输出操作是由库函数来完成的。

2）注释部分

C 程序中为了说明程序的功能或某几行的含义，可带注释。注释能帮助读者阅读和理解程序，程序编译时，注释被忽略，不产生代码。放在程序开头的注释，说明整个程序的功能，放在其他位置的注释，说明局部程序或语句的功能。例 1.6 中程序开头用了如下注释：

/* 输入两个整数，输出其中的较大数 */

说明程序的功能是找出两个整数中的较大数。注释内容写在一对符号 "/*" 和 "*/" 之间，其中的内容可以是一行或几行。

注意：对程序中关键的语句、较难理解的语句、需要特别注意的语句才需要加注释，否则反而起到画蛇添足的作用。例 1.6 中的如下注释：

/* 输入两个整数 */

在实际编程时是不需要加的。这里之所以加上是考虑到读者还不熟悉 C 语言，可能不理解语句的含义。

3）编译预处理命令

C 程序的开头有些程序行以 "#" 符号开头，这些程序行就是编译预处理命令。C 程序提供 3 类编译预处理命令：文件包含、宏定义和条件编译。例 1.6 中有文件包含命令：

    #include <stdio.h>

其中 stdio.h 是一个头文件，也称标准的输入输出头文件。程序中由于要用到数据的输入函数 scanf()和输出函数 printf()，而这两个函数的说明系统已经存放在文件 stdio.h 中，因此要包含该头文件。所谓包含就是把头文件代码引入程序中，由于这个工作是在编译程序前完成的,所以称编译预处理命令。

1.5.2 C 程序的上机步骤

用高级语言或汇编语言编写的程序称为源程序。C 语言源程序的文件扩展名为 c。因为计算机只能识别和执行由 0 和 1 组成的二进制指令,所以源程序不能直接在计算机上执行,需要用"编译程序"将源程序翻译为二进制形式的"目标程序",目标程序的文件扩展名为 obj。目标程序尽管已经是二进制机器指令,但是还不能运行。因为目标程序还没有解决函数调用问题,需要将各个目标程序与库函数连接,形成完整的可在操作系统下独立执行的程序,称为"可执行程序",可执行程序的文件扩展名为 exe。

从编写好一个 C 程序后到上机完成运行,一般要经过以下几个步骤:输入源程序→对源程序进行编译,产生目标程序→连接各个目标程序、库函数,产生可执行程序→运行程序。如图 1.5 所示为一个 C 语言程序上机的全过程。

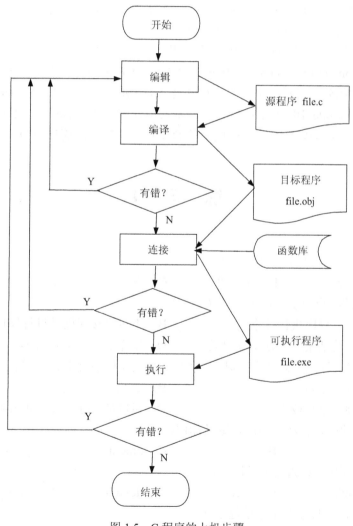

图 1.5 C 程序的上机步骤

一般来说，一个程序不可能一次就获得成功，该过程中会产生以下各种错误，需要反复调试来排除这些错误。

（1）语法错误。这类错误就是指程序中的语句不符合 C 语言的语法，大多数这类错误可以由编译器找出来，如变量名或函数名拼写错误、括号不匹配或不配对、语句结尾缺少一个分号等。但由于 C 语言使用相当灵活，也有许多语法错误编译器不能帮助程序员找出来，这对初学者要特别注意，如比较运算符"=="误用"="，scanf 语句中变量名前没有加取地址运算符"&"等。

（2）连接错误。一般这类错误较少发生，如在找不到函数库、多个源文件构成的程序中全局变量只有声明而找不到定义等情况下，才会产生连接错误。

（3）运行错误。一般这类错误也较少发生，如除法运算时除数为 0、对负数求平方根、应当输入整数时输入了英文字母等情况下，才会产生运行错误。

（4）逻辑错误。这类错误是编程时的主要错误，是指程序虽然能够运行，但得到的结果与预期不一致。有各种各样的原因会产生这类错误，不能一概而论，需要程序员反复调试来排除，程序员的经验和能力就体现在这里。

从编辑源程序开始一直到产生一个可执行文件，现在都可由一个集成开发环境（Integral Development Environment，IDE）来完成，IDE 集编辑、编译和连接于一体，大大提高了上机调试的效率。目前常见的 C/C++语言的 IDE 有 Turbo C、Borland C++、Visual C++、Dev-C++、Code::Blocks、C-Free 等。本书中的例题都在 Dev-C++ 5.5.3 MinGW 4.7.2 环境下调试通过，本书以后各章节中提到的 Dev-C++ 5.5.3（或简称为 Dev-C++）都是指这一编程环境。

练　习　1

一、选择题

1. 算法具有 5 个特性，但不包括（　　）。
    A．有穷性　　　　B．确定性　　　　C．有效性　　　　D．至少有一个输入
2. C 语言的特点众多，但不包括（　　）。
    A．C 语言程序执行效率高　　　　　　B．不可直接对硬件进行操作
    C．语言简洁紧凑，使用方便灵活　　　D．数据类型和运算符丰富，表达能力强
3. C 语言中的标识符只能由字母、数字和下画线 3 种字符组成，且第一个字符（　　）。
    A．必须为字母　　　　　　　　　　　B．必须为下画线
    C．必须为字母或下画线　　　　　　　D．可以是字母、数字和下画线中的任意一种
4. 以下选项中，合法的用户自定义标识符是（　　）。
    A．int　　　　　　B．a#　　　　　　C．5mem　　　　　D．_243
5. 以下选项中，C 语言的关键字是（　　）。
    A．swicth　　　　　B．cher　　　　　C．default　　　　D．Case
6. 构成 C 语言程序的基本单位是（　　）。
    A．函数　　　　　　B．变量　　　　　C．运算符　　　　D．语句
7. C 语言规定，在一个源程序中，main()函数的位置（　　）。

A．必须在最开始 　　　　 B．必须在系统调用的库函数后面
C．可以任意 　　　　　　 D．必须在最后

8．以下叙述中，正确的是（　　）。
A．C程序中的注释只能出现在程序的开始位置和语句的后面
B．C程序的书写格式严谨，要求一行内只能写一个语句
C．C程序的书写格式自由，一个语句可以写在多行上
D．用C语言编写的程序只能放在一个程序文件中

二、填空题

1．描述一个算法的常见方法有自然语言、_____、N-S图、_____和计算机语言。
2．用高级语言编写的源程序需要翻译成机器语言程序后才能被执行，其中一种翻译方式是：将源程序逐句翻译，翻译一句执行一句，边翻译边执行，这种翻译方式称为_____。
3．在C源程序中，注释部分两侧分界符分别为_____和_____。
4．一个用C语言编写的程序是从_____开始执行的。
5．在C源程序中，任意一个函数都由_____和_____两部分组成。
6．C语言源程序文件的扩展名是_____。
7．C语言源程序需要用_____将其翻译为机器语言形式的目标程序。
8．C语言编程过程中除了会遇到连接错误和运行错误外，更多情况下遇到的是_____错误和_____错误。

三、思考题

1．把十进制数56，-74转化为对应的二进制数，并分别写出它们的8位原码和补码。
2．什么是浮点数？计算机内部是如何存储浮点数的？
3．什么是ASCII码？ASCII码编码方案有何特点？试述常用字符的大致编码顺序。
4．什么是汉字的机内码？在计算机的内存中如何区分机内码与ASCII码？
5．试述计算机内部采用二进制工作的原因，以及计算机的工作原理。
6．试述程序设计的概念，以及程序设计的基本过程。
7．什么是算法？算法与程序的关系如何？
8．什么是高级语言？有哪些主要的高级语言？
9．什么是标识符和关键字？它们分别有什么作用？
10．标识符是如何构成的？使用标识符时应注意哪些问题？
11．下列字符序列中，哪些可以构成合法的标识符？
    signed   a-1   x_y_1 $use   π
    0x56   sum   num#   _1234   age
12．试述C程序的基本结构。
13．试述C程序上机的全过程，并解释该过程中产生的各类错误的含义。

第 2 章　数据类型、运算符和表达式

数据是程序处理的基本对象。在数学中，数据是不分类型的，因为数学中的数和对数的运算都是抽象的。而在计算机中，数据是存放在存储器中的，通常占用若干个字节，并采用一定的存储形式。数据占用的字节数以及其存储形式决定了数据的范围和精度，因此，计算机中数据的范围和精度都有限的。

所谓数据类型就是指数据在计算机中的表现形式，包括分配的字节数、存储形式以及允许的操作。一般来说，不同数据类型的数据所分配的字节数和存储形式是不同的，所以，不同数据类型数据的取值范围、精度以及允许的操作也不同。在 C 语言中，数据类型可分为基本类型、构造类型、指针类型和空类型 4 大类。

（1）基本类型。基本类型最主要的特点是，其值不可以再分解为其他类型。在 C 语言中，基本类型包括整型、实型（又称浮点型）、字符型和枚举型。

（2）构造类型。构造类型是根据已定义的一个或多个数据类型用构造的方法来定义的。也就是说，一个构造类型的值可以分解成若干个"成员"或"元素"。每个"成员"都是一个基本类型或又是一个构造类型。在 C 语言中，构造类型包括数组类型、结构体类型和共用体类型。

（3）指针类型。指针是一种特殊的，同时又具有重要作用的数据类型。其值用来表示某个变量在内存储器中的地址。虽然指针变量的取值类似于整型量，但这是两个类型完全不同的量，因此不能混为一谈。

（4）空类型。在调用函数时，被调用函数通常应向调用者返回一个函数值。这个返回的函数值应具有一定的数据类型，并应在函数定义及函数原型中予以说明。但是，也有一类函数，调用后并不需要向调用者返回函数值，这种函数类型可以定义为"空类型"，其类型说明符为 void。C 语言中也可以定义 void 类型的指针。

本章介绍基本数据类型中的整型、实型和字符型，其余的数据类型将在后续章节中介绍。

2.1　常量和变量

对于 C 语言中的数据，按其取值是否可改变分为常量和变量两种，下面分别介绍。

2.1.1　常量

在程序执行过程中，其值不能被改变的量称为常量。常量按数据本身的类型可分为整型常量、实型常量、字符型常量和字符串常量。常量的类型一般可由字面形式进行判断。例如：

- 整型常量，如 120、-3 等。
- 实型常量，如 24.6、-1.35 等。
- 字符型常量，如'a'、'?'等。
- 字符串常量，如"C Language"等。

上述常量也称为数值常量，在程序中，数值常量可以不经定义而直接使用。C语言中，也可以用一个标识符来表示一个常量，称之为符号常量。定义符号常量的一般形式如下：

```
#define  标识符  数值常量
```

例 2.1 符号常量的定义和使用示例。

```
#include <stdio.h>
#define PI 3.1416
int main()
{   float r;
    double l,s;

    printf("输入圆的半径:");
    scanf("%f", &r);
    l=2.0*PI*r;   /* 圆周长 */
    s=PI*r*r;    /* 圆面积 */
    printf("周长=%10.4f\n面积=%10.4f\n", l,s);
    return 0;
}
```

在上面的程序中，用预处理命令#define 使 PI 这个标识符在随后的程序中代表常量 3.1 416。在对程序进行编译前，预处理器先对 PI 进行处理，把所有的 PI 全部替换为 3.1 416。因此，编译器看不到符号常量，只能看到数值常量。

习惯上，符号常量名用大写英文字母，变量名用小写英文字母。使用符号常量有以下好处：

- 含义清楚，见名知意。如在例 2.1 的程序中，看到 PI 就知道其代表圆周率。因此，定义符号常量名应考虑"见名知意"。
- 修改方便，一改全改。如果为了提高精度，圆周率要改为 3.1 415 926，用符号常量能做到"一改全改"。例如，对例 2.1 的程序作如下修改：

```
#define PI 3.1415926
```

则程序中出现的所有 PI 都代表 3.1 415 926。

2.1.2 变量

在程序执行过程中，其值可以改变的量称为变量。一个变量有一个名字，且占用一定的内存单元（变量名就代表这个内存单元），该内存单元中存放变量的值。C语言中用标识符（习惯用小写英文字母）给变量取名，在命名时应考虑"见名知意"的原则，如用 sum 代表"总和"。变量定义的一般形式为：

类型标识符　变量名标识符，变量名标识符，…；

例如：

```
int i,j,k;      /* i,j,k为整型变量 */
float x,y;      /* x,y为单精度实型变量 */
char c1,c2;     /* c1,c2为字符型变量 */
```

任何一个变量都有3个要素，即变量名、变量的数据类型和变量的值。变量名和变量的数据类型是在定义时给定的，不能再改变，而变量的值可在程序执行过程中改变。

变量定义通常放在函数体的开始部分，也可以放在函数的外部。定义语句的位置直接影响着变量的作用域和生存期，后续章节会详细介绍。C语言中，变量必须遵循"先定义，后使用"的原则。这样做的目的是：

（1）保证程序中变量名使用的正确性，便于程序员发现错误。若使用了未定义的变量，编译器会将其作为语法错误提示给程序员，从而避免因拼写错误而给程序执行带来的影响。

（2）定义时给定了变量的数据类型，编译时就能为其分配相应的内存单元。

（3）变量的数据类型确定后，也就确定了该变量所能进行的操作，编译时就能根据变量的数据类型检查该变量所进行的运算是否合法。例如，整型变量 a 和 b 可以进行取余运算 $a\%b$，如果 a 和 b 定义为实型变量，就不允许进行取余运算。

2.2　基本数据类型

2.2.1　整型数据

1. 整型类型

整型类型用来表示数学中的整数，各类整型类型数据所分配的内存字节数及数的表示范围如表 2.1 所示。

表 2.1　整型类型数据最常见的分配的字节数和取值范围

类型标识符	名　称	分配的字节数	数的取值范围
[signed] int	基本型	2	−32 768～32 767
short [int]	短整型	2	−32 768～32 767
long [int]	长整型	4	−2 147 483 648～2 147 483 647
unsigned [int]	无符号型	2	0～65 535
unsigned short [int]	无符号短整型	2	0～65 535
unsigned long [int]	无符号长整型	4	0～4 294 967 295

说明：表中方括号[ ]里面的内容是可选项，可以省略，即 signed int 可以简写成 int，其余类同。ANSI C 没有具体规定各类整型类型数据所分配的内存字节数，这是由各编译系统自行决定的。ANSI C 只规定 long 型数据长度不短于 int 型，short 型不长于 int 型，即 sizeof(short)≤sizeof(int)≤sizeof(long)，sizeof 是计算类型、常量或变量占用的内存字节数的运算符。

Turbo C 3.0 中 int 分配两个字节，取值范围为 $-32\ 768 \sim 32\ 767$；而 Visual C++6.0 和 Dev-C++5.5.3 中 int 分配 4 字节，取值范围为 $-2\ 147\ 483\ 648 \sim 2\ 147\ 483\ 647$。

各类无符号整型类型数据所占用的内存字节数，与相应的有符号整型类型数据相同，其内存单元中的全部二进制位（bit）都用作存放数据，不存放数的符号，因此不能表示负数。

整型类型数据在内存中都用补码形式存储，有关"补码"的概念详见 1.1 节。

2．整型常量

整型常量包括正整数、负整数和 0，整型常量也称为整常数。在 C 语言中，整型常量有十进制数、八进制数和十六进制数 3 种。为了区分不同进制的整型常量，C 语言规定，八进制整常数必须以 0 开头，即以 0 作为八进制数的前缀，十六进制整常数的前缀为 0x 或 0X。例如：

- 十进制整常数，如 15、-123、6427 等。
- 八进制整常数，如 015、-0123，分别表示十进制整数 13、-83。
- 十六进制整常数，如 0x15、-0x123，分别表示十进制整数 21、-291。

3．整型常量的后缀

整型常数也有数据类型，如果其值在基本整型（int）取值范围之内，就认为其是基本整型，否则就认为是长整型（long）。假定某个 C 语言编译系统中，为基本整型分配两个字节，因此基本整型的取值范围为 $-32\ 768 \sim 32\ 767$，这样 158 就认为是基本整型，而 158 000 因为超过 32767 就认为是长整型。

有时，程序员也可以用后缀"L"或"l"来表示长整型数。158L 和 158 在数值上并无区别，但对 158L，因为是长整型，编译系统将为它分配 4 个字节存储空间。而对 158，因为是基本整型，只分配两个字节的存储空间。

无符号数也可用后缀表示，整型常数的无符号数的后缀为 U 或 u。例如，358u、235Lu 均为无符号数。

前缀、后缀可同时使用以表示各种类型的数。例如，0xA5Lu 表示十六进制无符号长整数 A5，即十进制数 165。

4．整型变量的定义

整型变量定义的一般形式为：

类型标识符　变量名标识符，变量名标识符，… ；

例如：

```
int i,j,k;          /* i,j,k为整型变量 */
long m,n;           /* m,n为长整型变量 */
unsigned u1,u2;     /* u1,u2为无符号整型变量 */
```

在书写变量定义时，应注意以下几点：

- 允许在一个类型标识符后，定义多个相同类型的变量，各变量名之间用逗号分隔，类型标识符与变量名之间至少用一个空格分隔。

- 最后一个变量名之后必须以 ";" 结尾。
- 变量定义语句必须放在变量使用之前,一般放在函数体的开头部分。

例 2.2 整型变量的定义和使用示例。

```
#include <stdio.h>
int main()
{   int a,b,c,d;
    unsigned u;

    a=12;  b=-24;   u=10;
    c=a+u;  d=b+u;
    printf("c=a+u=%d,d=b+u=%d\n", c,d);
    return 0;
}
```

运行结果:

`c=a+u=22,d=b+u=-14`

本例说明,不同类型的量可以参与运算并相互赋值,其中的类型转换是由编译系统自动完成的。有关类型转换的规则将在后续章节中介绍。

5. 整型数据的溢出

一个 short 型变量中存放的最大值为 32 767,如果再加上 1,会出现什么情况?

例 2.3 整型数据的溢出示例。

```
#include <stdio.h>
int main()
{   short a,b;

    a=32767;  b=a+1;    /* b的值为32768,显然溢出了 */
    printf("a=%d  b=%d\n", a,b);
    return 0;
}
```

运行结果:

`a=32767  b=-32768`

在本例中,short 型变量中存放的最大值为 32 767,无法表示大于 32 767 的数,遇此情况就产生溢出,而程序在运行时并不报错,但得到的结果与程序员的期望不同,这需要靠程序员的细心和经验来保证结果的正确。

2.2.2 实型数据

1. 实型类型

实型类型用来表示数学中带有小数的实数,各类实型类型数据所分配的内存字节数及数的绝对值取值范围如表 2.2 所示。

表 2.2 实型类型数据常见的分配的字节数和数的绝对值取值范围

类型标识符	分配的字节数	有效数字	数的绝对值取值范围
float	4	7 位	3.4E−38～3.4E+38
double	8	15 位	1.7E−308～1.7E+308
long double		19 位	3.4E−4932～1.1E+4932

说明：对表中的 long double 类型，不同的编译系统处理的方法也不同。Turbo C 3.0 分配 10 字节，Visual C++ 6.0 分配 8 字节（即将 long double 作为 double 处理，实际上表示不支持该类型），而 Dev-C++ 5.5.3 分配 12 字节。

C 语言中，实型也称为浮点型，这与实型类型数据在内存中的存储形式有关。C 语言中，实数是以规格化的指数形式存储在内存单元中的，有关"规格化指数形式"的概念详见 1.1 节。

2．实型常量

C 语言中，实型常量只有十进制并且是有符号的实型常量，其有两种形式：十进制小数形式和指数形式。

- 小数形式，如 0.0、0.25、.13、5.0、300.、5.789、−67.83 等。
- 指数形式，如 2.1E5、3.7E−2、0.5E7、−2.8E−2 等。

注意：阶码标志 E 可以为小写字母 e，E 前面必须有数，后面的阶码只能为整数。例如，E5、3e2.6、2E 等都是不合法的。

许多 C 编译系统都默认将实型常量作为 double 类型来处理，但在实型常量后加后缀 F 或 f 可表示该数为 float 型常量，加后缀 L 或 l 可表示该数为 long double 型常量，如 35.6F 为 float 型常量。

3．实型变量的定义

实型变量定义的形式和书写规则都与整型变量相同。例如：

```
float x,y;      /*  x,y为单精度实型变量   */
double a,b,c;   /*  a,b,c为双精度实型变量 */
```

4．实型数据的舍入误差

与整型数据不同，即使数据的取值没有超出范围，但由于实型数据的有效数字是有限的，因此可能产生舍入误差。

例 2.4 实型数据的舍入误差示例。

```
#include <stdio.h>
int main()
{   float a;  double b;
    float s;  int i;

    a=123456.789e5;    /* 在赋值过程中产生舍入误差 */
    b=123456.789e5;
```

```
        printf("a=%f  a+20=%f\n", a,a+20);
        printf("b=%f  b+20=%f\n", b,b+20);
        s=0;
        for (i=1; i<=1000; i++)
            s += 0.1;         /* 十进制数0.1在计算机内是近似表示的 */
        printf("s=%f\n", s);
        return 0;
    }
```

运行结果：

```
a=12345678848.000000  a+20=12345678868.000000
b=12345678900.000000  b+20=12345678920.000000
s=99.999046
```

在本例中，实型常量 123456.789e5 是 double 类型，在计算机中可以正确表示，但由于 a 是 float 类型，只有 7 位有效数字，在执行语句"a=123456.789e5;"过程中产生舍入误差。另外，本例中，实型常量十进制数 0.1 在计算机中是近似表示的（详见 1.1 节），存在舍入误差，因为十进制数 0.1 转换成二进制数时会产生无限循环小数，从而导致 0.1×1000 的值不是 100，而是 99.999046。

2.2.3 字符型数据

1. 字符常量

字符常量是用单引号括起来的 ASCII 码字符集中的任意一个可打印字符。例如，'a'、'5'、'='、'+'、'?' 等都是合法的字符常量，单引号是字符常量的分隔符，并不是字符常量的一部分。C 语言中，字符常量有以下特点：

- 字符常量只能用单引号括起来，不能用双引号或其他括号，如 "a"不是字符常量。
- 字符常量只能是单个字符，不能是字符串，如 'Hello'是非法的。注意：'中'也是非法的，因为一个汉字相当于两个西文字符。

字符类型数据在内存中占用 1 字节，存放的是该字符所对应的 ASCII 码值。注意，'2' 和 2 是不同的，'2'是字符常量，占用 1 字节，存放的是字符 2 的 ASCII 码值 50，2 是整型常量，占用 4 字节（Dev-C++ 5.5.3），存放的是值 2。

2. 转义字符

转义字符是一种特殊的字符常量，主要用来表示 ASCII 码字符集中不可打印的字符或具有控制功能的字符。转义字符以反斜线'\'开头，后跟一个或几个字符。转义字符具有特定的含义，不同于字符原有的意义，因此称"转义"字符。例如，在前面各例题 printf() 函数的格式串中用到的'\n'就是一个转义字符，其意义是"换行"，不是反斜线和字母 n。常见的转义字符及其意义如表 2.3 所示。

表 2.3 常见的转义字符及其意义

转义字符	意义	ASCII 码值（十进制）
\n	换行	010
\r	回车	013
\a	响铃	007

续表

转义字符	意义	ASCII 码值（十进制）
\b	退格	008
\t	水平制表	009
\\	反斜线符	092
\'	单引号符	039
\"	双引号符	034
\0	空字符	000
\ddd	1~3 位八进制数所代表的字符	
\xhh	1~2 位十六进制数所代表的字符	

广义地讲，ASCII 码字符集中的任何一个字符均可用转义字符来表示。表 2.3 中的\ddd 或\xhh 正是为此而提出的，ddd 和 hh 分别为八进制和十六进制表示的字符的 ASCII 码值。如'\101'表示字母'A'，'\134'表示反斜线符'\'，'\x0A'表示换行等。转义字符"\ddd 或\xhh"主要是用来表示一些特殊的控制字符。注意：① 转义字符中只能使用小写字母，每个转义字符只能看作一个字符；② '\a'响铃对屏幕没有任何影响，但会使得计算机内的喇叭执行相应的操作。

例 2.5 转义字符的使用示例。

```
#include <stdio.h>
int main()
{   int a;

    a=5;
    printf("\"a=%d\"\nSH\tNT\bU\n", a);
    printf("023456789\r1\7\7\7");    /* 注意喇叭发出的声响 */
    return 0;
}
```

运行结果：

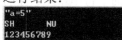

本例说明，输出换行'\n'实际上输出了回车和换行，输出水平制表'\t'使得下一个输出项 NT 跳到下一个输出区（一个输出区占 8 列），输出退格'\b'使得输出位置往左退了一列，下一个输出项 U 输出到了原字符 T 的位置，所以屏幕上只能看到字符 U，看不到字符 T。

3．字符变量的定义

字符变量定义的形式和书写规则都与整型变量相同。例如：

```
char a,b;
```

一个字符变量中只能存放一个字符，放的不是字符本身，字符是以 ASCII 码值的形式存放在变量所对应的内存单元中的，因此每个字符变量只分配一个字节的内存空间。由于字符'a'的 ASCII 码值是 97，所以语句"a='a';"与语句"a=97;"实际上是等价的。当然，如果要把字符'a'赋给字符变量 a，尽量不要用语句"a=97;"而应用语句"a='a';"。

既然字符变量中存放的是字符所对应的ASCII 码值，而 ASCII 码值是一个整数，所以

C语言允许对字符变量进行算术运算。

例 2.6 英文字母的大小写转换。

```
#include <stdio.h>
int main()
{   char a,b,d;

    a='a';
    b='B';
    d='5';
    a=a-32;                    /* 小写转大写，建议用语句a=a-'a'+'A'; */
    b=b+32;                    /* 大写转小写，建议用语句b=b-'A'+'a'; */
    printf("%c,%c\n", a,b);
    printf("%d,%d\n", a,b);
    printf("%d\n", d-'0');     /* 字符'5'转换成对应的数5 */
    return 0;
}
```

运行结果：

由于大小写字母的 ASCII 码相差 32，小写字母减去 32 可实现转换成对应的大写字母，大写字母加上 32 可实现转换成对应的小写字母。一个存放数字字符的字符变量减去'0'可实现把数字字符转换成对应的数。

本例也说明 a，b 为字符型，a、b 值的输出形式取决于 printf()函数格式字符串中的格式字符，当格式字符为'c'时，对应输出的值为字符，当格式字符为'd'时，对应输出的值为整数。

4．字符串常量

C 语言中没有字符串类型，但有字符串常量。字符串常量是由一对双引号括起的字符序列。例如，"China"，"C language"，"$12.5"，"" 等都是合法的字符串常量。字符串常量和字符常量是不同的量。它们之间主要有以下区别：

（1）字符常量由单引号括起来，字符串常量由双引号括起来。

（2）字符常量只能是单个字符，字符串常量则可以含 0 个、1 个或多个字符。

（3）字符常量占 1 字节的内存空间，而字符串常量占的内存字节数等于该字符串中的字符个数加 1。增加的 1 字节中存放字符串结束标志'\0'(ASCII 码为 0)，如字符串"program"在内存中占用 8 字节。字符常量'a'和字符串常量"a"虽然都只有一个字符，但在内存中的情况是不同的，'a'在内存中占 1 字节，而"a"在内存中占 2 字节。

（4）可以把一个字符常量赋予一个字符变量，但不能把一个字符串常量赋予一个字符变量，只能把一个字符串常量赋予一个字符变量。注意，C 语言中没有字符串类型，字符串变量是通过一维字符数组来实现的，在第 4 章数组内容中将予以介绍。

2.2.4 变量的初始化

要特别强调的是在 C 语言的一个函数中，定义一个变量后，系统就为其分配相应的内存空间，但其值是不确定的，或者说是一个随机值。有3种方法为变量提供初值，即变量的初始化、用赋值语句给变量赋初值和用输入语句给变量赋初值。在变量定义的同时给变量赋以初值的方法，称为变量的初始化。

在变量定义时赋初值的一般形式为：

类型标识符 变量名1=值1,变量名2=值2,… ;

例如：

```
float x=3.2,y=83.75;
char ch1='A',ch2='B';
```

应注意，在变量定义时不允许连续赋值，例如，int a=b=c=5; 是不合法的。

例 2.7 变量的初始化示例。

```
#include <stdio.h>
int main()
{   int a=3,b,c=5;
    printf("b=%d\n", b);     /* 输出一个随机值 */
    b=a+c;
    printf("b=%d\n", b);
    return 0;
}
```

运行结果：

```
b=2293632
b=8
```

2.3 运算符和表达式

运算符是由一个或多个字符组成的，用来表示某种运算的符号，运算符与常量、变量、函数一起组成表达式，用来完成复杂的运算功能。C语言中的运算符和表达式种类之多，在高级语言中是少见的。正是丰富的运算符和表达式使C语言功能十分完善，这也是C语言的主要特点之一。C语言中的运算符可分为以下几类。

（1）算术运算符：用于各类数值运算，包括加（+）、减（-）、乘（*）、除（/）、求余（或称模运算，%）、自增（++）、自减（--）共7种。

（2）关系运算符：用于比较运算，包括大于（>）、小于（<）、等于（==）、大于等于（>=）、小于等于（<=）、不等于（!=）6种。

（3）逻辑运算符：用于逻辑运算，包括与（&&）、或（||）、非（!）3种。

（4）位操作运算符：参与运算的量，按二进制位进行运算，包括位与（&）、位或（|）、位非（~）、位异或（^）、左移（<<）、右移（>>）6种。

（5）赋值运算符：用于赋值运算，分为简单赋值（=）、复合算术赋值（+=，-=，*=，/=，%=）和复合位运算赋值（&=, |=, ^=, >>=, <<=）3类共11种。

（6）条件运算符：这是一个三目运算符，用于条件求值（?:）。
（7）逗号运算符：用于把若干表达式组合成一个表达式（,）。
（8）指针运算符：用于取内容（*）和取地址（&）两种运算。
（9）求字节数运算符：用于计算数据类型所占的字节数（sizeof）。
（10）特殊运算符：有括号()、下标[]、成员（→，.）等几种。

2.3.1 算术运算符和算术表达式

1．算术运算符

C 语言中算术运算符有：+（加）、-（减或取负）、*（乘）、/（除）、%（取余）、++（自增1）、--（自减1）7种，其中+、-、*、/、% 需要两个操作数，称为双目运算符，而++、--、-（取负）只要一个操作数，称为单目运算符。单目运算符的优先级高于双目运算符，双目运算符中*、/和%的优先级高于+、-。

在使用+、-、*、/、% 运算符时要注意以下几点：

（1）两个整数相除时，它们的结果也为整数。例如，7/2 的值为 3，要得到正确的结果，除数和被除数中至少要有一个是实数，如 7.0/2 或 7/2.0 或 7.0/2.0 它们的值都是 3.5。

（2）取余运算符%两边的操作数必须都是整型量。例如，4%7 的值为 4，12%5 的值为 2，而 7.5%5 是非法的。灵活运用/和%运算符，可以方便地取出一个整数中的某一位数字。

（3）"-" 既是双目运算符减，也可作为单目运算符取负，例如，-x。

例 2.8 使用算术运算符取出一个整数中的某一位数字。

```
#include <stdio.h>
int main()
{   int a, b, c=345;

    a=7/2*2;  b=7.0/2*2;
    printf("a=%d\n", a);      /* a的值是6不是7 */
    printf("b=%d\n", b);      /* b的值是7 */
    printf("个位=%d\n", c%10);
    printf("十位=%d\n", c%100/10);
    printf("百位=%d\n", c/100);
    return 0;
}
```

运行结果：

2．自增、自减运算符

运算符++的功能是使变量的值自增1，--的功能是使变量值自减1。即：

++a　等价于　a=a+1
--a　等价于　a=a-1

注意：自增和自减运算符只能用于变量，不能用于常量和表达式。例如，3++和(i+j)++都是非法的。此外，++和--运算符有前置运算和后置运算之分。运算符放在变量前面的称为前置运算，运算符放在变量后面的称为后置运算，例如，++a 是前置运算，而 a++是后置运算。

前置运算使变量的值先增 1 或减 1，然后参加表达式的运算。后置运算则是变量先参加表达式运算，然后再增 1 或减 1。例如，假设变量 a 的初值为 4，则表达式 c=(++a)*6 的运算结果是 c 的值为 30，a 的值为 5，而表达式 c=(a++)*6 的运算结果是 c 的值为 24，a 的值为 5。

自增和自减运算符是带有副作用的运算符，建议读者不要在一个表达式中对同一个变量多次使用这样的运算符，否则可能会发生意想不到的结果。例如，若 a 的值为 3，对于表达式(++a)+(++a)，可能认为它的值为 9(4+5)，然而在有些系统中，它的值为 10。

自增和自减运算符在理解和使用上容易出错。特别是当它们出现在较复杂的表达式或语句中时，常常难于弄清，因此应仔细分析，并且不要随便滥用。++和--一般用于循环语句和数组操作。

3．算术表达式

表达式是由常量、变量、函数和运算符组合起来的式子，单个的常量、变量、函数可以看作是表达式的特例。表达式求值是按运算符的优先级和结合性规定的顺序进行的。一个表达式有一个值及其类型，它就是该表达式运算后所得结果的值和类型。

用算术运算符将各种常量、变量或函数组合起来的式子称为算术表达式，必要时可使用圆括号来改变优先级，但不能用方括号或大括号。算术表达式的值是数值，类型可以是各种整型或各种实型。例如，5、a、++b、a+b、a*2/c、b+c*d/e、(x+y)*8−(a+b)/7、sqrt(x)+exp(y)等，都是合法的算术表达式。

在将数学表达式转换为 C 语言的算术表达式时要注意以下几点：

（1）乘号不能省略，如数学表达式 5(x+y)对应的 C 语言表达式为 5*(x+y)。

（2）写在一行上，加必要的括号，如数学表达式 $\frac{a+b}{c+d}$ 对应的 C 语言表达式为(a+b)/(c+d)。

（3）常数 π、e 等的表达，C 语言中没有常数 π，如数学表达式 2πr 对应的 C 语言表达式为 2*3.1416*r。

（4）下标的表达，如数学表达式 r_1+r_2 对应的 C 语言表达式为 r1+r2。

（5）数学函数的表达，C 语言中数学函数的原型在头文件 math.h 中，在使用数学函数之前必须用命令#include <math.h>，其中三角函数的单位是弧度，不是度，这一点必须特别注意，如数学表达式 sin(30°)对应的 C 语言表达式为 sin(30*3.1415926/180)。

2.3.2 赋值运算符和赋值表达式

1．赋值运算符

赋值运算符是双目运算符，其使用形式如下：

变量名 赋值运算符 表达式

赋值运算符的优先级很低，仅比逗号运算符高一点。赋值运算符有两类，即基本赋值运算符和复合赋值运算符。

基本赋值运算符为=，其功能是计算表达式的值，再将值赋予左边的变量。例如，n=3 的作用就是执行一次赋值操作（即赋值运算）将常量 3 赋给变量 n。

复合赋值运算符有+=、−=、*=、/=、%=、&=、|=、^=、<<=、>>=。例如：

a+=5　　　等价于　　　a=a+5
m%=n　　　等价于　　　m=m%n
x*=y+7　　等价于　　　x=x*(y+7)　　（注意这里要加( )）

复合赋值运算符这种写法，对初学者可能不习惯，但其可以使得表达简洁，十分有利于编译处理，能提高编译效率，并产生质量较高的目标代码。

2．赋值表达式

在其他高级语言中，赋值构成一个语句，称为赋值语句。而在 C 语言中，把"="定义为运算符，从而构成赋值表达式，凡是表达式可以出现的地方均可出现赋值表达式。

赋值表达式的值就是赋值运算符左边的变量所得到的值。例如，表达式 c=(a=5)+(b=8) 是合法的，其作用是把 5 赋予 a，8 赋予 b，再把 a、b 得到的值相加后的和赋予 c，因此 c 等于 13，13 也是整个表达式 c=(a=5)+(b=8)的值。

由于在赋值运算符"="的右边又可以是一个赋值表达式，因此，表达式"变量=(变量=(…(变量=表达式)))"是合法的，从而形成嵌套的情形。由于赋值运算符具有右结合性，所以，表达式"变量=变量=…变量=表达式"也是合法的，它与前面的表达式等价。例如，表达式 a=b=c=5 是合法的，可理解为 a=(b=(c=5))，其作用是把 5 同时赋予变量 a、b 和 c。

表达式 a=b=c=5 的执行过程是：首先执行表达式 c=5，其作用是一方面把 5 赋予变量 c，另一方面求得表达式 c=5 的值 5；然后执行表达式 b=c=5(b=c=5 等价于 b=(c=5)等价于 b=5)同样它既把 5 赋予变量 b 又求得表达式 b=c=5 的值 5；最后执行表达式 a=b=c=5(a=b=c=5 等价于 a=(b=c=5)等价于 a=5)，同样它既把 5 赋予变量 a 又求得表达式 a=b=c=5 的值 5。

根据 C 语言规定，任何表达式在其末尾加上分号就构成为语句，因此，赋值表达式末尾加上分号可以构成赋值语句。例如，"s=0; n+=3; a=b=c=5;"都是赋值语句，类似的赋值语句在前面各例中已大量使用过。

3．注意事项

在使用赋值运算符构成赋值表达式时要注意以下几点：

（1）赋值表达式 a=b 的作用是把变量 b 的值赋给变量 a，赋值后变量 b 的值不变，而变量 a 原有的值被变量 b 的值所取代，即变量中存放的值"取之不尽、一存就变"，就像录音磁带一样。

（2）由于"="是赋值运算符不是数学中的等号，所以赋值表达式 a=a+1 是有意义的，其作用是把变量 a 中的值取出加 1 后再放入变量 a 中，使变量 a 的值加 1。而在数学中，a=a+1 是完全不能成立的。

（3）赋值运算符的左边只能是变量，不能是常量或表达式，如 a+b=c 就是不合法的式子。

（4）如果赋值运算符两边的数据类型不相同，系统将自动进行类型转换，即把赋值号右边表达式值的类型转换成左边变量的类型后再赋值，具体规则见 2.4 节。

在 C 语言中把赋值作为运算符来处理，目的是可以使程序更简洁，参见例 3.19。

2.3.3 逗号运算符和逗号表达式

在 C 语言中逗号","也是一种运算符，称为逗号运算符，功能是把两个表达式连接起来组成一个表达式，称为逗号表达式。其一般形式为：

表达式1，表达式2

逗号运算符的求值过程是分别求两个表达式的值，并以表达式 2 的值和类型作为整个逗号表达式的值和类型。设有变量定义"int a=2,b=4;"和"double x=5.6,y=7.8;"，则：

表达式"a+b,x+y"的值是 13.4，类型是 double。

表达式"x+y,a+b"的值是 6，类型是 int。

对于逗号表达式还要注意以下几点：

（1）逗号运算符的优先级是最低的，所以 x=(a=3,6*a)不等于 x=a=3,6*a 。假设变量 a 是 int 类型，变量 x 是 double 类型，尽管两个逗号表达式的值都是 18，但前者 x 的值等于 18，逗号表达式的类型是 double，而后者 x 的值等于 3，逗号表达式的类型是 int。

（2）逗号表达式一般形式中的表达式 1 和表达式 2 又可以是逗号表达式，例如，表达式 1,(表达式 2，表达式 3)，从而形成了嵌套情形。因此可以把逗号表达式扩展为以下形式：

表达式1，表达式2，…，表达式n

整个逗号表达式的值和类型是表达式 n 的值和类型。

（3）程序中使用逗号表达式，通常是要把多个表达式连接起来组成一个表达式，并分别求逗号表达式内各表达式的值，并不一定需要得到和使用整个逗号表达式的值。逗号表达式最常用于 for 循环语句中。

（4）并不是在所有出现逗号的地方都是逗号运算符，如在变量定义中，函数参数表中逗号只是用作各变量之间的分隔符。

2.3.4 &运算符和 sizeof 运算符

1. &运算符

&运算符是取地址运算符，常用于 scanf()函数中及给指针变量赋初值，详见后续章节。

2. sizeof 运算符

求字节数运算符为 sizeof，该运算符用来计算被运算对象在内存中所占用的字节数，其使用形式是：

sizeof(数据类型名 或 变量名 或 表达式)

sizeof 运算符常用于了解某编译系统中常量的类型和系统给变量分配的内存字节数。编程时多用 sizeof 运算符可使得程序的通用性更强。

例 2.9 用 sizeof 运算符求各种数据类型的字节数示例。

```
#include <stdio.h>
```

```c
int main()
{
    printf("586: %d\n", sizeof(586));
    printf("58.6: %d\n", sizeof(58.6));
    printf("58.6F: %d\n", sizeof(58.6F));
    printf("char: %d\n", sizeof(char));
    printf("short: %d\n", sizeof(short));
    printf("int: %d\n", sizeof(int));
    printf("long: %d\n", sizeof(long));
    printf("float: %d\n", sizeof(float));
    printf("double: %d\n", sizeof(double));
    printf("long double: %d\n", sizeof(long double));
    return 0;
}
```

在 Dev-C++ 5.5.3 环境中，运行结果如下：

```
586: 4
58.6: 8
58.6F: 4
char: 1
short: 2
int: 4
long: 4
float: 4
double: 8
long double: 12
```

本例中输出 586: 4，说明常量 586 是 int 类型，不是 short 类型。输出 58.6: 8，说明常量 58.6 是 double 类型。输出 58.6F: 4，说明常量 58.6F 是 float 类型。

2.3.5 运算符的优先级和结合性

C 语言中，运算符的运算优先级共分为 15 级，1 级最高，15 级最低，在 C 语言的表达式中，优先级高的运算符先于优先级低的进行运算。而当运算符优先级相同时，是自左向右进行运算还是自右向左进行运算，则按运算符的结合性所规定的结合方向进行运算。这种结合性是其他高级语言的运算符所没有的，因此也增加了 C 语言的复杂性。

运算符的优先级问题像众所周知的"先乘除后加减"这样的运算规则，只要查一下运算符的优先等级即可。关于运算符的优先级不必去背，在实际应用中只要记住圆括号是最高等级的运算符，在表达式中要求优先运算的地方都用圆括号括起来，这就避开了很多运算符的优先级问题，这是一个简单而有效的方法。

C 语言中各种运算符的结合性分为两种，即左结合性（自左至右）和右结合性（自右至左），大部分的运算符是左结合性。例如，算术运算符的结合性是左结合性，即自左至右。如有表达式 x-y+z，则 y 应先与"-"号结合，执行 x-y 运算，然后再执行+z 的运算。最典型的右结合性运算符是赋值运算符，如 x=y=z，由于"="的右结合性，应先执行 y=z 再执行 x=(y=z)运算。C 语言运算符中只有少数的三类运算符是右结合性，应注意区别，以避免理解错误。再如取负运算符（-）和自增运算符（++）都是右结合性，而且优先级相同，所以表达式-a++相当于-(a++)，先与右边的++结合，再与左边的-结合。

2.4 数据类型转换

C 语言允许参加运算的数据类型相互转换，转换的方法有两种，即自动类型转换（隐式转换）强制类型转换（显式转换）。

2.4.1 类型自动转换

1. 自动转换

当不同数据类型的量在表达式中进行混合运算时，它们将自动转换成同一种类型后进行运算，转换由编译系统自动完成。自动类型转换总的原则是将低类型数据向高类型数据转换，从而使得在转换过程中数据的精度尽可能保持不变。自动转换遵循的规则如下：

（1）若参与运算的数据类型不同，则先转换成同一种类型，然后进行运算。

（2）先进行水平方向上的转换，这种转换是必须要进行的，即使两个 char 型（或 short 型）的数据进行运算，也要先转换成 int 型后再运算。所有的浮点运算都是以双精度进行的，即使是仅含 float 单精度型数据的表达式，也要先转换成 double 型后再运算，如图 2.1 所示。

（3）如果在进行了水平方向上的转换后，仍然存在不同类型的数据，则要按垂直方向进行转换，转换的方向是向高类型数据方向逐步按需进行的，以保证精度不降低。例如，int 型和 long 型运算时，先把 int 型数据转换成 long 型后再进行运算。

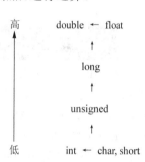

图 2.1 类型自动转换方向

说明：类型自动转换是根据需要逐步完成的，不是一步完成的。例如，计算表达式 8/5*5.0 时，先进行 8/5 运算（这时没有类型转换发生），再将 8/5 的结果 1 转换为 1.0 后做乘法，所以表达式的结果是 5.0，而不是 8.0。

2. 赋值运算时的类型自动转换

赋值运算比较特殊，尽管当赋值运算符两边的数据类型不相同时，系统也将自动进行类型转换，但其是把赋值号右边的表达式值的类型转换成与左边变量类型相同的类型。具体规则如下：

（1）实型赋予整型，舍去小数部分（不是四舍五入）。如果整数部分超过整型的表示范围，会产生溢出。

（2）整型赋予实型，数值不变，但将以浮点形式存放，即增加小数部分（小数部分的值为 0）。如果整型的有效数字比实型的多时，将丢失部分有效数字，这样会降低精度，丢失的部分按四舍五入向前舍入。

（3）字符型赋予整型，由于字符型为 1 字节，而整型为 2（或 4）字节，因此是将字符的 ASCII 码值放到整型量的最低一个字节中，高字节放 0。

（4）整型赋予字符型，只把最低一个字节赋予字符型量，凡超出 -128～127 范围的，会产生溢出。

例 2.10 赋值运算时的类型转换示例。

```
#include <stdio.h>
```

```
int main()
{   int a,b=325;
    float x,y=8.88;
    char c1='k',c2,c3,c4;

    a=y;   x=b;
    printf("a=%d, x=%f\n", a,x);
    a=c1;  c2=b;
    printf("a=%d, c2=%c\n", a,c2);
    c3=129;  c4=-129;
    printf("c3=%d, c4=%d\n", c3,c4);
    return 0;
}
```

运行结果：

```
a=8, x=325.000000
a=107, c2=E
c3=-127, c4=127
```

本例说明了上述赋值运算中的类型转换规则。a 为整型，赋予实型量 y 值 8.88 后只取整数 8。x 为实型，赋予整型量 b 值 325 后增加了小数部分。a 为整型，赋予字符量 c1 值'k'后取 107（字符 k 的 ASCII 码值为 107）。c2 为字符型，赋予整型量 b 后取其最低一个字节成为'E'（b 的最低一个字节为 01000101，即十进制数 69，按 ASCII 码对应于字符 E）。129 的最低一个字节为 10000001，看成整数的补码，所以 c3 的值是-127。同理，-129 的最低一个字节为 01111111，看成整数的补码，所以 c4 的值是 127。

2.4.2 类型强制转换

类型强制转换是程序员通过类型转换运算来实现的。其一般形式为：

(类型标识符) (表达式)

其功能是把表达式的运算结果强制转换成类型标识符所表示的类型。例如：

```
(float)a      /* 把a转换为实型 */
(int)(x+y)    /* 把x+y的结果转换为整型 */
```

在使用类型强制转换时要注意以下几点：

（1）类型标识符和表达式都必须加括号（单个变量可以不加括号），如果把(int)(x+y)写成(int)x+y，则成了把 x 转换成 int 型之后再与 y 相加了。

（2）类型的强制转换可能会溢出或丢失精度。

（3）无论是强制转换或是自动转换，都只是为了本次运算的需要而对变量的数据类型进行临时性的转换，而不改变该变量定义时的数据类型。

例 2.11 类型强制转换示例。

```
#include <stdio.h>
int main()
{   int n;
```

```
    float a=5.75;
    n=8+(int)a%3;
    printf("n=%d  a=%f\n", n,a);      /* 输出a的值仍然是5.75，不是5 */
    return 0;
}
```

运行结果：

`n=10  a=5.750000`

本例中输出 a 的值仍然是 5.75，充分说明了对变量 a 的数据类型转换是临时性的，而不改变该变量定义时的数据类型。

练 习 2

一、选择题

1. C 语言中的基本数据类型有（　　）。
   A．整型、实型、逻辑型　　　　　　B．整型、字符型、逻辑型
   C．整型、实型、字符型　　　　　　D．整型、实型、字符型、逻辑型

2. 以下选项中，不正确的整型常量是（　　）。
   A．−37　　　　B．32,758　　　　C．326U　　　　D．6L

3. 设 int 类型的数据占用两个字节内存，则 unsigned int 类型数据的取值范围是（　　）。
   A．0～255　　　B．0～65 535　　C．−32 768～32 767　　D．−256～255

4. 以下选项中，不正确的实型常量是（　　）。
   A．45.23e1.5　　B．1e4　　　　C．3.64E−1　　　D．0.35F

5. 以下选项中，（　　）是不正确的转义字符。
   A．'\\'　　　　B．'\"'　　　　C．'020'　　　　D．'\0'

6. 以下选项中，正确的字符常量是（　　）。
   A．'\t'　　　　B．"A"　　　　C．'\ab'　　　　D．A

7. 以下叙述中，不正确的是（　　）。
   A．在 C 程序中，%是只能用于整数运算的运算符
   B．在 C 程序中，无论是整数还是实数，都能准确无误地表示
   C．在 C 程序中，若 a 是实型变量，则 a=20 是正确的
   D．在 C 程序中，5/6 的结果为 0

8. 若变量 x、y、z 均为 double 类型且已正确赋值，不能正确表示 x/(yz) 的 C 语言表达式是（　　）。
   A．x/y*z　　　B．x*(1/(y*z))　　C．x/y*1/z　　　D．x/y/z

9. 若有定义："int i=010, j=10;"，则语句 "printf("%d,%d\n",++i , j--);" 的输出结果是（　　）。
   A．11,10　　　B．9,10　　　　C．010,9　　　　D．10,9

10. 若有定义："int c1=1, c2=2, c3;"，则语句 "c3=1.0/c2*c1;" 执行后，变量 c3 的值

为（　　）。

  A．0   B．0.5   C．1   D．2

11．若有定义："double x, y;"，则表达式 x=1,y=x+3/2 的值是（　　）。

  A．1   B．2   C．2.0   D．2.5

12．若有定义："int a, b;"，则表达式 (a=2,b=5,a++,b++,a+b) 的值是（　　）。

  A．7   B．8   C．9   D．10

13．若有定义："int y=3, x=3, z=1;"，则语句 "printf("%d%d\n",(++x,y++),z+2);" 的输出结果是（　　）。

  A．34   B．42   C．43   D．33

14．若有定义："char a;　int b;　float c;　double d;"，则表达式 a*b+c-d 结果为（　　）类型。

  A．double B．int   C．float   D．char

15．若有定义："int i;　float f;"，则以下选项中正确的表达式是（　　）。

  A．(int f)%i B．int(f)%i C．int(f%i) D．(int)f%i

16．若有定义："int x=3, y=2;　float a=2.5,b=3.5;"，则表达式(x+y)%2+(int)a/(int)b 的值为（　　）。

  A．1.0   B．1   C．2.0   D．2

二、填空题

1．字符串"ab\034\\\x79"的长度为_____。

2．若 a 是 int 型变量且 a=6，则表达式 a%2+(a+1)%2 的值为_____。

3．表达式 8.0*(1/2)的值为_____。

4．若有定义："int a;"，则执行语句 "a=25/3%3;" 后，变量 a 的值为_____。

5．若有定义："float y;　int x=3;"，则执行语句 "y=x%2;" 后，变量 y 的值为_____。

6．若有定义："int a, b, c;"，则计算表达式 a=(b=4)+(c=2)后，a 值为_____，b 值为_____，c 值为_____。

7．若有定义："int a=2, b=3, c=4;"，则计算表达式 a*=16+(b++)-(++c)后，a 的值是_____。

8．若有定义："int x=5, n=5;"，则执行语句 "x+=n++;" 后，x 的值为_____，n 的值为_____。

9．若有定义："double x=-3, y=2;"，则表达式 pow(y, fabs(x))的值为_____。

10．若有定义："int x=5;"，则表达式 pow(2.8, sqrt(x))值的数据类型为_____。

11．若 a 是 int 型变量，则表达式(a=4*5,a*2),a+6 的值为_____。

12．若 x 是 int 型变量，则执行语句 "x='b'-'A';" 后，x 的值为_____。

13．在 C 语言中，sizeof(float)是求_____。

14．若有数学表达式 $\sin(x)+|\log_a b|$，则正确的 C 语言表达式是_____。

15．若有定义："float x=2.7,y=4.5;　int a=8;"，则表达式 y+a%5*(int)(x+y)/2%4 的值为_____。

16．在 C 语言中，输入操作是由库函数_____完成的，输出操作是由库函数_____完成的。

三、思考题

1．C 语言的基本数据类型有哪些？数据类型对数据的表示和运算有什么约束？

2．什么是常量？数值常量和符号常量有何区别？使用符号常量有什么好处？

3. 什么是变量？变量的名字、地址、值、类型有什么关系？
4. 如何定义变量？C语言中为什么规定变量必须先定义，后使用？
5. 常量也有数据类型，请问如何区分整型常量和实型常量的数据类型？
6. 字符常量与字符串常量的表示形式有何区别？ 'a'和"a"有什么不同？
7. 字符串常量"\\\34ab\n"中有多少个字符？
8. 下列表达式计算时，哪些地方会发生类型转换？从什么类型转换到什么类型？表达式计算的结果是什么类型？值多少？
（1）2.5+2*7%2/4　　　　　（2）4*(2L+6.5)−12
（3）10/(5*3)　　　　　　　（4）2*10.0/(5*3)
9. 执行下列程序，解释程序的运行结果，并修改程序使其能输出正确的结果。

```
#include <stdio.h>
int main()
{   float x;

    x=45678*56789;
    printf("45678*56789=%f\n", x);
}
```

10. 执行下列程序，解释程序的运行结果，从中体会常用转义字符的含义。

```
#include <stdio.h>
int main()
{   printf("_ab_c\t_de\rf\tg\n");
    printf("h\ti\b\bj_k\n");
}
```

11. 执行下列程序，解释程序的运行结果，从中体会字符和数的区别和联系。

```
#include <stdio.h>
int main()
{   int m,n,k;

    m='5'*'6';  n=5*6;
    k=('5'-'0')*('6'-'0');
    printf("m,n,k=%d, %d, %d\n", m,n,k);
}
```

12. 执行下列程序，解释程序的运行结果，从中体会前置和后置运算的区别。

```
#include <stdio.h>
int main()
{   int x=5,y,z;

    y=8-x++;
    printf("%d  %d\n", x,y);
    z=++x*2;
    printf("%d  %d\n", x,z);
}
```

第 3 章　结构化程序设计

3.1　结构化程序设计概述

程序设计方法是影响程序设计成败以及程序设计质量的重要因素之一。目前，程序设计的方法有两大类，一类是面向过程的结构化程序设计方法；另一类是面向对象的程序设计方法。这里主要介绍结构化程序设计方法，其是进行各类程序设计的基础，有助于程序设计思想的形成和理解。

结构化程序设计方法是基于模块化、自顶向下、逐步求精和结构化程序设计等程序设计技术而发展起来的。用这种方法设计的程序称为结构化程序，其强调程序设计风格和程序结构的规范化，提倡清晰的结构。

早期的程序设计是非结构化的，所编写的程序中含有大量的 goto 语句，可以方便地从程序的一个地方直接跳到另一个地方。这样做的好处是程序设计十分方便灵活，但其缺点也十分突出，就是程序的流程非常混乱，不便于对程序的阅读和理解，也不便于程序中错误的排除，更不便于程序的维护和扩展。

经过研究人们发现，解决任何复杂问题的方法（即算法）都可以由顺序结构、选择（分支）结构和循环结构这 3 种基本结构组成，这些基本结构之间可以并列、可以相互包含（嵌套），但不允许交叉，也不允许从一个结构直接跳转到另一个结构的内部去。这样只用 3 种基本结构所设计的算法结构清晰，易于阅读和理解，也易于纠错，这种设计方法就是结构化方法。

1965 年，荷兰学者 E.W.Dijkstraz 在一次会议上指出"可以从高级语言中取消 goto 语句"，"程序的质量与程序中所包含的 goto 语句的数量成反比"。1966 年，Boehm 和 Jacopini 证明"只用三种基本的控制结构就能实现任何单入口、单出口的程序"。Boehm 和 Jacopini 的证明为结构化程序设计技术奠定了理论基础。经过多年的实践，结构化程序设计的理论和方法日益完善，并已被广泛接受和使用，也总结出了在总体设计、详细设计和编码阶段应该遵循的一些原则。

（1）在总体设计阶段采用"自顶向下，逐步求精"的模块化设计方法，该方法把一个复杂的待求解问题根据总需求划分成若干个相对独立的模块，每个模块完成一个特定的功能。一般来说，一个模块在 C 语言程序设计时对应一个函数，该函数中包含的语句行数大概在 50 行左右。如果一个模块的规模太大（即对应的函数中的语句行数远大于 50），可根据该模块应完成的功能再细分成若干个子模块，而每个子模块又可根据其应完成的功能细分成若干个更小的子模块。如此"自顶向下，逐步求精"，直到每个模块都足够小，不必对模块再细分为止，如图 3.1 所示。

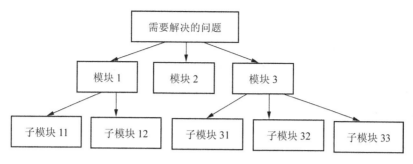

图 3.1　模块化设计方法

（2）在详细设计阶段采用"基本结构，组合而成"的方法，就是程序不论大小、简单还是复杂，程序的结构由 3 种基本结构（即顺序结构、选择结构和循环结构）组合而成，程序各个部分之间做到"一个入口，一个出口"，没有随意地跳转。这样的程序结构清晰，易于发现错误。

（3）在最后的编码阶段应做到"清晰第一，效率第二"，并采用良好的程序设计风格，从而提高程序的可读性，便于调试时改正错误，也便于程序的维护。也就是说，在编写代码具体实现某个功能时，首先应考虑采用正确且清晰的方法，然后再考虑实现的效率问题。应主动放弃那些看似效率高，但日后或者其他人很不容易理解的方法。所谓良好的程序设计风格，就是应做到"书写规范，缩进格式"。写代码时不要把语句写成"左对齐"，而是按代码的结构层次向右缩进，形成锯齿形的代码格式。这样的程序清晰易读，纠错容易。

3.2　顺序结构程序设计

3.2.1　C 语言语句概述

C 程序中每个函数的执行部分是由语句组成的，程序的功能也是由执行语句实现的。C 语言中语句可分为以下 5 类：表达式语句、函数调用语句、控制语句、复合语句和空语句。

1. 表达式语句

表达式语句由表达式加上分号";"组成。其一般形式为：

表达式；

执行表达式语句就是计算表达式的值。

例如：

```
x=y+z;   /* 赋值语句 */
y+z;     /* 加法运算语句，但计算结果不能保留，无实际意义 */
i++;     /* 自增1语句，i值增1 */
```

注意：表达式能构成语句是 C 语言的重要特色，因此有人称 C 语言是"表达式语言"。

赋值语句是由赋值表达式再加上分号构成的表达式语句，其功能和特点都与赋值表达式相同，是程序中用得最多的语句之一。但要注意赋值语句与赋值表达式的区别，赋值表达式是一种表达式，可以出现在任何允许表达式出现的地方，而赋值语句则不能。例如，语句"if ((x=y+5)>0) z=x;"是合法的，而语句"if ((x=y+5;)>0) z=x;"是非法的。

2．函数调用语句

函数调用语句由函数名、实际参数加上分号";"组成。其一般形式为：

```
函数名(实际参数表);
```

执行函数调用语句就是把实际参数赋予函数定义中的形式参数，然后执行被调函数体中的语句，求取函数的返回值。

例如：

```
printf("C Program");    /* 调用库函数实现输出字符串，但不保留函数的返回值 */
```

注意：函数调用语句本质上也是一种表达式语句。

3．控制语句

控制语句用于控制程序的流程，以实现程序的各种结构方式，由特定的语句定义符构成。C语言有9种控制语句，可分成以下3类。

- 条件判断语句：if 语句、switch 语句。
- 循环执行语句：while 语句、do while 语句、for 语句。
- 转向语句：break 语句、continue 语句、goto 语句、return 语句。

4．复合语句

把多个语句用大括号{}括起来组成的一个语句称为复合语句。在程序中应把复合语句看成是一条语句，而不是多条语句。复合语句用在语法上只能有一条语句，但逻辑上需要多条语句的场合。

例如：

```
if (x>y) { t=x;  x=y;  y=t; }
```

这里用到了复合语句来实现当 x>y 时，交换两变量 x 和 y 中的值。由于实现交换需要3条语句，而C语言又规定 if 语句当条件成立时只能做一条语句，这时就可用复合语句。

复合语句内的各条语句都必须以分号";"结尾，在括号"}"外不能加分号。

5．空语句

只有分号";"组成的语句称为空语句，空语句是什么也不做的语句。在程序中空语句用在语法上需要有一条语句，但逻辑上又没有什么要做的场合。

例如：

```
while (getchar()!='\n')  ;
```

本语句的循环体为空语句，其功能是只要从键盘输入的字符不是回车符则继续输入。

3.2.2 常用的输入和输出函数

所谓输入输出是以计算机主机为主体而言的,从计算机向输出设备(如显示器、打印机、磁盘等)输出数据称为输出,从计算机输入设备(如键盘、光盘、磁盘等)输入数据称为输入。C 语言本身没有输入输出语句,输入输出是靠库函数来实现的,C 语言不提供输入输出语句的原因是,编译系统简单、高效、通用性强、可移植性好。在 C 语言中使用输入输出库函数(包括 printf()、scanf()等),要用#include <stdio.h>命令。

1. printf()函数

printf()函数称为格式输出函数,其关键字最末一个字母 f 即为"格式"(format)之意。其功能是按用户指定的格式,把指定的数据显示在显示器上。在前面的例题中已多次使用过这个函数。

1) printf()函数调用的一般形式

printf()函数是一个标准库函数,函数原型在头文件 stdio.h 中,在使用 printf()函数之前必须包含 stdio.h 文件。printf()函数调用的一般形式为:

```
printf("格式控制字符串", 输出项列表)
```

其中格式控制字符串用于指定输出格式。该字符串中的字符有以下两种:

(1)普通字符:包括可打印的西文字符、汉字和转义字符。可打印的西文字符和汉字按原样显示在显示器上,起到提示的作用。转义字符往往是一些控制字符,控制产生特殊的输出效果。

(2)格式说明项:由%与格式字符组成,其作用是将数据按指定的格式输出,不同类型的数据有不同的格式字符,后面将专门讨论。

注意:格式控制字符串中的格式说明项与输出项(输出项可以是表达式)在数量和类型上应该一一对应。若格式控制字符串中没有格式说明项,则输出项也就不再需要。例如:

```
int a=3,b=8;
printf("a=%d  b=%d\n", a,b);
```

2) 格式说明项

格式说明项的一般形式为:

```
[标志][输出最小宽度][.精度][长度]类型
```

其中方括号[ ]中的项为可选项。各项的意义如下。

(1)类型:表示输出项数据的类型,其类型格式字符和意义如表 3.1 所示。

表 3.1 printf()函数中的类型格式字符

类型格式符	意　义
d	以十进制形式输出带符号整数(正数不输出符号+)
u	以十进制形式输出无符号整数
o	以八进制形式输出无符号整数(不输出前缀 0)

类型格式符	意义
x 或 X	以十六进制形式输出无符号整数（不输出前缀0x）
c	输出一个字符
s	输出字符串
f	以小数形式输出单、双精度实数，默认输出6位小数
e 或 E	以规格化指数形式输出单、双精度实数
g 或 G	以%f%e中较短的输出宽度输出单、双精度实数

（2）输出最小宽度：用十进制整数来表示输出的最少位数。若实际位数多于定义的宽度，则按实际位数输出；若实际位数少于定义的宽度，则补以空格或0。

（3）精度：精度格式符以"."开头，后跟十进制整数。本项的意义是，如果输出数字，则表示小数的位数；如果输出的是字符串，则表示输出的字符个数；若字符串实际字符数大于所定义的精度数，则截去超过的部分。

（4）长度：长度格式符为l，可加在d、o、x、u前，表示按长整型量输出。

（5）标志：标志格式符用于控制输出项输出时的具体格式，最常用的标志格式字符和意义如表3.2所示。

表 3.2 printf()函数中最常用的标志格式字符

标志格式符	意义
-	数据宽度小于最小宽度时，结果左对齐，右边填空格
0	数据宽度小于最小宽度时，在数据的前面以"0"填充

例 3.1 printf()函数中的格式控制字符示例。

```
#include <stdio.h>
int main()
{   int a=5683;
    long b=5944568;
    float f=48.357621;
    double d=35648256.3645287;
    char c='k';

    printf("a=%d,%6d,%3d\n", a,a,a);            /* %3d实际输出4位 */
    printf("b=%ld,%lo,%lx,%lX\n", b,b,b,b);     /* %lX输出大写的ABF */
    printf("today=%4d-%02d-%02d\n", 2012,3,18);
    printf("f=%f,%8.3f,%-8.3f,%e\n", f,f,f,f);  /* %8.3f输出时进行了四舍五入 */
    printf("d=%f,%8.4f,%8.10f,%E\n", d,d,d,d);
                                    /* %8.10f输出的最后3位小数无意义 */
    printf("c=%c,%4c,string=%6.3s\n", c,c,"program");
    return 0;
}
```

运行结果：

```
a=5683,   5683,5683
b=5944568,26532370,5ab4f8,5AB4F8
today=2012-03-18
f=48.357620,   48.358,48.358    .4.835762e+001
d=35648256.364529,35648256.3645,35648256.3645287010.3.564826E+007
c=k,    k,string=    pro
```

3) 注意事项

使用 printf()函数时还要注意一个问题，那就是输出表列中的求值顺序。不同的编译系统顺序不一定相同，可以从左到右，也可从右到左。Dev-C++ 5.5.3 是按从右到左进行的。例如：

```
int i=8;
printf("%d  %d\n", i,i--);     /* 输出7  8, 不是8  8 */
```

但是必须注意，求值顺序虽是自右至左，但是输出顺序还是从左至右，因此得到的结果是上述输出结果。

2. scanf()函数

scanf()函数称为格式输入函数，其关键字最末一个字母 f 即为"格式"（format）之意。其功能是按用户指定的格式，从键盘上输入数据放到对应的变量中。

1) scanf()函数调用的一般形式

scanf()函数是一个标准库函数，函数原型在头文件 stdio.h 中，在使用 scanf()函数之前必须包含 stdio.h 文件。scanf()函数调用的一般形式为：

scanf("格式控制字符串", 地址列表)

其中格式控制字符串用于指定输入格式。该字符串中的字符也有普通字符和格式说明项两种，但不能显示普通字符，也就是不能显示提示字符串。地址列表中给出各变量的地址，地址是由地址运算符"&"后跟变量名组成的，例如，&a,&b 分别表示变量 a 和变量 b 的地址。scanf()函数在本质上是给变量赋值，但要求写变量的地址。

注意：格式控制字符串中的格式说明项与变量在数量和类型上应该一一对应。

例如：

```
int a,b,c;
printf("Input a、b、c:");
scanf("%d%d%d", &a,&b,&c);
```

输入为：

7 8 9✓   （✓表示回车，下文同）

或

7✓
8✓
9✓

由于格式控制字符串（即%d%d%d）中没有普通字符，因此在输入时要用空白符（空格、回车或 Tab 键）作为数与数之间的分隔符。

2）格式说明项

格式说明项的一般形式为：

%[*][输入数据宽度][长度]类型

其中有方括号[ ]中的项为可选项。各项的意义如下。

（1）类型：表示输入数据的类型，其类型格式符和意义如表 3.3 所示。

表 3.3　scanf()函数中的类型格式字符

类型格式符	意　　义
d	输入十进制整数
u	输入无符号十进制整数
o	输入无符号八进制整数
x 或 X	输入无符号十六进制整数
c	输入一个字符
s	输入字符串
f	输入实型数（用小数形式或指数形式）
e,E,g,G	作用与 f 相同

（2）"*"符：表示该输入项读入后不赋予相应的变量，即跳过该输入值。例如：

scanf("%d%*d%d", &a,&b);

当输入为 7　8　9↙时，则把 7 被赋予 a，8 被跳过，9 被赋予 b。

（3）宽度：用十进制整数指定输入的宽度（即字符数）。例如：

scanf("%4d%d", &a,&b);

当输入为 1234789↙时，则把 1234 被赋予 a，789 被赋予 b。

（4）长度：长度格式符为 l 和 h，l 表示输入长整型数据（如%ld）和双精度浮点数（如%lf），h 表示输入短整型数据。

3）注意事项

（1）与 printf()函数不同，scanf()函数中 double 型变量必须用%lf 输入，short 型变量必须用%hd 输入。变量必须给出变量的地址，而不仅仅是变量名。例如，"scanf("%d", a);"是非法的。

（2）scanf()函数中对实数没有精度控制。例如，"scanf("%5.2f", &a);"是非法的，不能企图用此语句输入小数为两位的实数。

（3）在输入数值数据时，输入字符流中的前导空白符（空格、回车或 Tab 键）会被自动丢弃，从空白符后的字符开始输入。构成数值数据的字符被转换成计算机的内部表示形式，并存储到对应的变量中。遇到空白符、已读入由宽度所指定的字符数、非法字符（例如，对"%d"输入"12A"时，A 即为非法字符）3 种情况即认为该数据输入完毕。所以，从键盘输入数据，若不指定输入的宽度，空白符（空格、回车或 Tab 键）可以作为数与数之间的分隔符。

（4）若格式控制字符串中有普通字符，则输入时也要输入该普通字符。例如：

```
scanf("%d-%d-%d", &y,&m,&d);
```

则输入应为：

2012-3-18↙

又如：

```
scanf("a=%d,b=%d,c=%d", &a,&b,&c);
```

则输入应为：

a=5,b=6,c=7↙

这时普通字符不是起到提示的作用，而是给输入制造了麻烦，应加以避免。

（5）在输入字符数据时，若格式控制字符串中没有普通字符，则认为所有输入的字符均为有效字符。例如：

```
scanf("%c%c%c", &a,&b,&c);
```

输入为：d　e　f↙时，则把'd'赋予 a，空格赋予 b，'e'赋予 c。
输入为：de↙时，则把'd'赋予 a，'e'赋予 b，回车符赋予 c。
只有当输入为：def↙时，才能把'd'赋予 a，'e'赋予 b，'f'赋予 c。
如果在格式控制字符串中加入空格作为分隔，例如：

```
scanf("%c %c %c", &a,&b,&c);
```

则输入时各数据之间可加空格。

（6）若输入的数据个数多于 scanf()函数中变量的个数时，则多余的数据会被后继的 scanf()函数继续使用。

3．putchar()函数

putchar()函数是字符输出函数，其功能是在显示器上输出一个字符，函数原型在头文件 stdio.h 中，在使用 putchar()函数之前必须包含 stdio.h 文件。putchar()函数调用的一般形式为：

```
putchar(字符变量或常量)
```

例如：

```
putchar('A');      /* 输出大写字母A */
putchar(x);        /* 输出字符变量x的值 */
putchar('\n');     /* 换行，对控制字符则执行控制功能，不在屏幕上显示字符 */
```

4．getchar()函数

getchar()函数是字符输入函数，其功能是从键盘上输入一个字符，函数原型在头文件

stdio.h 中，在使用 getchar()函数之前必须包含 stdio.h 文件。getchar()函数调用的一般形式为：

```
getchar()
```

通常把输入的字符赋予一个字符变量，构成赋值语句。例如：

```
char c;
c=getchar();
```

注意：

getchar()函数只能接受单个字符，输入数字也按字符处理。输入多于一个字符时，只接收第一个字符。

3.2.3 顺序结构程序设计举例

在顺序结构的程序中，所有语句都按照它们在程序中出现的顺序从上到下、从左到右逐条执行，这种程序结构是 3 种基本结构中最简单的一种。

例 3.2 交换两变量值的方法。

```
#include <stdio.h>
int main()
{   int a=3, b=8, temp;

    temp=a;  a=b;  b=temp;       /* 交换方法1 */
    printf("a=%d  b=%d\n", a,b);
    a=a+b; b=a-b; a=a-b;         /* 交换方法2，不提倡该方法 */
    printf("a=%d  b=%d\n", a,b);
    return 0;
}
```

运行结果：
```
a=8  b=3
a=3  b=8
```

例 3.3 四舍五入方法。

```
#include <stdio.h>
int main()
{   float a=3.1415926, b, c;

    b=(int)(a*100+0.5)/100.0;        /* a保留两位小数后赋予b */
    printf("b=%f\n", b);
    c=(int)(a*10000+0.5)/10000.0;    /* a保留4位小数后赋予c */
    printf("c=%f\n", c);
    printf("a=%.2f\n", a);           /* a输出时保留两位小数，但a的数值没有变 */
    printf("a=%.7f\n", a);           /* a只有7位有效数字，所以最后一位有误差 */
    return 0;
```

}
```

运行结果：

```
b=3.140000
c=3.141600
a=3.14
a=3.1415925
```

例 3.4 求一元二次方程的根。

```
#include <stdio.h>
#include <math.h>
int main()
{   float a,b,c,disc,p,q;

    printf("请输入一元二次方程的三个系数：");
    scanf("%f%f%f", &a,&b,&c);
    disc=b*b-4*a*c;
    p=-b/(2*a);
    q=sqrt(disc)/(2*a);
    printf("x1=%5.2f  x2=%5.2f\n", p+q,p-q);
    return 0;
}
```

运行结果：

```
请输入一元二次方程的三个系数：1 8 15
x1=-3.00  x2=-5.00
```

本例中不考虑 disc<0 的情况，要编写更为通用的求根程序，就要用到 3.3 节中的分支结构。

3.3 选择结构程序设计

选择结构（又称分支结构）是根据运行时的情况自动选择要执行的语句。在 C 语言中，用 if 语句或 switch 语句可以实现选择结构。如何表示条件，如何使用选择结构控制程序流程，是本节要掌握的主要内容。

3.3.1 关系运算符和关系表达式

关系运算就是比较运算，用于比较两个量之间的大小关系，如大于、小于等。在程序中经常需要比较两个量之间的大小关系，以决定程序下一步的工作。C 语言中共有<（小于）、<=（小于或等于）、>（大于）、>=（大于或等于）、==（等于）、!=（不等于）6 种关系运算符，其中前 4 种运算符（<、<=、>、>=）的优先级相同，后两种运算符（==、!=）的优先级也相同，且前 4 种的优先级高于后两种的优先级。关系运算符的优先级低于算术运算符，高于赋值运算符。关系运算符都是双目运算符，其结合性均为左结合。

用关系运算符将两个表达式连接起来的式子称为关系表达式，关系表达式的一般形式为：

表达式1　关系运算符　表达式2
```

其中的表达式 1 或表达式 2 可以是算术表达式、赋值表达式、关系表达式等。例如：

  b*b-4*a*c>0 (a=b+c)<(d=50) ch>'A'

  关系表达式的值是逻辑值"真"或"假"，若关系表达式成立，其值为"真"，用整数"1"表示；若关系表达式不成立，其值为"假"，用整数"0"表示。例如，23>18 成立，其值为"真"，即为 1；而'A'>'a'不成立，其值为"假"，即为 0。

  使用关系运算符时务必要注意以下几点：

  （1）进行相等比较时一定要用双等号"=="，因为 C 语言中的单个等号"="是赋值运算符。如果误用表达式"a=5"来判断整型变量 a 的值是否等于 5，编译系统不会报错，因为编译器将其理解为赋值运算，即把 5 赋给变量 a。

  （2）不要把 C 语言表达式"5<a<10"理解为数学关系式"5<a<10"，因为 C 语言表达式 5<a<10 的值永远为真（因为 10 总是大于 5<a 的比较结果）；而数学关系式 5<a<10 只有当变量 a 的值在 5～10 之间时才成立。

  （3）尽量避免实型表达式与数值常量进行"=="或"!="比较，因为实型量有精度限制。若用 e 表示某个实型表达式，则可以将表达式 e==5 转化为表达式 fabs(e-5)<1e-6。

3.3.2 逻辑运算符和逻辑表达式

  为了表达数学关系式 5<a<10，这时就要用到逻辑运算符。C 语言中共有！（非运算）、&&（与运算）、||（或运算）3 种逻辑运算符。其中！运算符优先级最高，&&运算符优先级次之，|| 运算符优先级最低。&& 和 || 均为双目运算符，具有左结合性；!为单目运算符，具有右结合性。

  逻辑运算符进行运算时的运算规则如下：

  （1）&& 参与运算的两个量都为真时，结果才为真，否则为假。例如，5>0 && 4>2，由于 5>0 为真，4>2 也为真，相与的结果也为真。

  （2）|| 参与运算的两个量都为假时，结果才为假，否则为真。例如，5>0 || 5>8，由于 5>0 为真，相或的结果也就为真。

  （3）! 参与运算量为真时，结果为假；参与运算量为假时，结果为真。例如，!(5>0) 的结果为假。

  用逻辑运算符将两个表达式连接起来的式子称为逻辑表达式，逻辑表达式的一般形式为：

  表达式1 逻辑运算符 表达式2

  其中的表达式 1 或表达式 2 可以是逻辑表达式、关系表达式等。下面举几个逻辑表达式实例。

  （1）数学关系式"5<a<10"对应的 C 语言表达式：5<a && a<10 。

  （2）判别某一个字符 ch 是否是英文字母的表达式：ch>='A' && ch<='Z' || ch>='a' && ch<='z' 。

  （3）判断某人是否是男性（用字母 M 或 m 表示）且年龄为 20 岁：(sex=='M' || sex=='m') && age==20 。

逻辑表达式的值是逻辑值"真"或"假",与关系表达式一样,若逻辑表达式的值为"真",用整数"1"表示;为"假",用整数"0"表示。但反过来在判断一个量是为"真"还是"假"时,"0"就表示"假",非"0"的数值都表示"真"。例如,由于5和3均为非"0",因此 5&&3 的值为"真",即为1。又如,由于字符'0'的ASCII码是48非"0",因此 '0'||0 的值为"真",即为1。再如,表达式!a 等价于表达式 a==0,而表达式a 等价于表达式 a!=0。

由于数值0表示假,非0表示真,所以逻辑运算符两边的表达式也可以是算术表达式、赋值表达式等。这时要注意各种运算符的优先级,部分已学过的运算符的优先级关系如图3.2所示。按照运算符的优先级可以得到:

```
a>b && c>d          等价于   (a>b) && (c>d)
!b==c || d<a        等价于   ((!b)==c) || (d<a)
a+b>c && x+y<z      等价于   ((a+b)>c) && ((x+y)<z)
```

! 非运算符	高
算术运算符	↑
关系运算符	
&& 和 ||	↓
赋值运算符	低

图 3.2 部分运算符的优先级关系图

最后要特别说明的是,逻辑表达式中的求值采用"短路求值法",即:
- a && b 只有当 a 为真时,才对 b 求值,否则不再对 b 求值。
- a || b 只有当 a 为假时,才对 b 求值,否则不再对 b 求值。

例如:设有"int a=1,b=2,c=3,d=4,m=1,n=1;",则对表达式(m=a>b) && (n=c>d)求值后 n 仍然保持值 1 而不是 0,因为(m=a>b)的值为假,所以根本没有对(n=c>d)求值。

3.3.3 if 语句

1. if 语句

选择结构最常用的语句是 if 语句,其根据给定的条件进行判断,以决定是否执行某个分支程序段。if 语句的一般形式为:

```
if (表达式) 语句1;
[ else 语句2; ]
```

其中,表达式一般为关系表达式或逻辑表达式,理论上可以是任何表达式。方括号[ ]里面的内容是可选项,可以省略,即形成不带 else 的 if 语句。

不带 else 的 if 语句的执行过程是:如果表达式的值为真,则执行语句1,否则不执行语句1,如图 3.3(a)所示。而带 else 的 if 语句的执行过程是:如果表达式的值为真,则执行语句1,否则执行语句2,如图 3.3(b)所示。

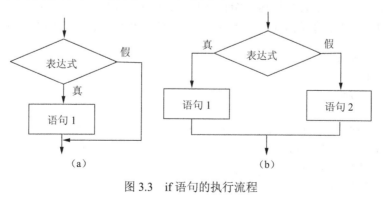

图 3.3 if 语句的执行流程

例 3.5 输入两个整数,输出其中的较大数。

```
#include <stdio.h>
int main()
{   int a,b,max;

    printf("Input two integers: ");
    scanf("%d%d", &a,&b);
    max=a;
    if (max<b) max=b;
    printf("Max=%d\n", max);
    return 0;
}
```

运行结果:

```
Input two integers: 21 56
Max=56
```

本例中,输入两个数存入变量 a 和 b,先把 a 赋予变量 max,再用 if 语句判断 max 是否小于 b,若小于,则把 b 赋予 max,因此 max 中总是较大数,最后输出 max 的值。

例 3.6 输入两个整数,先输出其中的较小数,再输出较大数。

```
#include <stdio.h>
int main()
{   int a,b,t;

    printf("Input two integers: ");
    scanf("%d%d", &a,&b);
    if (a>b) { t=a; a=b; b=t; }
    printf("Min=%d  Max=%d\n", a,b);
    return 0;
}
```

运行结果:

```
Input two integers: 56 21
Min=21  Max=56
```

在 if 语句的一般形式中,语句 1 或语句 2 都应是单个语句,如果在满足条件时想要执行一组(多条)语句,则必须把这一组语句用 {} 括起来构成一个复合语句,本例中就是。

例 3.7 用带 else 的 if 语句重做例 3.5(输入两个整数,输出其中的较大数)。

```
#include <stdio.h>
int main()
{   int a,b,max;

    printf("Input two integers: ");
    scanf("%d%d", &a,&b);
    if (a>b) max=a;
    else max=b;
```

```
    printf("Max=%d\n", max);
    return 0;
}
```

运行结果：
```
Input two integers: 21 56
Max=56
```

例 3.8 输入一个年份，判断该年份是否是闰年后输出。

分析：地球围绕太阳公转一圈的实际时间是 365 天 5 小时 48 分 46 秒。如果一年只有 365 天，每年就多出 5 个多小时，4 年多出 23 小时 15 分 4 秒，差不多就是一天，于是人们决定每 4 年增加 1 天，即产生了闰年。但这样做时间实际上又少了约 45 分，每 100 年有 25 个闰年会导致少了 18 小时 43 分 20 秒，于是又决定每 100 年只有 24 个闰年（世纪年不作为闰年）。

但这样又产生了新的问题，因为每个平年多出 5 小时 48 分 46 秒，100 个平年多出 581 小时 16 分 40 秒，而 24 天即为 576（24×24）小时，每 100 年只有 24 个闰年又导致时间多出 5 小时 16 分 40 秒，于是最后又决定每 400 年增加一个闰年，这样就比较接近实际情况了。

```
#include <stdio.h>
int main()
{   int year;

    printf("请输入一个年份: ");
    scanf("%d", &year);
    if (year%100!=0 && year%4==0 || year%400==0)
        printf("是闰年\n");
    else
        printf("不是闰年\n");
    return 0;
}
```

运行结果：
```
请输入一个年份: 2012
是闰年
```

2．if-else-if 语句

前面的 if 语句只能用于两个分支的情况。当有多个分支选择时，可采用 if-else-if 语句，其一般形式为：

```
if (表达式1)
    语句1;
else if (表达式2)
    语句2;
else if (表达式3)
    语句3;
    …
```

```
else if (表达式n)
    语句n;
else
    语句n+1;
```

其执行过程是：依次判断各表达式的值，当某个表达式的值为真时，则执行其对应的语句，然后跳到整个 if 语句之后继续执行程序。如果所有的表达式均为假，则执行语句 $n+1$，然后继续执行后续程序，如图 3.4 所示。格式中的语句 1、语句 2、⋯、语句 n、语句 $n+1$ 都只能是单个语句。

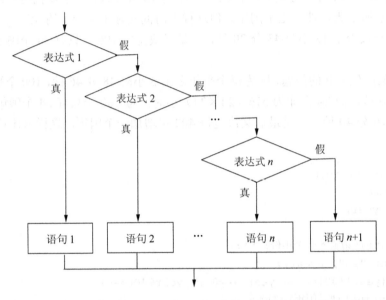

图 3.4　if-else-if 语句的执行流程

说明：最后的"else 语句 $n+1$"常起到检查是否出错的作用，这一部分也可以省略。若省略，则当 n 个条件均不成立时，就什么也不执行。注意，语句中的 n 个条件应当是互斥的，即不应当出现有两个或两个以上条件同时成立的情况。

例 3.9　判断键盘输入字符的类别并输出。

分析：要判断键盘输入字符的类别，可根据输入字符的 ASCII 码值来进行。由 ASCII 码表知 ASCII 码值小于 32 的为控制字符，在字符'0'和'9'之间的为数字，在字符'A'和'Z'之间为大写字母，在字符'a'和'z'之间为小写字母，其余则为其他字符。这是一个多分支选择的问题，可用 if-else-if 语句编程，判断输入字符 ASCII 码所在的范围，分别给出不同的输出。例如，输入字符'e'，输出其为小写字母。

```
#include <stdio.h>
int main()
{   char c;

    printf("Input a character: ");   c=getchar();
    if (c<32)
```

```
        printf("This is a control character.\n");
    else if (c>='0'&&c<='9')
        printf("This is a digit.\n");
    else if (c>='A'&&c<='Z')
        printf("This is a capital letter.\n");
    else if (c>='a'&&c<='z')
        printf("This is a small letter.\n");
    else
        printf("This is an other character.\n");
    return 0;
}
```

运行结果：

```
Input a character: #
This is an other character.
```

例 3.10 输入一个百分制成绩，判断这一百分制成绩，输出对应的五级制成绩，若输入的百分制成绩错误，应报错。

分析：百分制成绩的范围为 0～100，五级制成绩为优、良、中、及格、不及格，分别用字母 A、B、C、D、E 来表示。判断标准为：90 分以上为优；80～89 为良；70～79 为中；60～69 为及格；60 分以下为不及格。这是一个多分支选择的问题，可用 **if-else-if** 语句编程。

```
#include <stdio.h>
int main()
{   int score;  char ch;

    printf("请输入百分制成绩(0～100): ");
    scanf("%d", &score);
    if (score<0 || score>100)
        { printf("百分制成绩超出范围!\n");  return 1; }
    if (score>=90) ch='A';
    else if (score>=80) ch='B';
    else if (score>=70) ch='C';
    else if (score>=60) ch='D';
    else ch='E';
    printf("对应的五级制成绩: %c\n", ch);
    return 0;
}
```

运行结果：

```
请输入百分制成绩(0～100): 86
对应的五级制成绩: B
```

本例中，首先排除出错情况，保证 score 在 0～100 之间，这样条件 score>=90 && score<=100 就可以简化为 score>=90，由于 score>=90 不成立时才会判断 score>=80，因此条件 score>=80 就等价于条件 score>=80 && score<=89，依此类推。

3. if 语句的嵌套

当 if 语句中的语句 1 或语句 2 又是 if 语句时,则构成了 if 语句嵌套的情形。如图 3.5 所示给出了几种 if 语句的嵌套形式。

```
if(表达式 1)                if(表达式 1)                if(表达式 1)
    if(表达式 2)                 语句 1;                    if(表达式 2)
        语句 1;                else                            语句 1;
    else                       if(表达式 2)                else
        语句 2;                    语句 2;                    语句 2;
                           else                        else
                               语句 3;                     if(表达式 3)
                                                             语句 3;
                                                         else
                                                             语句 4;
       (a)                      (b)                         (c)
```

图 3.5 if 语句的嵌套形式

在写 if 语句的嵌套结构时,要特别注意 if 和 else 的配对问题。例如,对于图 3.5(a),因为有两个 if,这时 else 究竟与哪一个 if 配对呢?即对于图 3.5(a)中 if 语句的嵌套结构,是否也能理解为图 3.6(a)形式的 if 语句的嵌套结构?如果能,就会产生了二义性。为此,C 语言规定,else 总是与同一层最接近它的 if 配对,即图 3.6(a)的理解是错误的。如果要使 else 与 if(表达式 1)配对,必须将 "if(表达式 2) 语句 1;" 用大括号括起来,形成复合语句,即写成图 3.6(b)所示的形式。

```
if(表达式 1)                          if(表达式 1)
    if(表达式 2) 语句 1;                  { if(表达式 2) 语句 1; }
else                                  else
    语句 2;                               语句 2;
         (a)                                   (b)
```

图 3.6 if 语句嵌套时 else 的配对问题

为了能区分嵌套的层次,常采用缩进的书写格式来表达不同的层次,使同一层次具有相同的缩进位置,这样写出的程序便于阅读,也易于查错。当然,缩进仅仅是为了改善可读性,程序的语义还是要靠语法来保证,图 3.6(b)中为了 else 与 if(表达式 1)配对,还是要加大括号才行。

例 3.11 输入 x 的值,根据下列函数,输出对应 y 的值。

$$y=\begin{cases} -1 & (x<0) \\ 0 & (x=0) \\ 1 & (x>0) \end{cases}$$

分析:if 语句嵌套结构的实质是为了进行多分支选择,本例中有 3 种选择,即 $x<0$、$x=0$ 或 $x>0$,可以采用 if 语句的嵌套结构实现(程序 1),显然也可以用 if-else-if 语句实现(程序 2)。

程序1
```
#include <stdio.h>
int main()
{   float x;   int y;
    printf("x=? ");
    scanf("%f", &x);
    if (x<=0)
        if (x<0) y=-1;
        else y=0;
    else y=1;
    printf("y=%d\n", y);
    return 0;
}
```

程序2
```
#include <stdio.h>
int main()
{   float x;   int y;
    printf("x=? ");
    scanf("%f", &x);
    if (x<0) y=-1;
    else if (x>0) y=1;
    else y=0;
    printf("y=%d\n", y);
    return 0;
}
```

实现多分支选择除了可以用 if 语句的嵌套结构和 if-else-if 语句结构外，有时用并列的 if 语句也可以实现，下面的程序段 1 就可以实现例 3.11 中的要求。对 if 语句和 if 语句嵌套结构的错误理解都会导致程序的错误，如下面的程序段 2 和程序段 3。

程序段1
```
scanf("%f", &x);
y=0;
if (x<0) y=-1;
if (x>0) y=1;
printf("y=%d\n", y);
```

程序段2
```
scanf("%f", &x);
y=-1;
if (x>0)
    y=1;
else y=0;
printf("y=%d\n", y);
```

程序段3
```
scanf("%f", &x);
y=0;
if (x<=0)
    if (x<0) y=-1;
else y=1;
printf("y=%d\n", y);
```

由此可以看出，if 语句嵌套时，if 语句一般形式中语句 1 又是一个 if-else 结构，非常容易出错；而语句 2 又是一个 if-else 结构，则不易出错。因此建议读者尽量不要嵌套在语句 1 分支上，尽量嵌套在语句 2 分支上，从而形成 if-else-if 的结构形式。

例 3.12 求 3 个不同整数中的最大值。

分析：本例是一个多分支选择问题，为了求出最大值，可以用 if 语句的嵌套结构，也可以用 if-else-if 语句结构，甚至用并列的 if 语句结构。如果将问题改为"求 4 个不同整数中的最大值"，请读者自行比较各种方法的优劣。

```
#include <stdio.h>
int main()
{   int a,b,c,max;
    printf("请输入3个整数: ");
    scanf("%d%d%d", &a,&b,&c);
    max=a;
    if (c>b)
       { if (c>a) max=c; }
    else
       { if (b>a) max=b; }
    printf("Max=%d\n", max);
    return 0;
}
```

if-else-if语句结构
```
if (a>b && a>c) max=a;
else if (b>a && b>c) max=b;
else max=c;
```

并列的if语句结构
```
max=a;
if (max<b) max=b;
/* max中已是a和b中的较大数 */
if (max<c) max=c;
```

例 3.13 求一元二次方程的根。

分析：例 3.4 没有考虑求根时各种可能的情况。一元二次方程 $ax^2+bx+c=0$ 的根有以下几种情况：

（1）当 $a=0$ 时，如果 $b=0$ 时，方程无解，否则方程退化为一元一次方程 $bx+c=0$，只有一个实根 $-c/b$。

（2）当 $a\neq 0$ 时，如果 $b^2-4ac<0$ 时，方程有两个共轭复根，否则方程有两个实根。

```c
#include <stdio.h>
#include <math.h>
int main()
{   float a,b,c,disc,p,q;

    printf("请输入一元二次方程的三个系数：");
    scanf("%f%f%f", &a,&b,&c);
    if (a==0)        /* 根据3.3.1节中的解释,条件a==0可改为fabs(a)<1e-6 */
        if (b==0)  printf("方程无解!\n");    /* 同样,条件也可改为fabs(b)<1e-6*/
        else   printf("方程退化为一次方程,只有一个实根：%f\n", -c/b);
    else
    {   disc=b*b-4*a*c;
        p=-b/(2*a);
        q=sqrt(fabs(disc))/(2*a);
        if (disc<0)  printf("有两个共轭复根：实部=%f,虚部=%f\n", p,q);
        else   printf("有两个实根：根1=%f,根2=%f\n", p+q,p-q);
    }
    return 0;
}
```

运行结果：
```
请输入一元二次方程的三个系数：0 2 5
方程退化为一次方程,只有一个实根：-2.500000
请输入一元二次方程的三个系数：1 -5 6
有两个实根：根1=3.000000,根2=2.000000
请输入一元二次方程的三个系数：1 4 5
有两个共轭复根：实部=-2.000000,虚部=1.000000
```

3.3.4 条件运算符

条件运算符为"?"和":"，是 C 语言中唯一的一个三目运算符，即有 3 个参与运算的量。由条件运算符组成条件表达式的一般形式为：

表达式1 ? 表达式2 : 表达式3

其求值规则为：先对表达式 1 求值，若值为真（即非 0），则以表达式 2 的值作为条件表达式的值；若值为假（即 0），则以表达式 3 的值作为条件表达式的值，而运算结果的类型由表达式 2 的值和表达式 3 的值中较高的那个类型来决定。例如，当 $a>b$ 成立时，表达式 "(a>b)?2:3.5" 的运算结果是 2.0，而非 2，这一点务必注意。

使用条件运算符时，还应注意以下几点：

（1）条件运算符的优先级低于关系运算符和算术运算符，但高于赋值运算符。因此"max=(a>b)?a:b"等价于"max=a>b?a:b"。

（2）条件运算符的结合方向是自右至左。例如，"a>b?a:c>d?c:d"应理解为"a>b?a:(c>d?c:d)"，这也就是条件表达式嵌套的情形，即其中的表达式3又是一个条件表达式。

由条件运算符组成的表达式是条件表达式。合理使用条件表达式，不但使程序简洁，也提高了运行效率。

例3.14 用条件表达式重做例3.5（输入两个整数，输出其中的较大数）。

```
#include <stdio.h>
int main()
{   int a,b,max;

    printf("Input two integers: ");
    scanf("%d%d", &a,&b);
    max=a>b?a:b;
    printf("Max=%d\n", max);
    return 0;
}
```

例3.15 用条件表达式重做例3.8（输入一个年份，判断该年份是否是闰年后输出）。

```
#include <stdio.h>
int main()
{   int  year,leap;

    printf("请输入一个年份： ");
    scanf("%d", &year);
    leap = (year%100!=0 && year%4==0 || year%400==0);
    printf("%s\n", (leap) ? "是闰年" : "不是闰年" );
    return 0;
}
```

3.3.5 switch 语句

多分支选择结构可以用if语句的嵌套结构实现，但如果分支较多，嵌套的if语句层次也增多，程序变得复杂冗长，可读性降低。C语言还提供了另一种用于多分支选择的switch语句，其一般形式为：

```
switch (表达式)
{   case 常量表达式1： 语句1;
    case 常量表达式2： 语句2;
        …
    case 常量表达式n： 语句n;
    [ default ： 语句n+1; ]
}
```

其中表达式的值必须是整型、字符型或枚举型，常量表达式的值类型必须与"表达式"的值类型相容。switch 语句的执行过程是：计算表达式的值，并逐个与其后的常量表达式值相比较，当表达式的值与某个常量表达式的值相等时，即执行其后的语句，然后不再进行判断，继续执行后面所有 case 后的语句，直到右大括号前的最后一条语句。default 是可选的，如果表达式的值与所有 case 后的常量表达式的值均不相等时，则执行 default 后的语句，假如没有 default，则这时 switch 语句什么也不做。

例 3.16 输入整数 1~7，输出对应星期几的英文。

```
#include <stdio.h>
int main()
{   int a;

    printf("Input integer number: ");
    scanf("%d", &a);
    switch (a)
    {   case 1 : printf("Monday\n");
        case 2 : printf("Tuesday\n");
        case 3 : printf("Wednesday\n");
        case 4 : printf("Thursday\n");
        case 5 : printf("Friday\n");
        case 6 : printf("Saturday\n");
        case 7 : printf("Sunday\n");
        default: printf("Error\n");
    }
    return 0;
}
```

运行结果：

```
Input integer number: 6
Saturday
Sunday
Error
```

从运行结果看，程序没有达到所希望的目的，这是用 switch 语句时最常见的错误。为什么会出现这种情况呢？这恰恰反映了 switch 语句的一个特点。在 switch 语句中，"case 常量表达式"只相当于一个语句标号，表达式的值和某个标号相等则转向该标号执行，但不能在执行完该标号后的语句后自动跳出 switch 语句，所以出现了继续执行后面所有语句的情况。这是与前面介绍的 if 语句完全不同的，应特别注意。为了避免上述情况，C 语言还提供了一种 break 语句，可用于跳出 switch 语句，break 语句只有关键字 break。

修改例 3.16 中的程序，在每个 case 后的语句之后增加 break 语句，使执行完每一个分支之后均可跳出 switch 语句，从而避免输出不应输出的内容。

```
#include <stdio.h>
int main()
{   int a;

    printf("Input integer number: ");
```

```
    scanf("%d", &a);
    switch (a)
    {   case 1 : printf("Monday\n");    break;
        case 2 : printf("Tuesday\n");   break;
        case 3 : printf("Wednesday\n"); break;
        case 4 : printf("Thursday\n");  break;
        case 5 : printf("Friday\n");    break;
        case 6 : printf("Saturday\n");  break;
        case 7 : printf("Sunday\n");    break;
        default: printf("Error\n");     break;
    }
    return 0;
}
```

运行结果：

```
Input integer number: 6
Saturday
```

在使用 switch 语句时还应注意以下几点：
- 在 case 后的各常量表达式的值不能相同，否则会出现错误。
- 在 case 后，允许有多个语句，可以不用{}括起来。
- 各 case 和 default 子句的先后顺序可以变动，而不会影响程序执行结果。
- 多个 case 可以共用一组执行语句。

例 3.17 用 switch 语句重做例 3.10（输入一个百分制成绩，判断这一百分制成绩，输出对应的五级制成绩，若输入的百分制成绩错误，应报错）。

分析：百分制成绩 score 的合理范围为 0～100，表达式 score/10 求值后，共有 11 种情况，其中值 10 和值 9 是同一个分支，值 5～0 可通过 default 后的语句实现。

```
#include <stdio.h>
int main()
{   int score;  char ch;

    printf("请输入百分制成绩(0～100)：");
    scanf("%d", &score);
    if (score<0 || score>100)
        { printf("百分制成绩超出范围!\n"); return 1; }
    switch (score/10)
    {   case 10 :
        case 9 : ch='A'; break;    /* 两个 case 共用的语句 */
        case 8 : ch='B'; break;
        case 7 : ch='C'; break;
        case 6 : ch='D'; break;
        default: ch='E'; break;
    }
    printf("对应的五级制成绩：%c\n", ch);
    return 0;
```

}
```

运行结果：

```
请输入百分制成绩(0~100): 100
对应的五级制成绩: A
```

例 3.18 计算器程序。输入一个简单的表达式（只能做加、减、乘或除 4 种运算），输出计算结果。

```c
#include <stdio.h>
int main()
{   float a,b,s;
    char c;

    printf("请输入表达式: ");
    scanf("%f%c%f", &a,&c,&b);
    switch (c)
    {   case '+' : s=a+b;  break;
        case '-' : s=a-b;  break;
        case '*' : s=a*b;  break;
        case '/' : if (b==0) { printf("除数为0错误！\n");  return 1; }
                   else s=a/b;
                   break;
        default : printf("运算符非法！\n");  return 1;
    }
    printf("表达式的值为：%f\n", s);
    return 0;
}
```

运行结果：

```
请输入表达式: 3*5
表达式的值为：15.000000
```

```
请输入表达式: 5/0
除数为0错误！
```

```
请输入表达式: 2&3
运算符非法！
```

本例说明两点：①switch 语句中表达式的值为字符类型；②switch 语句中又可以嵌套 if 语句。

3.4 循环结构程序设计

循环结构是程序中一种很重要的结构，其特点是：在给定条件成立时，反复执行某程序段，直到条件不成立为止。给定的条件称为循环条件，反复执行的程序段称为循环体。C语言提供了 3 种循环语句，分别是 while 语句、do-while 语句和 for 语句。如何表示循环条件，如何构造循环体并避免无限循环（即"死循环"），是本节要掌握的主要内容。
```

3.4.1 while 循环结构

while 语句的一般形式为：

while (表达式)
    语句；

其中表达式是循环条件，语句为循环体。当循环体是多个语句时，应当用{}括起来构成一句复合语句。while 语句的执行流程如图 3.7 所示。很显然，循环体中应当有语句来改变循环条件的取值，否则就有可能产生死循环。while 语句的特点是：先计算表达式的值，然后根据表达式的值决定是否执行循环体。当表达式的值一开始就为假（即 0）时，则循环体一次也不执行。

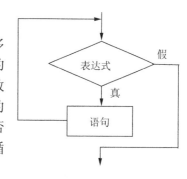

图 3.7 while 语句的执行流程

例 3.19 输入一行字符，统计并输出字符的个数。

分析：一行字符以回车符结束，输入回车符时用 getchar()函数读到的是字符'\n'。因此如果程序读到的字符不是'\n'就不断计数，否则结束循环输出读到的字符个数（不包括回车符）。

```
#include <stdio.h>
int main()
{   char c;  int n;
    printf("请输入一行字符：\n");
    n=0;      /* 计数器赋初值0 */
    c=getchar();           /* 读第一个字符，也就为循环控制变量赋初值 */
    while (c!='\n')        /* c为循环控制变量 *
    {   n++;               /* n称为计数器 */
        c=getchar();       /* 读下一个字符，也就改变了循环控制变量的值 */
    }
    printf("字符个数为：%d\n", n);
    return 0;
}
```

用赋值运算符改写后
while ((c=getchar()) != '\n')
    n++;

运行结果：

```
请输入一行字符：
Expo 2010 Shanghai
字符个数为：18
```

本例中循环条件的取值取决于变量 c 的取值，所以称 c 为循环控制变量，即变量 c 起到了控制循环体是否继续被执行的作用。注意，在进入循环之前不要忘记给循环控制变量赋初值，循环体中也不要忘记改变循环控制变量的值，以避免死循环的发生。程序中变量 n 起到计数的作用，通常称它为计数器，当然不要忘记给计数器赋初值 0。由于在 C 语言中赋值是运算符，所以读字符并计数的程序段可以改写得更为简洁。

例 3.20 输入一个班级某门课程的成绩，统计并输出全班该门课程的平均成绩。

分析：要求出平均成绩，首先要求出全班的总成绩和学生数。由于不知道全班有多少个学生,也就不知道要读多少次成绩。但考虑到成绩没有负数,因此可以用输入一个负数来表示成绩输入完毕,如果程序读到的成绩大于等于 0 就不断累加和计数,否则结束循环,输出平均成绩。

```
#include <stdio.h>
int main()
{   float score, sum;  int n;

    printf("请输入所有学生的成绩,负数表示输入完毕:\n");
    sum=n=0;                /* 累加器,计数器赋初值0 */
    scanf("%f", &score);
    while (score>=0)        /* 这里假定只要score>=0,就是一个有效的成绩 */
    {   sum+=score;         /* sum称为累加器 */
        n++;                /* n称为计数器 */
        scanf("%f", &score);
    }
    if (n>0) printf("平均成绩为:%6.2f\n", sum/n);
    else printf("没有输入有效的成绩!");
    return 0;
}
```

运行结果:

请输入所有学生的成绩,负数表示输入完毕:
71 64 82 77 83 76 95 78 -1
平均成绩为: 78.25

本例中变量 score 为循环控制变量,同例 3.19 一样变量 *n* 为计数器,而变量 sum 起到累加的作用,称为累加器,在进入循环之前不要忘记给累加器赋初值 0。

3.4.2 do-while 循环结构

do-while 语句的一般形式为:

do
    语句;
while (表达式);

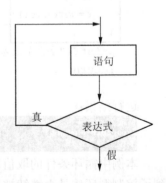

图 3.8 do-while 语句的执行流程

其中语句为循环体,表达式是循环条件,注意在表达式的右圆括号)后有一个分号。当循环体是多个语句时,应当用{}括起来构成一句复合语句。建议即使循环体只有一句语句也用{}括起来,且将右大括号放在同一行的 while 关键字之前,这样在看到 while 时可以很容易地区分是 do-while 语句还是 while 语句。do-while 语句的执行流程如图 3.8 所示。比较图 3.7 与图 3.8 可以很容易看出 do-while 语句与 while 语句的区别:do-while 语句是先执行后判断,因此 do-while 语句至少要执行一次循环体;而 while 语句是先判断后执行,如果条件一开始就不满足,则循环体一次也不执行。因此 do-while 语句一般用在循环体至少要执行一次的情况。下面就是一段判断口令是否正确的程序段:

```
long password;
do {
    printf("请输入口令：\n");
    scanf("%ld", &password);
}while (password!=123456);    /* 假定口令是123456 */
```

例3.21 输入一个长整数，输出它是一个几位数。

分析：设长整数为 a_0，则进行 $a_1=a_0/10$ 运算后，a_1 仍然是一个长整数，只不过 a_1 的位数比 a_0 少了一位，只要 a_1 不为 0，就继续进行 $a_2=a_1/10$ 运算，这样一直进行下去，直到某次除法运算后商为 0 为止。如果另设一个计数器 n，用它来统计除法的次数，则循环结束后 n 中存放的就是 a_0 的位数。由于一个长整数至少是 1 位数，循环至少要做一次，因此适合用 do-while 语句来实现循环。因为求出 a_1 后 a_0 就没有用了，所以程序中 $a_0, a_1, a_2, \cdots$，可以用同一个变量 a 。

```c
#include <stdio.h>
int main()
{   long a;  int n;

    printf("请输入一个长整数：");
    scanf("%ld", &a);
    n=0;
    do {
        n++;
        a/=10;
    }while (a!=0);
    printf("它是一个%d位数\n", n);
    return 0;
}
```

运行结果：

请输入一个长整数：56789
它是一个5位数

例3.22 输入一个大于等于 3 的正整数 m，判断它是否是素数，并输出判断结果。

分析：素数数学上也称质数，特点是除了能被 1 和数本身（本题为 m）整除外，不能被其他数（本题为 n）整除。根据素数的概念可以采用穷举法来检测 m 不能被 $2 \sim m-1$ 中任何一个数整除时，才能确定它是素数。设变量 n 的初值为 2，如果 $m\%n$ 等于 0，则退出循环（说明 m 能被 n 整除，m 不是素数），否则 n 加 1 后继续做 $m\%n$ 运算，直到 $m\%n$ 等于 0 为止（当 n 等于 m 时，必有 $m\%n$ 等于 0，这说明 m 是素数）。由于 $m\%n$ 运算至少要做一次，因此可以用 do-while 语句来实现循环。

```c
#include <stdio.h>
int main()
{   int m,n;

    printf("请输入一个大于等于3的正整数：");
```

```
    scanf("%d", &m);
    n=1;      /* 保证第1次做m%n运算时,n的值为2 */
    do {
        n++;
    }while (m%n!=0);
    printf("%d%s素数\n", m,(n<m)? "不是":"是");   /* 使用条件运算符简化了程序 */
    return 0;
}
```

运行结果：

```
请输入一个大于等于3的正整数: 11
11是素数
```

3.4.3 for 循环结构

for 语句是 C 语言所提供的功能更强，使用更广泛的一种循环语句。其一般形式为：

　　for (表达式1; 表达式2; 表达式3)
　　　　语句;

其中，表达式 1 通常用来给循环变量赋初值，一般是赋值表达式；表达式 2 通常是循环条件，一般为关系表达式或逻辑表达式；表达式 3 通常可用来修改循环变量的值，一般是赋值表达式。这 3 个表达式都可以是逗号表达式，即每个表达式都可由多个表达式组成。一般形式中的语句即为循环体，当循环体是多个语句时，应当用{}括起来构成一句复合语句。

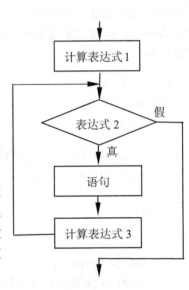

图 3.9　for 语句的执行流程

for 语句的执行流程（如图 3.9 所示）是：

（1）计算表达式 1 的值。

（2）计算表达式 2 的值，若值为真（非 0），则执行循环体一次，否则跳出循环。

（3）计算表达式 3 的值，转回第（2）步继续执行。

在整个 for 循环过程中，表达式 1 只计算一次，表达式 2 和表达式 3 则可能计算多次。循环体可能多次执行，也可能一次都不执行。

需要说明的是，3 个表达式都是任选项，都可以省略。在循环变量已赋初值的情况下，可省去表达式 1。如果省去表达式 2 或表达式 3 则将造成死循环，这时应在循环体内设法结束循环。下面列出的几种 for 语句形式都是合法的，但分号间隔符不能少。

　　for (；表达式；表达式)　省去了表达式1
　　for (表达式；；表达式)　省去了表达式2
　　for (表达式；表达式；)　省去了表达式3
　　for (；；)　省去了全部表达式

由图 3.9 可知，表达式 1 是在执行循环之前完成的，因此可以写在 for 语句的前面，而表达式 3 是每次执行了循环体以后再求值的，因此可以放在循环体语句的后面，作为循环体的一部分，即 for 语句可以写成如下形式：

```
表达式1;
for ( ;表达式2; )
{  语句;
   表达式3;
}
```

其中的 "for (;表达式 2;)" 也可以用 "while (表达式 2)" 来代替，即 for 循环也可写成 while 循环的形式。由此可见，for 循环结构本质上跟 while 循环结构类似，都是先判条件，后决定是否执行循环体。在完成同样功能的情况下，for 循环结构简洁、方便，for 语句不仅可用于循环次数已经确定的情况，也可用于循环次数不确定而只给出循环结束条件的情况。

例 3.23 求正整数 n 的阶乘 $n!$，其中 n 由用户输入。

分析：$n!=1\times2\times\cdots\times n$，设 $f_{n-1}=(n-1)!$，则利用公式 $f_n=f_{n-1}\times n$，初始值 $f_1=1$，可算出 $n!$。

```
#include <stdio.h>
int main()
{   int i,n;  double fn;

    printf("n=? ");
    scanf("%d", &n);
    for (fn=1,i=2; i<=n; i++)     /* 累乘器赋初值1 */
        fn*=i;                    /* fn称为累乘器 */
    printf("%d!=%.0lf\n", n,fn);
    return 0;
}
```

运行结果：

```
n=? 10
10!=3628800
```

注意本例中表达式 1 是一个逗号表达式,因为累乘器 fn 和循环控制变量 i 都要初始化。

例 3.24 求 n 个数中的最大数，其中 n 由用户输入。

分析：例 3.12 中给出了求 3 个数中的最大值的 3 种方法，其中 if-else-if 语句结构比较好理解，但当数的个数增加后该方法就不可行了，而并列的 if 语句结构就很容易推广到多个数，甚至 n 个数的情况。设前 $n-1$ 个数的最大值为 max_{n-1}，则利用 $max_n=\max(max_{n-1}, x)$，初始值 max_0 为尽可能小的数，可求出 n 个数中的最大数。

```
#include <stdio.h>
int main()
{   int i,n;  float x,max;

    printf("请输入数的个数：");
    scanf("%d", &n);
    printf("请输入%d个数：\n", n);
    max=-1e30;              /* 最大值的初值是尽可能小的数 */
```

```
    for (i=1; i<=n; i++)
    {   scanf("%f", &x);
        if (x>max) max=x;      /* max中是到目前为止的最大值 */
    }
    printf("最大值：%f\n", max);
    return 0;
}
```

运行结果：

```
请输入数的个数：8
请输入8个数：
71 64 82 77 83 76 95 78
最大值：95.000000
```

例 3.25 用 for 语句重做例 3.19（输入一行字符，统计并输出字符的个数）。

```
#include <stdio.h>
int main()
{   int n=0;

    printf("请输入一行字符：\n");
    for ( ; getchar()!='\n'; n++)
        ;       /* 循环体是空语句 */
    printf("字符个数为：%d\n", n);
    return 0;
}
```

本例中，省去了 for 语句的表达式 1，表达式 3 也不是用来修改循环变量，而是用作输入字符的计数。这样，就把本应在循环体中完成的计数放在表达式 3 中完成了，因此循环体是空语句。应注意的是，空语句后的分号不可少，如果缺少此分号，则就把后面的 printf 语句当成循环体来执行了。反过来说，如循环体不为空语句时，决不能在表达式 3 的括号后加分号，否则就不能反复执行循环体了。这些都是编程中常见的错误，初学者要特别注意。

3.4.4 循环结构的嵌套

在循环体语句中又包含有另一个完整的循环结构的形式，称为循环结构的嵌套。嵌套在循环体内的循环结构称为内循环，外面的循环结构称为外循环。如果内循环体中又有嵌套的循环语句，则构成多重循环。while、do-while、for 这 3 种循环都可以互相嵌套。如图 3.10 中列出的几种循环结构的嵌套形式都是合法的。

```
for ()
{   ...
    for ()
    {   ...
    }
    ...
}
    (a)
```

(b)

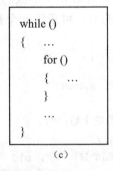
(c)

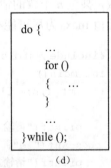
(d)

图 3.10 循环结构的嵌套形式

例 3.26 打印下列形式的九九乘法口诀表。

```
1×1= 1
1×2= 2  2×2= 4
1×3= 3  2×3= 6  3×3= 9
1×4= 4  2×4= 8  3×4=12  4×4=16
1×5= 5  2×5=10  3×5=15  4×5=20  5×5=25
1×6= 6  2×6=12  3×6=18  4×6=24  5×6=30  6×6=36
1×7= 7  2×7=14  3×7=21  4×7=28  5×7=35  6×7=42  7×7=49
1×8= 8  2×8=16  3×8=24  4×8=32  5×8=40  6×8=48  7×8=56  8×8=64
1×9= 9  2×9=18  3×9=27  4×9=36  5×9=45  6×9=54  7×9=63  8×9=72  9×9=81
```

分析：这是一个典型的循环嵌套结构的程序，因为要打印 9 行，要一个循环结构，而打印第 i 行时要打印 i 个等式，又要一个循环结构。

```c
#include <stdio.h>
int main()
{   int i,j;

    for (i=1; i<=9; i++)
    {   for (j=1; j<=i; j++)
            printf("%d×%d=%2d  ", j,i,i*j);
        putchar('\n');
    }
    return 0;
}
```

循环嵌套结构的执行过程是这样的：因为内循环是外循环的循环体的一部分，所以外循环的循环控制变量每取一个值，内循环就要从头到尾执行一遍，即内循环的循环控制变量的值要从"初值"变化到"终值"。

思考题：如何修改程序，打印出下列形式的九九乘法口诀表。

```
1×1= 1  1×2= 2  1×3= 3  1×4= 4  1×5= 5  1×6= 6  1×7= 7  1×8= 8  1×9= 9
        2×2= 4  2×3= 6  2×4= 8  2×5=10  2×6=12  2×7=14  2×8=16  2×9=18
                3×3= 9  3×4=12  3×5=15  3×6=18  3×7=21  3×8=24  3×9=27
                        4×4=16  4×5=20  4×6=24  4×7=28  4×8=32  4×9=36
                                5×5=25  5×6=30  5×7=35  5×8=40  5×9=45
                                        6×6=36  6×7=42  6×8=48  6×9=54
                                                7×7=49  7×8=56  7×9=63
                                                        8×8=64  8×9=72
                                                                9×9=81
```

例 3.27 打印出所有的水仙花数。

分析：水仙花数是一个 3 位整数且满足条件"各位数字的立方和等于该数本身"，如 153 等。设变量 i、j 和 k 分别表示 3 位整数的百位、十位和个位，其中 i 的取值范围为 1～9，j 和 k 的取值范围都为 0～9，所有的 3 位整数 $i*100+j*10+k$ 可以通过 3 重的循环嵌套结构来生成。本例实际上也是穷举法，即每一个 3 位整数都测试一次。

```c
#include <stdio.h>
int main()
{   int i,j,k,i3,i100,j3,j10;

    for (i=1; i<10; i++)
    {   i3=i*i*i;  i100=i*100;      /* 引进变量i3和i100可以减少运算量 */
        for (j=0; j<10; j++)
```

```
            { j3=j*j*j;  j10=j*10;
                for (k=0; k<10; k++)
                    if (i3+j3+k*k*k==i100+j10+k)
                        printf("%d ", i100+j10+k);
            }
        }
        putchar('\n');
        return 0;
    }
```
运行结果：

```
153  370  371  407
```

3.4.5 无条件转移语句

无条件转移语句是指当程序执行到该语句时，程序立即转移到程序的其他地方执行，至于转移到什么地方，要看使用何种无条件转移语句。C 语言提供 3 个无条件转移语句：break 语句、continue 语句和 goto 语句。

break 语句主要用于循环结构和 switch 语句结构中，continue 语句主要用于循环结构中。结构化程序设计要求少用或尽量不用 goto 语句，但考虑到有些场合还在应用，本节也作简单介绍。

1. break 语句

break 语句由关键字 break 后加分号";"组成。其一般形式是：

```
break;
```

在前面讨论 switch 多分支结构时，已经介绍过 break 语句，其是用来跳出 switch 结构，使程序继续执行该结构的下一句语句。当 break 语句用在循环结构中时，被用来跳出循环体，提前结束循环，把程序流程无条件转移到循环结构的下一句语句继续执行。使用 break 语句可以使循环语句有多个出口，在一些场合下使编程更加灵活、方便。需要说明如下：

（1）在循环结构中，break 语句总是与 if 语句一起使用，即满足某条件时便跳出循环。

（2）在循环嵌套结构中，break 语句只能跳出包含它的最里面的那一层循环。

例 3.28 找出 3～100 的全部素数，每输出 10 个素数后换行。

分析：从例 3.22 可知，判断一个数是否是素数要用到循环结构，而现在要找出 3～100 的全部素数又要用到循环结构，所以本题是一个循环嵌套结构。例 3.22 中是用穷举法通过验证 2～$m-1$ 中的数都不是 m 的因子来判断出 m 是素数的。根据分析，完全可以将穷举的范围从 2～$m-1$ 缩小到 2～$\sqrt{m}$。另外，本例中还应设置一个计数器来统计已经输出的素数的个数。

```c
#include <stdio.h>
#include <math.h>
int main()
{   int m,k,n,c;
    
    for (c=0,m=3; m<100; m+=2)              /* 因为偶数不是素数,所以m每次增加2 */
```

```
{   k=(int)sqrt(m);
    for (n=2; n<=k; n++)
        if (m%n==0) break;          /* 条件成立，m不是素数，退出内循环 */
    if (n>k)
    {   printf("%5d", m);
        c++;                         /* 统计素数个数的计数器加1 */
        if (c%10==0) putchar('\n');  /* 输出10个数后换行 */
    }
}
putchar('\n');
return 0;
}
```

运行结果：

```
  3    5    7   11   13   17   19   23   29   31
 37   41   43   47   53   59   61   67   71   73
 79   83   89   97
```

2．continue 语句

continue 语句由关键字 continue 后加分号"；"组成。其一般形式是：

continue;

continue 语句只能用在循环体中，该语句的功能是提前结束本次循环，即跳过循环体中 continue 语句之后尚未执行的部分循环体语句，继续进行下一次循环条件的判断。需要说明如下：

（1）continue 语句只能用于 while、do-while 和 for 等循环语句的循环体中，总是与 if 语句一起使用，起到加速循环的作用。

（2）在循环嵌套结构中，continue 语句只能结束包含它的最里面的那一层循环的本次循环。一个较好说明 continue 语句用处的例子是例 4.26。

（3）break 语句和 continue 语句的区别是：break 语句是跳出循环结构并结束整个循环，不再进行循环条件的判断；而 continue 语句只是结束本次循环，继续进行循环条件的判断来决定循环是否继续进行下去。

例 3.29 continue 语句应用示例：求输入的 10 个整数中正数的个数及其平均值。

```
#include <stdio.h>
int main()
{   int i,n,a;  float sum;

    printf("请输入10个整数：\n");
    for (sum=n=i=0; i<10; i++)
    {   scanf("%d", &a);
        if (a<=0) continue;       /* 如果为负数则结束本次循环 */
        n++; sum+=a;              /* 对输入的正数计数并求和 */
    }
    printf("%d个正整数的平均值是：%6.2f\n", n, sum/n);
```

        return 0;
}

运行结果：

```
请输入10个整数：
12 21 -1 -18 30 15 -11 22 -7 -13
5个正整数的平均值是： 20.00
```

3．goto 语句

goto 语句的一般形式是：

goto 语句标号;

其中的语句标号是一个标识符，这个标识符与冒号（:）一起出现在函数内某语句的前面。goto 语句的作用是程序无条件转移到该语句标号处并执行其后的语句。所以与 goto 语句相对应，程序中必有一个带语句标号的语句，其形式是：

语句标号:语句;

此语句就是 goto 语句的目标语句。注意目标语句与 goto 语句必须处于同一个函数中，但可以不在一个循环层中，即 goto 语句只能在当前函数内无条件转移，不可以转到本函数以外。

但是，在结构化程序设计中一般不主张使用 goto 语句，以免破坏"单入口、单出口"的结构化程序设计风格，造成程序流程的混乱，不便于对程序的阅读和理解，也不便于程序中错误的排除。过去，goto 语句通常与条件语句配合使用实现条件转移（构成循环、跳出循环体）等功能。现在，有了 break 语句和 continue 语句后，通常只用在从多重循环嵌套的内层循环跳到外层循环的外面时才用到 goto 语句。所以应该少用、慎用 goto 语句，而不是完全禁用。

例 3.30 goto 语句应用示例：用 if…goto 实现求 1～100 之和。

分析：求 1～100 之和完全可以用 for 语句来实现，本例仅仅是为了说明 goto 语句的用法，并不是说以后在编写程序时要用 goto 语句去实现循环结构。

```c
#include <stdio.h>
int main()
{   int i,sum;

    sum=0;  i=1;
loop:       /* 语句标号 */
    if (i<=100)
    {   sum+=i;   i++;
        goto loop;
    }
    printf("sum=%d\n", sum);
    return 0;
}
```

运行结果：

sum=5050

思考题：如何用 goto 语句修改例 3.27，使得程序找出第一个水仙花数后就结束。

3.4.6 循环程序设计方法举例

数学上的"递推"方法在程序设计中应用很多，递推方法解题的关键是确定递推公式和初始条件。根据初始条件的不同，递推又可分为"顺推"和"倒推"两种形式。所谓顺推是数列后面的值要根据前面的值才能推算出来；所谓倒推是数列前面的值要通过后面的值才能推算出来。

1. 顺推法

有一类问题是求解一系列数据，或者是求解一系列数据的最终结果，而该系列数据中的相邻数据的变化有一定的规律性。问题的模型可以抽象成递推公式 $x_n=f(x_{n-1})$，就是从前向后推出系列数据中的每一项，所以称为"顺推"。

最基本的数据累加、累乘算法就是顺推算法的典型例子，累加过程的递推公式是 $s_n=s_{n-1}+a_n$，其中 s_{n-1} 表示前 $n-1$ 项的和，a_n 表示第 n 个累加对象。当只需要累加的最终结果，而不需要累加过程中的部分和时，递推公式在程序中可表示为 $s=s+a_n$。

例 3.31 利用公式 $π/4≈1-1/3+1/5-1/7+\cdots$ 的前 10^6 项，求 $π$ 的近似值。

分析：在例 3.20 中 a_n 就是输入的成绩 score，本题的关键是如何得到 a_n。很显然分母是一个个奇数（最大值为 $2×10^6-1$），而分子是 1 和-1 交叉出现，本例中通过引进变量 sign 和语句 sign = -sign;很巧妙地解决了这一问题。

```
#include <stdio.h>
int main()
{   double pi,t,sign;
    long n;

    pi=0.0;
    for (sign=n=1; n<2000000; n+=2)
    {   t = sign/n;     /* sign不能为int类型，否则t总为0 */
        pi += t;
        sign = -sign;
    }
    printf("л=%lf\n", pi*4);
    return 0;
}
```

运行结果：

л=3.141592

例 3.32 兔子繁殖问题。著名的意大利数学家 Fibonacci 曾提出一个有趣的问题：有一对新生兔子，从第三个月开始繁殖，每个月都生产一对小兔子。小兔子到第三个月又开始繁殖，每个月都生产一对下一代小兔子。按此规律，在没有兔子死亡的情况下，那么一年后共有多少对兔子？

分析：显然第 1 个月和第 2 个月都只有一对兔子，从第 3 个月开始的兔子数是上个月和上上个月的兔子数之和。这是因为，在没有兔子死亡的情况下，当月的兔子数由两部分组成：上个月的老兔子和当月出生的小兔子。而当月出生的小兔子数恰好是上上个月的兔子数，因为上个月的兔子中还有部分在这个月不能生育，只有上上个月的兔子才能每对生产一对小兔子。数学模型为：

$$fib_1=fib_2=1 \quad (n=1,2) \quad 初始值$$
$$fib_n=fib_{n-1}+fib_{n-2} \quad (n \geq 3) \quad 递推公式$$

这就是著名的 Fibonacci 数列。顺便说一下，当 n 趋向于 ∞ 时，数列前后两项的商（fib_{n-1}/fib_n）趋向于黄金分割数 0.618。

```
#include <stdio.h>
int main()
{   int n;  long fib1,fib2,fib3;

    fib1=fib2=1;
    printf("%6ld%6ld", fib1,fib2);
    for (n=3; n<=12; n++)
    {   fib3=fib1+fib2;
        printf("%6ld", fib3);
        if(n%6==0)printf("\n");
        fib1=fib2;
        fib2=fib3;
    }
    return 0;
}
```

另一种可行的方法，请读者自行分析其正确性。
```
for (n=2; n<=6; n++)
{   fib1=fib1+fib2;
    fib2=fib2+fib1;
    printf("%6ld%6ld", fib1,fib2);
    if (n%3==0)  printf("\n");
}
```

运行结果：

```
     1     1     2     3     5     8
    13    21    34    55    89   144
```

2. 倒推法

所谓"倒推法"就是从后向前递推，来求解问题的初始数据，即由结果倒过来推解它的前提条件。

例 3.33 猴子吃桃问题。猴子第 1 天摘下若干个桃子，当即吃了一半，还不过瘾，又多吃了一个。第 2 天又将剩下的桃子吃掉一半，又多吃了一个。以后每天都吃前一天剩下的一半多一个，到第 10 天想吃时，只剩一个桃子了。问第 1 天有多少个桃子？

分析：设第 n 天有桃子 x_n 个，显然有 $x_n=x_{n-1}/2-1$，即 $x_{n-1}=2(x_n+1)$。这样就可以用倒推法从第 10 天的 1 个桃子算出第 9 天的桃子数，再算出第 8 天的桃子数，直到算出第 1 天的桃子数。由于求出 x_{n-1} 后 x_n 就没有用了，所以程序中 x_{n-1} 和 x_n 可以用同一个变量 x，即 $x=2*(x+1)$。因为 $x=2*(x+1)$ 至少要做一次，所以适合用 do-while 语句来实现循环。

```
#include <stdio.h>
int main()
```

```
{   int n,x;

    n=10;   x=1;
    do {
        x=2*(x+1);
        n--;
    }while (n>1);
    printf("第1天有%d个桃子", x);
    return 0;
}
```

运行结果：

第1天有1534个桃子

3. 迭代法

"迭代"法也称"辗转"法，是一种不断用变量的旧值递推新值的解决问题的方法，是递推方法的一个特例。在递推过程中前后数值的逻辑意义有顺序上的不同，而迭代过程中新旧值的逻辑意义一般是完全相同的。迭代法可分为"精确迭代"和"近似迭代"，下面的例 3.34 属于精确迭代，而例 3.35 属于近似迭代。

例 3.34　求两个正整数的最大公约数。

分析：求两个正整数的最大公约数有许多种方法。

（1）"更相减损之术"方法是我国古代数学家对公约数求解问题进行了研究并提出的算法。该方法是以两数中较大的数减去较小的数，得到的差与原来较小的数构成新的一对数，再以较大的数减去较小的数，如此进行下去，直到产生一对相等的数，该数即为最大公约数。例如，求 12 和 16 的最大公约数，具体过程为：(12,16)→(12,4)→(8,4)→(4,4)，所以 4 是 12 和 16 的最大公约数。

（2）"辗转相除法"方法是古希腊数学家对公约数求解问题研究后提出的算法。该方法是以两数中较大的数除以较小的数，得到的余数与原来较小的数构成新的一对数，再以较大的数除以较小的数，如此进行下去，直到余数为 0 为止，则较小的数就是最大公约数。例如，求 288 和 123 的最大公约数，具体过程为：(288,123)→(42,123)→(42,39)→(3,39)，所以 3 是 288 和 123 的最大公约数。

设两个整数为 a 和 b，则运算过程如下：

① a 除以 b 取余得 c，若 c=0，则 b 为两数的最大公约数，并退出循环。

② 若 c≠0，则 a=b，b=c 再回去执行①。

```
#include <stdio.h>
int main()
{   int a,b,c;
    /* 用辗转相除法求两个正整数的最大公约数 */
    printf("请输入两个正整数：");
    scanf("%d%d", &a,&b);
    if (a<b) { c=a;  a=b;  b=c; }      /* 本句可以省略，无非是下面的循环多做一次 */
    while ( (c=a%b)!=0 )                /* 同例3.19，充分利用赋值运算符简化程序 */
```

```
    { a=b;  b=c; }
    printf("最大公约数是：%d\n", b);
    return 0;
}
```

运行结果：

```
请输入两个正整数: 123 288
最大公约数是: 3
```

例 3.35 用牛顿迭代法 $x_{n+1}=x_n-f(x_n)/f'(x_n)$ 求方程 $2x^3-4x^2+3x-6=0$ 在 1.5 附近的根，直到前后两项差的绝对值小于 10^{-6} 为止。

分析：一般来说，求一元五次（或更高次）方程的根或微分方程的数值解等计算问题，很难或无法用像一元二次方程的求根公式那样的解析法去求解，于是发明了很多数值计算方法（简称数值法）来求出问题的近似解，牛顿迭代法就是方程求根的一种数值计算方法。

牛顿迭代法要求方程 $f(x)=0$ 中的函数 $f(x)$ 是可导的。假定方程 $f(x)=0$ 有一个根 r，牛顿迭代法求根时首先估计一个初始值 x_0（可以是猜测的），然后通过迭代公式求出下一个估计值 x_1，只要 x_1 没有满足精度要求，就继续用迭代公式求出下一个估计值 x_2，…，直到 x_{n+1} 非常接近根 r（如满足 x_{n+1} 和 x_n 差的绝对值小于 10^{-6}）为止。显然，本例适合用 do-while 语句来实现循环，程序中用变量 x1 和 x0 分别表示迭代公式中的 x_{n+1} 和 x_n。

```
#include <stdio.h>
#include <math.h>
int main()
{   double x0,x1,f,fd;
    /* 考虑到下面的x0=x1;语句，这里不是赋值给x0，而是x1 */
    x1=1.5;
    do {
        x0=x1;
        f=((2*x0-4)*x0+3)*x0-6;       /* 这里采用了秦九韶算法求多项式的值 */
        fd=(6*x0-8)*x0+3;              /* 秦九韶是我国南宋时期的数学家 */
        x1=x0-f/fd;
    }while(fabs(x1-x0)>=1e-6);
    printf("The root is %lf\n", x1);
    return 0;
}
```

运行结果：

```
The root is 2.000000
```

4．穷举法

穷举法是另一种常用的问题求解方法，前面的判断素数和找水仙花数问题中已经使用过该方法。其基本思想是：对问题的所有可能答案进行一一测试，直到找到正确答案或测试完全部可能答案。穷举法对于人来说是一件单调而烦琐，甚至可能无法完成的工作，但对于计算机来说，重复性的工作非常适合用循环解决，并能发挥计算机高速运算的优势。当然也不能让计算机做无用功，应当排除那些不合理的情况，尽可能减少问题可能解的数目。

例 3.36 搬砖问题（中国古典算术问题）。某工地有 45 块砖需要搬运，已知男人一次搬 3 块，女人一次搬 2 块，两个小孩一次抬 1 块砖。要求 45 人一次搬完所有的 45 块砖，问男人、女人、小孩各几人？

分析：这是一个组合问题，由男人、女人和小孩的人数决定组合的数量。设 men 为男人数，women 为女人数，children 为小孩数，根据题意，求解该题必须使下面的不定方程组成立：

men + women + children = 45
3×men + 2×women + children/2 = 45

进一步分析该题中的条件，可以确定 3 个变量的取值范围（穷举算法这一步不可忽视，其可以大大降低循环次数，从而提高程序执行效率）。

- men 的取值范围为 0～15；
- women 的取值范围为 0～22；
- children 的人数应为 45-men-women，因为两个小孩抬 1 块砖，所以小孩数必须为偶数。

程序如下：

```
#include <stdio.h>
int main()
{   int men,women,children;

    printf("男人  女人   小孩\n");
    for (men=0; men<=15; men++)
    {   for (women=0; women<=22; women++)
        {   children = 45-women-men;
            if (3*men+2*women+children/2==45 && children%2==0)
                printf("%4d  %4d  %4d\n", men,women,children);
        }
    }
    return 0;
}
```

运行结果

最后要说明的是，本例中 if 语句的条件也可以改写为：6*men+4*women+children==90，原来的条件 children%2==0 可以不要了，因为上述条件成立，children 必为偶数，这样可进一步减少判断的运算量。

练 习 3

一、选择题

1. 以下选项中，不是 C 语言语句的是（   ）。

A. { int i;　i++;　printf("%d\n", i); }　　　B. ;
　　　C. a=5,c=10　　　　　　　　　　　　　　　D. { ; }
2. 执行以下程序时，若输入 1234567✓（这里✓表示回车），程序的输出结果为（　　）。

```
#include <stdio.h>
int main()
{   int x,y;
    scanf("%2d%2d",&x,&y);
    printf("%d\n",x+y);
}
```

　　　A. 17　　　　　B. 46　　　　　C. 15　　　　　D. 9
3. 若有定义："int a, b;"，则用语句"scanf("%d%d", &a,&b);"输入 a 和 b 的值时，不能作为输入数据分隔符的是（　　）。
　　　A. ,　　　　　B. 空格　　　　　C. 回车　　　　　D. Tab 键
4. 语句"printf("%f", 2.5+1*7%2/4);"的输出结果是（　　）。
　　　A. 2.500000　　B. 2.750000　　C. 3.375000　　D. 3.000000
5. 若有定义："float f1, f2;"，假定数据的输入方式为 4.52□3.5✓（这里□代表空格），则正确的输入语句是（　　）。
　　　A. scanf("%f,%f", &f1,&f2);　　　B. scanf("%f%f", &f1,&f2);
　　　C. scanf("%3.2f%2.1f", &f1,&f2);　D. scanf("%3.2f,%2.1f", &f1,&f2);
6. 以下选项中，不合法的 C 语言表达式是（　　）。
　　　A. x+1=x+1　　B. 0<=x<100　　C. i=j==0　　D. (char)(65+3)
7. 以下选项中，能正确表示 a≥10 或 a≤0 的关系表达式是（　　）。
　　　A. a>=10 or a<=0　B. a>=10 | a<=0　C. a>=10 && a<=0　D. a>=10 || a<=0
8. 以下选项中，能正确表示 a 和 b 同时为正数或同时为负数的表达式是（　　）。
　　　A. (a>=0||b>=0) && (a<0||b<0)　　B. (a>=0 && b>=0) && (a<0 && b<0)
　　　C. (a+b>0) && (a+b<=0)　　　　　D. a*b>0
9. 若有定义："int x=3, y=1;"，则表达式(!x || y--)的值是（　　）。
　　　A. 0　　　　　B. 1　　　　　C. 2　　　　　D. -1
10. 若有定义："int a=-2, b=-1, c=0, m=2, n=2;"，则计算逻辑表达式(m=a<b<c) && (++n)后，n 的值为（　　）。
　　　A. 0　　　　　B. 1　　　　　C. 2　　　　　D. 3
11. 若有定义："int a, b, c=246;"，则依次执行语句"a=c/100%9;　b=(-1) && (-1);"后，a 和 b 的值分别为（　　）。
　　　A. 2 和 1　　　B. 3 和 2　　　C. 4 和 3　　　D. 2 和-1
12. 假定所有变量均已正确定义，下列程序段运行后，x 的值是（　　）。

```
a=b=c=0;   x=35;
if (!a) x--;
else if (b) ;
```

```
if (c) x=3;
else x=4;
```
  A．34   B．4   C．35   D．3

13．若有定义："int a=1,b=3,c=5,d=5,x;"，下列程序段运行后，x 的值是（ ）。

```
if (a<b)
   if (c<d) x=1;
   else if (a<c)
           if (b<d) x=2;
           else x=3;
        else x=6;
else x=7;
```
  A．1   B．2   C．3   D．6

14．若有定义："int a=-1, b=1;"，则执行以下 if 语句后的输出结果为（ ）。

```
if ( (++a<0) && !(b--<=0) )
    printf("%d%d\n",a,b);
else
    printf("%d%d\n",b,a);
```
  A．-1 1   B．0 1   C．1 0   D．0 0

15．若有定义："int a=12, b=5, c=-3;"，则执行以下程序段后的输出结果为（ ）。

```
if (a>b)
if (b<0) c=0;
else c++;
printf("%d\n", c);
```
  A．0   B．1   C．-2   D．-3

16．如果两次运行下列程序时，从键盘上分别输入 6 和 4，则输出的结果分别是（ ）。

```
#include <stdio.h>
int main()
{   int x;
    scanf("%d", &x);
    if (x++>5) printf("%d", x);
    else printf("%d\n", x--);
}
```
  A．7 和 5   B．6 和 3   C．7 和 4   D．6 和 4

17．下列关于 switch 语句和 break 语句的结论中，正确的是（ ）。
  A．break 语句是 switch 语句中的一部分
  B．在 switch 语句中可以根据需要使用或不使用 break 语句
  C．在 switch 语句中必须使用 break 语句
  D．break 语句只能用于 switch 语句中

18. 若有定义："int a=1,b=0;"，则执行以下 switch 语句后的输出结果为（　　）。

```
switch(a)
{  case 1: switch(b)
         {  case 0: printf("**0**");  break;
            case 1: printf("**1**");  break;
         }
   case 2: printf("**2**");  break;
}
```

  A．**0**   B．**0****2**

  C．**0****1****2**   D．有语法错误

19. 若有定义："int x=1, a=0, b=0;"，则执行以下程序段后的输出结果为（　　）。

```
switch(x)
{  case 0: b++;
   case 1: a++;
   case 2: a++;  b++;
}
printf("a=%d,b=%d\n",a,b);
```

  A．a=2,b=1 B．a=1,b=1 C．a=1,b=0 D．a=2,b=2

20. 设 w、x、y、z、m 均为 int 型变量，则以下程序段运行后，m 的值是（　　）。

```
w=1;  x=2;  y=3;  z=4;
m=(w<x)?w:x;   m=(m<y)?m:y;   m=(m<z)?m:z;
```

  A．4   B．3   C．2   D．1

21. 若有定义："int a=5,b=4,c=6,d;"，则语句"printf("%d\n", d=a>b?(a>c?a:c):(b));"的输出结果是（　　）。

  A．5   B．4   C．6   D．不确定

22. 在语句"while (x) ;"中的条件 x 等价于（　　）。

  A．x==0 B．x==1 C．x!=1 D．x!=0

23. 在语句"while (!e) ;"中的条件!e 等价于（　　）。

  A．e==0 B．e!=1 C．e!=0 D．e==1

24. 以下程序段运行后的输出结果是（　　）。

```
int n=9;
while (n>6)
   { n--;  printf("%d",n); }
```

  A．987   B．876   C．8765   D．9876

25. 以下程序段中 while 循环执行的次数是（　　）。

```
int k=0;
while (k=1)
```

```
        k++;
```
  A．无限次   B．执行一次
  C．一次也不执行   D．有语法错，不能执行

26．以下程序段运行后的输出结果是（   ）。

```
int a=1, b=2, c=2, t;
while (a<b<c)
    { t=a; a=b; b=t; c--; }
printf ("%d,%d,%d", a,b,c);
```

  A．1,2,0   B．2,1,0   C．1,2,1   D．2,1,1

27．以下程序段运行后的输出结果是（   ）。

```
int x=23;
do
{   printf("%d",x--);
}while(!x);
```

  A．321   B．23   C．没有任何内容   D．陷入死循环

28．以下程序段中for循环的执行次数是（   ）。

```
for (x=0,y=0; (y!=123) && (x<4); x++ ) ;
```

  A．是无限循环   B．循环次数不定   C．循环执行4次   D．循环执行3次

29．以下程序段运行后的输出结果是（   ）。

```
int x=10, y=10, i;
for (i=0; x>8; y=++i)
    printf("%d %d ", x--,y);
```

  A．10 1 9 2   B．9 8 7 6   C．10 9 9 0   D．10 10 9 1

30．以下程序段中for循环体的执行次数是（   ）。

```
int i, j;
for (i=0,j=1; i<=j+1; i+=2,j--)
    printf("%d\n",i);
```

  A．3   B．2   C．1   D．0

31．以下程序的输出结果是（   ）。

```
#include <stdio.h>
int main()
{   int k,j,m;
    for (k=5; k>=1; k--)
    {   m=0;
        for (j=k; j<=5; j++)
            m=m+k*j;
```

```
        }
        printf ("%d\n",m);
}
```

  A. 124   B. 25   C. 36   D. 15

32. 以下程序中，while 循环的循环次数是（ ）。

```
#include <stdio.h>
int main()
{   int i=0;
    while (i<10)
    {   if (i<1) continue;
        if (i==5) break;
        i++;
    }
}
```

  A. 1   B. 10   C. 6   D. 死循环

33. 以下程序的输出结果是（ ）。

```
#include<stdio.h>
int main()
{   int i=0,a=0;
    while (i<20)
    {   for ( ; ; )
        {   if ( (i%10)==0 ) break;
            else i--;
        }
        i+=11;  a+=i;
    }
    printf("%d\n",a);
}
```

  A. 21   B. 32   C. 33   D. 11

34. 若有定义："int n;"，则以下选项中构成死循环的是（ ）。

  A. n=100; do { n++; }while (n>100);
  B. for (n=100 ; ; n=n%100+1) if (n>100) break;
  C. n=100; while (n) --n;
  D. n=100; while (n--);

二、填空题

1. 若执行以下程序段时，从键盘输入 10□20□30□40✓，则输出结果是_____。

```
int a1,a2,a3;
scanf("%d%*d%d%d",&a1,&a2,&a3);
printf("%d  %d  %d",a1,a2,a3);
```

2. 若执行以下程序段时，从键盘输入 100↙，则输出结果是＿＿＿和＿＿＿。

```
int m;
printf("输入一个整数:");
scanf("%d",&m);
printf("%d(10)<=>%o(8)\n",m,m);
printf("%d(10)<=>%x(16)\n",m,m);
```

3. 若有定义："int a=10,b=9,c=8;"，则依次执行下列语句后，变量 c 中的值是＿＿＿。

```
c=(a-=(b-5));    c=(a%11)+(b=3);
```

4. 表示"整数 x 的绝对值大于 5"时，值为"真"的 C 语言表达式是＿＿＿。
5. 设 x、y、z 均为 int 型变量，请写出描述"x 或 y 中至少有一个小于 z"的表达式＿＿＿。
6. 能正确表示 20<x<30 或 x<-100 的 C 语言关系表达式是＿＿＿。
7. 已知 a=7.5，b=2，c=3.6，表达式 a>b && c>a || a<b && !c>b 的值是＿＿＿。
8. 若有定义："int a=5, b=4, c=3, d;"，则依次执行下列语句后的输出结果是＿＿＿。

```
d=(a>b>c);   printf("%d\n",d);
```

9. 若运行以下程序段时，从键盘输入 58↙，则输出结果是＿＿＿。

```
int a;
scanf("%d", &a);
if (a>50) printf("%d", a);
if (a>40) printf("%d", a);
if (a>30) printf("%d", a);
```

10. 若运行以下程序段时，从键盘输入 12↙，则输出结果是＿＿＿。

```
int x,y;
scanf("%d", &x);
y=x>12?x+10:x-12;
printf("%d\n",y);
```

11. 若有定义："int n=10;"，则运行以下程序段后，变量 n 的值是＿＿＿。

```
switch(n)
{   case 9: n++;
    case 10: n++;
    case 11: n++;
    default: n++;
}
```

12. 若运行以下程序段时，从键盘输入 Y?N?↙，则输出结果为＿＿＿。

```
char c;
while ((c=getchar())!='?')
    putchar(--c);
```

13. 以下程序段的输出结果是_____。

```
int x=2;
while (x--) ;
printf("%d\n", x);
```

14. 以下程序段的输出结果是_____。

```
int a=2, s=0, n=1, count=1;
while (count<=7)
   { n=n*a;  s=s+n;  ++count; }
printf("s=%d",s);
```

15. 以下程序段的输出结果是_____。

```
int x=2;
do {
   printf("*");  x--;
}while(x);
```

16. 以下程序段中循环体的执行次数是_____。

```
int a=10, b=0;
do {
   b+=2;  a-=2+b;
}while(a>=0);
```

17. 以下程序段的输出结果是_____。

```
int i=10, s=0;
do {
   s=s+i;
   i--;
}while(i>2);
printf("%d\n",s);
```

18. 以下程序的功能是：计算1~10之间的奇数之和与偶数之和，请填空。

```
#include <stdio.h>
int main()
{   int a, b, c, i;
    a=c=0;
    for (i=0; i<=10; i+=2)
    {   a+=i;
        _____;
        c+=b;
    }
    printf("偶数之和=%d\n",a);
    printf("奇数之和=%d\n",c-11);
}
```

19. 以下程序的输出结果是_____。

```c
#include <stdio.h>
int main()
{   int y,a;
    y=2;  a=1;
    while (y--!=-1)
    {   do {
            a*=y;  a++;
        }while (y--);
    }
    printf("%d,%d",a,y);
}
```

20. 以下程序的功能是：输出100以内能被3整除且个位数为6的所有整数，请填空。

```c
#include <stdio.h>
int main()
{   int i, j;
    for ( i=0; _____ ; i++)
    {   j=i*10+6;
        if (_____) continue;
        printf("%d",j);
    }
}
```

三、思考题

1. 什么是结构化程序设计方法？结构化程序设计应遵循哪些原则？
2. C语言的语句有哪几类？为什么说C语言是表达式语言？
3. C语言中如何表示逻辑值"真"和"假"？一个值参加逻辑运算时又如何判断其是"真"还是"假"？
4. 设有变量定义："int a=3,b=8;"，表达式 (a<5) || (b=5) 求值后，b 的值是多少？
5. 设有 $n(n>0)$ 个学生要分班，每班 $k(k>0)$ 个学生，最后不足 k 个学生也编一班，试用条件表达式表示班级数。
6. 请消除下列程序中的两个语法错误。

```c
#include <stdio.h>
int main()
{   int a,b;  float x=5.7;

    a=10;
    scanf("%d", b);
    printf("a+b=%d\n", a+b);
    printf("x=%d\n", x);
}
```

7. 如果执行下列程序时，数据的输入格式如下，请解释程序的运行结果。为了使得 c1='A'和 c2='a'，假定程序不做修改，应如何修改数据的输入格式？假定数据的输入格式不变，又应如何修改程序？从中体会一般情况下 scanf 的格式控制字符串中的普通字符不但起不到提示的作用，反而给用户的输入制造了麻烦。

```
#include <stdio.h>
int main()
{   int  a, b;  float  x,y;  char  c1,c2;

    scanf("a=%d  b=%d", &a,&b);
    scanf("%f%f", &x,&y);
    scanf("%c%c", &c1,&c2);

    printf("a=%d□b=%d\n", a,b);     /* □表示空格 */
    printf("x=%0.1f□y=%0.1f\n", x,y);
    printf("c1=%c□c2=%c\n", c1,c2);
}
```

输入为：

a=3□b=7↙   （↙表示回车）
8.5□6.1↙
A□a↙

输出为：

a=3□b=7
x=8.5□y=6.1
c1=
□c2=A

四、编程题

1. 编写一个程序，输入一个华氏温度 f，输出对应的摄氏温度 c。计算公式是：$c=5/9*(f-32)$。

2. 假定某种手机套餐规定：月租费 10 元，可免费发送短信 60 条，超出部分每条 0.10 元；可免费与本地手机通话 20 分钟（包括打入与打出），超出部分每分钟 0.15 元；与本地固定电话通话可享受每分钟 0.2 元的优惠（没有免费通话时间）。在不考虑长途通话的情况下，输入某用户一个月发送短信的条数、与本地手机通话的分钟数和与本地固定电话通话的分钟数，编写程序计算并输出该用户这个月的手机通信费用。

3. 编写一个程序，输入两个两位正整数，它们各位上的数字互不相等，程序判断这两个两位数的乘积是否等于把它们各自位上的数字交换后所得的新的两位数的乘积，并输出相应的信息。

输入为：12□63↙
输出为：12*63=21*36
输入为：12□34↙

输出为：12*34<>21*43

4. 编写一个程序，输入某乘客先后两次乘坐公交车的上车时间（假定在同一天内），程序判断时间间隔是否大于 2 小时并输出相应的信息。输入格式以及输出信息的格式如下所示，程序不考虑输入时间错误（如 8:68:72）。提示：可将时间转换为以秒为单位后再做减法。

输入为：9:31:4□11:8:25✓
输出为：时间间隔=01:37:21　你能享受公交优惠1元。
输入为：12:58:37□15:2:49✓
输出为：时间间隔=02:04:12　对不起，你不能享受公交优惠。

5. 编写一个程序，输入一个三角形的 3 条边的边长，程序判断其是否能够构成一个三角形，能则输出三角形的面积，否则输出信息"不能构成三角形"。三角形面积计算公式：面积=$\sqrt{s(s-a)(s-b)(s-c)}$，其中，a、b、c 为三角形的 3 条边长，$s=(a+b+c)/2$ 。

6. 计算个人所得税征税问题。应纳税工资=工资总额-3500 元，应纳税工资在1500 元以下（含1500 元，以下同）的税率为3%；1500 元以上4500 元以下的部分税率为10%；4500 元以上9000 元以下的部分税率为20%；9000 元以上35 000 元以下的部分税率为25%。输入工资总额（假定小于38 500 元），编写程序计算并输出个人所得税。个税计算公式如下：

个税=应纳税工资×对应的税率-速算扣除数

全月应纳税工资	税率%	速算扣除数（元）
不超过1500 元	3	0
超过1500 元至4500 元	10	105
超过4500 元至9000 元	20	555
超过9000 元至35 000 元	25	1005

7. 假定银行整存整取存款的存期有 1、2、3、5 年 4 种，年利率分别为 3.5%、4.4%、5%、6.5%。输入存款的本金和存期（若输入的存期错误，应报错），编写程序计算并输出到期后的利息（利息=本金×存期×年利率）。

8. 编写一个程序，输入年份和月份，输出该月的天数。

9. 编写一个程序，输入一个正整数，要求以相反的顺序输出该数。例如，输入12345，则输出为 54321。

10. 编写一个程序，输入一行字符，输出其中的英文字母、数字字符和其他字符各有多少个。

11. 编写一个程序，用 e≈1+1/1!+1/2!+1/3!+……+1/n!，求 e 的近似值，直到 $1/n! < 10^{-6}$ 为止。

12. 编写一个程序，用迭代法求数 a 的平方根，迭代公式为：$x_{n+1}=(x_n+a/x_n)/2$，要求前后两次求出的 x 的差的绝对值小于 10^{-5} 。数 a 可从键盘上输入，x_0 可取 $a/2$ 。

13. 假定某一大型比赛中有 10 名裁判同时为一名体操运动员打分，编写一个程序，输入这 10 名裁判的打分，输出去掉一个最高分和一个最低分后该运动员的平均得分。

14. 编写一个程序，输入10个互不相同的数，输出其中的最大数和次大数。

15. 编写一个程序，找出连续整数之和是500的所有整数序列，如500=98+99+100+101+102。

16. "百钱百鸡"问题。我国古代数学家张丘建在《算经》中出了一道题："鸡翁一，值钱五；鸡母一，值钱三；鸡雏三，值钱一。百钱买百鸡，问鸡翁、母、雏各几何？"意思是：公鸡5元钱1只，母鸡3元钱1只，小鸡1元钱3只。用100元钱买100只鸡，问公鸡、母鸡和小鸡各买多少只？编写程序解此题。

17. 爱因斯坦阶梯问题。设有一个阶梯，每步跨2阶，最后余1阶；每步跨3阶，最后余2阶；每步跨5阶，最后余4阶；每步跨6阶，最后余5阶；每步跨7阶，正好全部跨完。问该阶梯至少有几阶？编写程序解此题。提示：设 ladders 表示阶梯数，根据题意，可知①ladders 为奇数；②ladders 的起始值为 7 且为 7 的整数倍；综合①②可知③ladders 取值的步长为 14。

18. 假定某学校有近千名学生在操场上排队，7人一行多3人，5人一行多2人，3人一行多1人。问该校有多少名学生？编写程序解此题。

19. 趣味填空题。给出用等号连接的两个正整数，如"1234＝127"，当然，这个等式是不成立的。现在让你在左边的整数中间某个位置插入一个加号，看是否有可能让等式成立。如上面的式子如果写成 123+4=127，等式就成立了。编写程序解此题，若不可能让等式成立，则输出"Impossible!"。

20. 数学黑洞问题。这个名词是由一个数学游戏开始的，随机写出一个三位正整数（要求三位数字不完全相同),然后按照数字从大到小顺序，把三位数字重新排列得到一个新数，接下来，再把所得的数字顺序颠倒一下，又得到一个新数，把两个新数的差作为一个新的三位数，再重复上面的步骤，不停地重复下去。例如：

　　476 变 764 和 467　　764–467=297
　　297 变 972 和 279　　972–279=693
　　693 变 963 和 369　　963–369=594
　　594 变 954 和 459　　954–459=495

有趣的是，经过几次迭代之后，三位数最后都会停在 495 这个数上。编写一个程序输入一个三位数（要求三位数字不完全相同），输出最后达到 495 的过程（输出格式同上面的举例）。

第 4 章　数组、指针

前面章节中所使用的整型、实型和字符型数据都属于基本数据类型,定义的基本数据类型变量称为简单变量。但在实际编程时往往需要处理大量具有相同性质的数据,这时仅用简单变量处理实际问题就显得很不方便。

例如,输入 50 个学生的某门课程的成绩,输出低于平均分的学生的学号和成绩。本题中必须首先求出平均分,然后才能把每个学生的成绩与平均分进行比较再决定是否输出。虽然第 3 章中曾举例如何统计出平均分,但因为没有保留下输入的每个学生的成绩,而要求用户重新输入每个学生成绩的方法显然是不可行的。如果使用 50 个简单变量 $a1$、$a2$、$\cdots$、$a50$ 来保存每个学生的成绩,程序又会变得长且繁。

要想如数学中使用下标变量 a_i 形式存放这 50 个成绩,则可以引入下标变量 $a[i]$。这些按序排列的同类数据元素的集合称为数组。在 C 语言中,数组属于构造数据类型,数组的每个元素都具有相同的数据类型,这些类型可以是基本数据类型或是构造类型。因此按数组元素的类型不同,数组可分为数值数组、字符数组、指针数组、结构体数组等各种类型。

4.1　一维数组

一维数组是指数组中的元素只带有一个下标的数组。一维数组可以看作是一个数列或者一个向量,其中的元素用一个统一的数组名来标识,并通过一个下标来指示其在数组中的位置。对一维数组中的元素进行处理时,常常需要通过一重循环来实现。

4.1.1　一维数组的定义

在 C 语言中使用数组必须先进行定义,一维数组定义的一般形式为:

类型标识符　数组名[常量表达式];

其中,类型标识符可以是任一种基本数据类型或构造数据类型;数组名是用户定义的数组标识符;方括号中的常量表达式表示数组元素的个数,也称为数组的长度。例如:

```
int a[10];              /* 整型数组a有10个元素 */
float b[10],c[20];      /* 实型数组b有10个元素,实型数组c有20个元素 */
char ch[20];            /* 字符数组ch有20个元素 */
```

关于数组定义还有以下几点需要说明:

(1) 数组的类型实际上是指数组元素的取值类型。对于同一个数组,其所有元素的数据类型都是相同的。

（2）数组名是一个合法的标识符。C 语言允许在同一个变量定义中，定义多个数组和多个变量，但数组名不能与其他变量名相同。例如：

```
int a,b,c,d, a[10],b[20];      /* 是非法的 */
int a,b,c,d, m[10],n[20];      /* 是合法的 */
```

（3）方括号中常量表达式（必须是整型）表示数组元素的个数，如 a[5]表示数组 a 有 5 个元素。但是其下标从 0 开始计算，因此 5 个元素分别为 a[0]、a[1]、a[2]、a[3]、a[4]。

（4）不能在方括号中用变量来表示元素的个数，但是可以是符号常量或常量表达式。例如：

```
#define N 5
int a[3+2],b[N+1];
...
```

是合法的。但下面的定义方式是错误的：

```
int n=5;
int a[n];
...
```

（5）定义了一维数组以后，每个数组元素都有确定的内存单元，它们按元素下标顺序排列。要得到某一元素的内存单元地址同简单变量一样，可用&运算符，如&a[0]、&a[3]等。而数组名 a 是整个数组的首地址，是地址常量，与元素 a[0]的地址相同，如图 4.1 所示。图中的 2000、2004 等整数是假定的数组元素的内存单元地址。

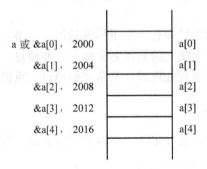

图 4.1　一维数组的存储示意图

4.1.2　一维数组的初始化

给数组元素赋值的方法有两种，一种是先定义数组，再用赋值语句或输入语句给数组元素赋值；另一种是在定义数组的同时给数组元素设置初始值。

数组初始化赋值是指在数组定义时给数组元素赋予初值。数组初始化是在编译阶段进行的，这样将减少运行时间，提高效率。初始化赋值的一般形式为：

类型标识符 数组名[常量表达式]={值,值,……,值};

其中在{ }中的各数据值即为各元素的初值，各值之间用逗号分隔。例如：

```
int a[5]={ 3,4,5,6,7 };
```

相当于

```
a[0]=3;  a[1]=4;  a[2]=5;  a[3]=6;  a[4]=7;
```

C 语言对数组的初始化赋值还有以下几点规定：

（1）可以只给部分元素赋初值。当{ }中值的个数少于元素个数时，只给前面部分元素赋值，剩下的元素自动赋值为 0。例如，"int a[5]={3,4};"表示只给 a[0]和 a[1]两个元素赋初值，即 a[0]=3，a[1]=4，其他元素自动赋初值 0。

（2）只能给元素逐个赋初值，不能给数组整体赋初值。例如，要给 5 个元素全部赋初值 1，只能写为"int a[5]={1,1,1,1,1};"，而不能写为"int a[5]=1;"。

（3）若给全部元素都赋初值，则在数组定义时可以不给出数组的长度，C 的编译系统会自动根据初值的个数来决定数组的长度。例如，"int a[5]={ 3,4,5,6,7 };"等价于"int a[ ]={ 3,4,5,6,7 };"。

（4）若在数组定义时没有给数组赋初值，则全部元素的初值不确定，而不是为 0。

4.1.3　一维数组元素的引用

数组元素是组成数组的基本单元。数组元素也是一种变量，其标识方法为数组名后跟一个下标。数组元素的一般形式为：

数组名[下标表达式]

其中的下标表达式只能为整型常量或整型表达式，不能为小数。例如，a[3]、a[i+j]、a[i++]都是合法的数组元素，而 a[3.6]则是非法的。[ ]在 C 语言中称下标运算符，它里面的整数表示离开数组名（首地址）几个元素，例如，a[1]离开数组名 1 个元素（相隔 a[0]）。

在 C 语言中，数组作为一个整体，不能参加输入、输出等操作，只能对单个数组元素进行处理。例如，若要输出有 10 个元素的整型数组，必须使用循环语句逐个输出各数组元素：

```
for (i=0; i<10; i++)
    printf("%d", a[i]);
```

而不能用一句语句"printf("%d", a);"输出整个数组。

数组元素通常也称为下标变量。必须先定义数组，才能使用下标变量。下标变量的使用规则等同于相同类型的简单变量，可以读取其值参与表达式运算、对其赋值及进行其他运算。

要特别强调的是，在程序的编译和运行过程中，系统并不会自动检查数组元素的下标是否越界。因此这种错误不易发现，而且往往会造成严重的后果，初学者必须避免下标越界。

例 4.1　用数组来输出 Fibonacci 数列的前 20 个数。

分析：Fibonacci 数列的定义为：当 $n=1$ 或 2 时 $fib_1=fib_2=1$，当 $n \geq 3$ 时 $fib_n= fib_{n-1}+fib_{n-2}$。用数组中的下标变量来表示数学中的下标变量显得直接而方便。

```c
#include <stdio.h>
int main()
{   int i;  long f[20]={1,1};              /* 数组部分元素初始化 */

    for (i=2; i<20; i++)                   /* 这里不提倡条件写成i<=19的形式 */
        f[i]=f[i-2]+f[i-1];
    for (i=0; i<20; i++)
    {   printf("%6ld", f[i]);
        if ((i+1)%5==0) printf("\n");      /* 每行输出5个数 */
    }
    return 0;
}
```

运行结果：

```
     1     1     2     3     5
     8    13    21    34    55
    89   144   233   377   610
   987  1597  2584  4181  6765
```

例 4.2 输入 8 个数，输出其中的最大值及其下标。

分析：本例显然要用到数组，与第 3 章例题中找最大值不同的是，本例中不但要找出最大值，还要记住它的下标，因此要增加一个变量来存放下标。另外要说明的是：输入 8 个数只是为了程序测试的方便，完全可以通过修改程序中符号常量的定义来扩大数的个数。

```c
#define N 8
#include <stdio.h>
int main()
{   int i,pmax;   float a[N],max;          /* pmax存放最大值的下标 */

    printf("请输入%d个数：\n", N);
    for (i=0; i<N; i++)
        scanf("%f", &a[i]);
    max=a[0];  pmax=0;                     /* 首先假定第1个数是最大的 */
    for (i=1; i<N; i++)
        if (a[i]>max) {  max=a[i];  pmax=i;  }/* 必须同时记住它的下标 */
    printf("最大值：a[%d]=%f\n", pmax,max);
    return 0;
}
```

运行结果：

```
请输入8个数：
71 64 82 77 83 76 95 78
最大值：a[6]=95.000000
```

4.1.4 一维数组应用举例

数组主要用来存放大量具有相同性质的数据，但合理利用数组也可以起到简化程序、便于编程等其他作用。下面就通过几个例子来说明如何合理利用数组。

例 4.3 输入年份和月份,输出该月的天数。

分析:一个月的天数有 28 天、29 天(闰年)、30 天或 31 天 4 种情况,如果不用数组,就要用到 if 语句或 switch 语句来区分这 4 种情况,程序显得长且烦琐。如果事先将每个月的天数放到数组中,将月份作为下标直接去读取,程序就显得非常简洁且易读。由于月份从 1 开始,而数组的下标从 0 开始,所以程序中的数组多定义了 1 个元素,以方便读取天数。

```
#include <stdio.h>
int main()
{   int days[]={0,31,28,31,30,31,30,31,31,30,31,30,31};/*省去了数组的长度*/
    int y,m,d;

    printf("请输入年份和月份(yyyy-mm): ");
    scanf("%d-%d", &y,&m);    /* 假定输入的年份和月份是合法的 */
    d=days[m];
    if ( (m==2) && (y%4==0 && y%100!=0 || y%400==0) )  d++;
    printf("该月有%d天\n", d);
    return 0;
}
```

运行结果:

```
请输入年份和月份(yyyy-mm): 2012-2
该月有29天
```

例 4.4 输入 8 个学生的成绩,统计并输出其中的优、良、中、及格、不及格的人数。

分析:百分制成绩 score 的范围为 0~100,五级制成绩的标准为 90 分以上为优;80~89 为良;70~79 为中;60~69 为及格;60 分以下为不及格。如果不用数组,就要用到 if 语句或 switch 语句以及 5 个计数器来分别统计优、良、中、及格、不及格的人数。如果用 score/10-5 作为下标(当下标为负数时改为 0,都对应不及格),对应的数组元素作为计数器就可以简化程序。本例主要说明如何巧用下标,成绩的个数同样可以通过修改符号常量的定义来扩大。

```
#define  N  8
#include <stdio.h>
int main()
{   int score,i,n,c[6]={0};

    printf("请输入%d个百分制成绩(0~100):\n", N);
    for (i=0; i<N; i++)
    {   scanf("%d", &score);  /* 这里假定输入的成绩是有效的 */
        n=score/10-5;         /* n的取值范围为-5~5,当n为5或4时对应的成绩为优 */
        if (n<0) n=0;         /* 当n取值为-5~0时对应的成绩不及格 */
        c[n]++;               /* c[n]为计数器 */
    }
```

```
        printf("优:%d 良:%d 中:%d 及格:%d 不及格:%d\n", c[5]+c[4], c[3],c[2],c[1],
        c[0]);
        return 0;
}
```

运行结果：

```
请输入8个百分制成绩(0~100):
71 64 82 47 83 76 95 78
优:1 良:2 中:3 及格:1 不及格:1
```

例 4.5 输入一个正整数，输出其对应的二进制数。

分析：第 1 章中已介绍过，十进制正整数转换成对应的二进制数的方法是"除 2 取余"，困难在于第一个余数要最后输出，最后一个余数要第一个输出。如果不用数组，编程会很困难。而如果把所有的余数都存放到数组中，那么只要反序输出数组元素的值就可以了。另外，本例中也充分说明了自增、自减运算符前置运算和后置运算的区别和用处。

```
#include <stdio.h>
int main()
{   int a,n,bits[64];              /* 正整数对应的二进制数最多64位 */

    printf("请输入一个正整数： ");
    scanf("%d", &a);
    n=0;                            /*n中存放对应的二进制数的位数 */
    do {                            /*因为对应的二进制数至少有1位，适合用do-while语句*/
        bits[n++]=a%2;              /* 必须用后置运算，这样第一个余数才能放到下标0处 */
        a /= 2;
    }while (a!=0);
    printf("对应的二进制数为： ");
    while (--n>=0)                  /*必须用前置运算，如果n=2，这两位是放在下标1和0处*/
        printf("%d", bits[n]);
    printf("\n");
    return 0;
}
```

运行结果：

```
请输入一个正整数: 83
对应的二进制数为: 1010011
```

例 4.6 用"筛法"找出 3~100 的全部素数，每输出 10 个素数后换行。

分析：第 3 章中在介绍 break 语句时，已经做过本题目，筛法是公元前古希腊数学家 Eratosthenes 发明的求不超过某一个正整数 N 的全部素数的更为高效的算法。为了方便解释算法，假定 N=30。

（1）将 3~30 的全部奇数组成一个集合（这个集合称为"筛"）：

{3,5,7,9,11,13,15,17,19,21,23,25,27,29}

（2）集合中的最小数 3 就是素数，把集合中 3 的倍数（9, 15, …）全部去掉得到新的集合如下：

{3,5,7,~~9~~,11,13,~~15~~,17,19,~~21~~,23,25,~~27~~,29}

（3）集合中除了 3 以外的最小数 5 就是素数，把集合中 5 的倍数（15, 25, …）全部去掉得到新的集合如下。

{3,5,7,~~9~~,11,13,~~15~~,17,19,~~21~~,23,~~25~~,~~27~~,29}

（4）集合中除了 3 和 5 以外的最小数 7 就是素数，把集合中 7 的倍数（21）全部去掉得到新的集合如下。

{3,5,7,~~9~~,11,13,~~15~~,17,19,~~21~~,23,~~25~~,~~27~~,29}

（5）这样一直进行下去，直到得到的新的素数大于 $\sqrt{N}$ 为止（因为 $7>\sqrt{30}$，所以（4）做了无用功）。

请读者思考：为什么得到的新的素数大于 $\sqrt{N}$ 就可以结束算法？

要实现这个最基本的筛法，关键是如何表示集合。由于 C 语言中没有集合数据类型，因此想到是否可以用数组类型来实现？答案是可以的。设有定义 int a[N+1]; 则置 a[i]=0 表示数 i 不在集合中，而置 a[i]=1 表示数 i 在集合中。本例主要说明如何用数组记录状态信息。

```c
#define N 100
#include <stdio.h>
#include <math.h>
int main()
{   int i,j,k,c,a[N+1]={0};
    for (i=3; i<N+1; i+=2) a[i]=1;         /* 生成3~N之间全部奇数组成的集合 */
    for (k=sqrt(N),i=3; i<=k; i+=2)
       if (a[i])                            /* 若a[i]=1，则i是素数 */
          for (j=2*i; j<N+1; j+=i)          /* 集合中i的倍数全部去掉 */
             a[j]=0;
    for (c=0,i=3; i<N+1; i+=2)
       if (a[i])
       {   printf("%5d",i);
           c++;                             /* 统计素数个数的计数器加1 */
           if (c%10==0) putchar('\n');      /* 输出10个数后换行 */
       }
    putchar('\n');
    return 0;
}
```

运行结果：

```
    3    5    7   11   13   17   19   23   29   31
   37   41   43   47   53   59   61   67   71   73
   79   83   89   97
```

排序和查找是程序设计时经常要遇到的两个问题，这里介绍一些最基本的算法，更多的算法可参考有关书籍。

例 4.7 输入 8 个整数,用"冒泡法"对这 8 个数从小到大排序。

分析:冒泡法排序的基本思想是,将相邻两个数进行比较,使小的数在前,大的数在后。设有 N 个数要从小到大排序,它们存放在从下标 1 到下标 N 的数组 a 中,排序过程为:

(1)比较 a[N−1]和 a[N],若 a[N−1]>a[N](称为逆序),则交换;然后比较 a[N−2]和 a[N−1],若逆序,则交换;……直到比较 a[1]和 a[2]为止。第一趟冒泡排序结束,结果最小的数被放到 a[1]中。

(2) 对下标在 N～2 范围内的 N−1 个数进行两两比较,第二趟冒泡排序结束,结果使次小数被放到 a[2]中。

(3) 重复上述过程,共经过 N−1 趟冒泡排序后,排序算法结束。由于排序过程中总是使小的数往上冒,所以称为冒泡法,如图 4.2 所示。

```
       71    46
       95    71    52
       83    95    71    68
       46    83    95    71    71
       74    52    83    95    74    74
       68    74    68    83    95    83    83
       87    68    74    74    83    95    87    87
       52    87    87    87    87    87    95    95
```

图 4.2 8 个数的冒泡法排序过程

```
#define N 8
#include <stdio.h>
int main()
{   int i,j,t,a[N+1];              /* a[0]不用 */

    printf("请输入%d个整数:\n", N);
    for (i=1; i<N+1; i++)
        scanf("%d", &a[i]);
    for (i=1; i<N; i++)                /* 共N-1趟冒泡排序 */
        for (j=N-1; j>=i; j--)         /* 下标在N~i范围内的数两两比较,若逆序,则交换 */
            if (a[j]>a[j+1])
               { t=a[j]; a[j]=a[j+1]; a[j+1]=t; }
    printf("排序后:\n");
    for (i=1; i<N+1; i++)
        printf("%d  ", a[i]);
    putchar('\n');
    return 0;
}
```

运行结果:

```
请输入8个整数：
71 95 83 46 74 68 87 52
排序后：
46 52 68 71 74 83 87 95
```

思考题：如何修改程序使得当第 i 次循环没有发生交换时，提前结束外循环？

例 4.8　输入 8 个整数，用"选择法"对这 8 个数从小到大排序。

分析：选择法排序的基本思想是，每趟选择一个最小数，把它放到希望的位置上，如图 4.3 所示。设有 N 个数要从小到大排序，它们存放在从下标 1 到下标 N 的数组 a 中，排序过程为：

```
71    46
95    95    52
83    83    83    68
46    71    71    71    71
74    74    74    74    74    74
68    68    68    83    83    83    83
87    87    87    87    87    87    87
52    52    95    95    95    95    95    95
```

图 4.3　8 个数的选择法排序过程

（1）在下标为 1~N 的范围内进行 N-1 次比较，从 N 个数中找出最小的数，若最小数不在希望的下标 1 处，则将它与 a[1]交换。第一趟选择排序结束，结果最小的数被放到 a[1]中。

（2）在下标为 2~N 的范围内进行 N-2 次比较，从 N-1 个数中找出次小的数，若次小数不在希望的下标 2 处，则将它与 a[2]交换。第二趟选择排序结束，结果使次小数被放到 a[2]中。

（3）重复上述过程，共经过 N-1 趟选择排序后，排序算法结束。

```c
#define  N  8
#include <stdio.h>
int main()
{   int i,j,k,t,a[N+1];        /* a[0]不用 */

    printf("请输入%d个整数:\n", N);
    for (i=1; i<N+1; i++)
        scanf("%d", &a[i]);
    for (i=1; i<N; i++)         /* 共N-1趟选择排序 */
    {   k=i;                    /*在下标为i~N的范围内找最小数,k中存放最小数的下标*/
        for (j=i+1; j<=N; j++)
            if (a[j]<a[k])  k=j;
        if ( k!=i )             /* 若第i个最小数不在希望的下标i处,则交换 */
            { t=a[i];  a[i]=a[k];  a[k]=t;  }
    }
    printf("排序后:\n");
```

```c
   for (i=1; i<N+1; i++)
      printf("%d ", a[i]);
   putchar('\n');
   return 0;
}
```

运行结果：

```
请输入8个整数：
71 95 83 46 74 68 87 52
排序后：
46 52 68 71 74 83 87 95
```

例 4.9 输入一个整数，用"二分法"在有序的数据集中查找该数是否存在。

分析：在数据集中查找某个数是否存在，最简单的方法是"顺序查找法"，即从头开始依次比较，直到找到该数或找完数据集为止。顺序查找法最大的缺点是效率太低，若数据集中有 N 个数，最坏情况下要比较 N 次，假定 $N=10^9$，可能就无法接受了。

二分法查找的速度很快，因为每次比较后都可舍弃一半的数据，但它要求数据集是有序的。同样假定 $N=10^9$，则比较的次数不超过 30 次。设有序数据集从小到大排列存放在一维数组 a 中，待查找的数为 x，查找过程为：

将数组的最小下标记作 low，最大下标记作 high，取它们的中间值 mid=(low+high)/2。若 x 等于 a[mid]，则已找到；否则的话，若 x 大于 a[mid]，则 a[low]～a[mid]的元素可以"舍弃"，即 low 可重新赋值 low=mid+1 后再求 mid=(low+high)/2；若 x 小于 a[mid]，则 a[mid]～a[high]的元素可以"舍弃"，即 high 可重新赋值 high=mid-1 后再求 mid=(low+high)/2。如此循环可以很快确定是否可以找到其值为 x 的元素，若找不到会出现 low>high 的现象，则输出找不到的信息；找到了输出值为 x 的元素的位置。

```c
#define N 8
#include <stdio.h>
int main()
{   int a[N+1]={0,46,52,68,71,74,83,87,95};    /* a[0]不用 */
    int low,high,mid,x;

    printf("请输入要查找的整数：");
    scanf("%d", &x);
    low=1; high=N;
    while (low<=high)
    {   mid=(low+high)/2;
        if (x==a[mid])  break;
        else if (x>a[mid]) low=mid+1;
        else high=mid-1;
    }
    if (low<=high)
        printf("数%d的位置是: %d\n", x,mid);
    else
        printf("数%d找不到\n", x);
    return 0;
```

}

运行结果：

```
请输入要查找的整数: 83
数83的位置是: 6

请输入要查找的整数: 65
数65找不到
```

4.2 二维数组

前面介绍的数组只有一个下标，称为一维数组，其数组元素也称为单下标变量。在实际问题中有很多情况是二维的或多维的，因此 C 语言允许构造多维数组。多维数组元素有多个下标，以标识其在数组中的位置，所以也称为多下标变量。本节只介绍二维数组，多维数组可由二维数组类推而得到。

4.2.1 二维数组的定义

二维数组定义的一般形式是：

类型说明符 数组名[常量表达式1][常量表达式2];

其中常量表达式 1（必须是整型）表示第一维（即行）的长度，常量表达式 2（也必须是整型）表示第二维（即列）的长度。例如，"int a[3][4];"定义了一个 3 行 4 列的数组，数组名为 a，其元素的类型为整型。该数组共有 3×4=12 个元素，即：

	第 0 列	第 1 列	第 2 列	第 3 列
第 0 行	a[0][0]	a[0][1]	a[0][2]	a[0][3]
第 1 行	a[1][0]	a[1][1]	a[1][2]	a[1][3]
第 2 行	a[2][0]	a[2][1]	a[2][2]	a[2][3]

a[0][0]
a[0][1]
a[0][2]
a[0][3]
a[1][0]
a[1][1]
a[1][2]
a[1][3]
a[2][0]
a[2][1]
a[2][2]
a[2][3]

二维数组在概念上是二维的，其元素在数组中的位置处于一个平面之中，而不像一维数组只是一个向量。但是，实际的内存储器却是连续编址的，也就是说存储器单元是按一维线性排列的。如何在一维存储器中存放二维数组的元素？通常可有两种方式：一种是按行存放，即在存放完一行元素之后顺序放入下一行的元素；另一种是按列存放，即存放完一列元素之后顺序放入下一列的元素。在 C 语言中，二维数组采用的是按行存放。例如，"int a[3][4];"该数组在内存中的存放形式如图 4.4 所示。

图 4.4 二维数组在内存中的存放形式

最后要说明的是，二维数组可以看作是由一维数组嵌套而构成的。若一维数组的每个元素都是一个一维数组，就构成了二维数组。当然，前提是各元素类型必须相同。根据这样的分析，一个二维数组可以分解为多个一维数组，C 语言允许这样的分解。设有二维数组 a[3][4]，它可分解为 3 个一维数组（它们都有 4 个元素），其数组名分别为 a[0]、a[1]和

a[2]。对这 3 个一维数组不需另作定义即可使用。例如，一维数组 a[0]的元素为 a[0][0]、a[0][1]、a[0][2]和 a[0][3]。关于这一点后续章节还会继续讨论。

4.2.2 二维数组的初始化

二维数组也可以在定义时给各数组元素赋以初值。二维数组的初始化有分行赋初值和顺序赋初值两种方法。

（1）给二维数组所有元素赋初值，可以采用分行赋初值，也可以采用顺序赋初值。例如：

```
int a[3][3]={ {80,75,92}, {85,63,70},{66,77,82} }; /* 分行赋初值 */
```

或

```
int a[3][3]={ 80, 75, 92, 85, 63, 70, 66, 77, 82 };/* 顺序赋初值 */
```

这两种方法赋初值的结果是完全相同的。

（2）如给二维数组的所有元素都赋了初值，则第一维的长度可以省略，但第二维的长度不能省略。例如：

```
int a[ ][3]={ {80,75,92}, {85,63,70}, {66,77,82} };    /* 有3行 */
```

或

```
int a[ ][3]={ 80, 75, 92, 85, 63, 70, 66, 77, 82 };    /* 有3行 */
```

（3）可以只对部分元素赋初值，未赋初值的元素自动取 0 值。例如：

```
int a[3][3]={ {80}, {85}, {66} };            /*只对每1行的第1列元素赋初值*/
int a[3][3]={ {80}, {85,63}, {66,77,82}};    /* 只对下三角部分元素赋初值 */
int a[3][3]={{80,75,92},{0,63,70},{0,0,82}};/*只对上三角部分元素赋初值*/
int a[3][3]={ {80}, {}, {0,0,82}};           /*只对第1、3行部分元素赋初值 */
int a[3][3]={ {80,75,92}, {85,63} };         /*只对第1、2行部分元素赋初值*/
int a[3][3]={ 80, 75, 92, 85, 63 };          /*只对第1、2行部分元素赋初值*/
```

其中最后两句定义的数组 a 的初值是完全相同的。

（4）如只对部分元素赋初值，这时省略第一维的长度也是可以的，但第二维的长度还是不能省略。例如：

```
int a[ ][3]={ {80}, {}, {0,0,82}};          /*有3行*/
int a[ ][3]={ {80,75,92}, {85,63} };        /*有2行*/
int a[ ][3]={ 80, 75, 92, 85, 63 };         /*有2行*/
```

4.2.3 二维数组元素的引用

定义了二维数组后，就可以引用该数组中的元素。对二维数组元素的引用形式如下：

数组名[下标1][下标2]

其中下标可以是整型常量或整型表达式，不能为小数。注意，a[1][2]不能写成 a[1,2]，引用二维数组元素时其行下标和列下标一定不能越界。对二维数组中的元素进行处理时，常常需要通过循环嵌套来实现。

例4.10   输入一个3×4的矩阵，找出每一行中值最大的那个元素并与第1列交换位置。

```
#include <stdio.h>
int main()
{   int a[3][4], i, j, p, t;

    printf("请输入一个3×4的矩阵：\n");
    for (i=0; i<3; i++)
        for (j=0; j<4; j++)
            scanf("%d", &a[i][j]);
    for (i=0; i<3; i++)
    {   p=0;      /* p中存放每行最大元素的列下标，先假定第1列是最大的 */
        for (j=1; j<4; j++)
            if (a[i][j]>a[i][p])  p=j;
        if (p!=0)
            { t=a[i][0];  a[i][0]=a[i][p];  a[i][p]=t;  }
    }
    printf("最大值交换到第1列后的矩阵：\n");
    for (i=0; i<3; i++)
    {   for (j=0; j<4; j++)
            printf("%4d", a[i][j]);
        printf("\n");
    }
    return 0;
}
```

运行结果：

```
请输入一个3×4的矩阵：
80 75 92 62
46 85 63 70
52 66 77 82
最大值交换到第1列后的矩阵：
  92   75   80   62
  85   46   63   70
  82   66   77   52
```

4.2.4 二维数组应用举例

例4.11   有一个3×4的矩阵，将其转置后放到另一个二维数组中并输出转置后的矩阵。

分析：原矩阵 *a* 为3行4列，那么它的转置矩阵 *b* 为4行3列，并且矩阵 *a* 的第 *i* 行元素与矩阵 *b* 的第 *i* 列的元素相同。

```
#include <stdio.h>
int main()
```

```
{   int a[3][4]={ {80,75,92,62}, {46,85,63,70}, {52,66,77,82} };
    int b[4][3], i, j;

    for (i=0; i<3; i++)
        for (j=0; j<4; j++)
            b[j][i]=a[i][j];
    for (i=0; i<4; i++)
    {   for (j=0; j<3; j++)
            printf("%4d", b[i][j]);
        printf("\n");
    }
    return 0;
}
```

运行结果：

```
  80  46  52
  75  85  66
  92  63  77
  62  70  82
```

思考题：如何对一个 n 阶方阵原地转置？所谓原地就是指程序中只能用一个数组。

例 4.12 设有一个 4 人学习小组，每人有语文、数学、外语、物理和化学 5 门课的考试成绩，求每个人的平均成绩。

分析：可设一个二维数组 a[4][5]存放 4 个人 5 门课的成绩，再设一个一维数组 ave[4]存放所求得的每个人的平均成绩。

```
#include <stdio.h>
int main()
{   int i,j,sum,a[4][5]={ {80,84,78,81,82}, {65,46,63,70,73},
                          {87,93,95,82,88}, {75,74,78,67,77} };
    float ave[4];

    for (i=0; i<4; i++)
    {   for (sum=0,j=0; j<5; j++)           /* 求每个人的总成绩之前，sum必须置0 */
            sum += a[i][j];
        ave[i]=sum/5.0;
    }
    for (i=0; i<4; i++)
        printf("%8.2f", ave[i]);
    printf("\n");
    return 0;
}
```

运行结果：

```
   81.00   63.40   89.00   74.20
```

例 4.13 魔方阵是我国古代发明的一种数字游戏。n 阶魔方阵是指这样一种方阵，它的每一行、每一列以及对角线上的各数之和为一个常数，这个常数是 $n(n^2+1)/2$，此常数被

称为魔方阵常数。这里只考虑 n 为奇数的情况,下面是一个 $n=3$ 的魔方阵:

    4 3 8
    9 5 1
    2 7 6

分析:对于 n 为奇数的魔方阵,我国的古人早已找到了求解的方法。
(1)魔方阵中的数由 $1\sim n^2$ 的 n^2 个整数组成。
(2)第一个数 1 放在中间一行的最后一列。
(3)下一个数放在何处取决于刚刚放的那个数是否是 n 的倍数。
(4)若是 n 的倍数,则下一个数放在刚刚放的那个数的左边,即行标不变,列标减 1。
(5)若不是 n 的倍数,则下一个数放在刚刚放的那个数的右下方,即行标和列标均加 1。若行标或列标加 1 后超界,则把它置 1。
(6)返回(3),重复上述过程,当最后一个数 n^2 放好后,魔方阵就形成了。

```
#include <stdio.h>
int main()
{   int a[16][16],n,i,j,k;                /* 第0行第0列不用 */

    do {                                   /* 本循环保证输入的整数符合要求 */
        printf("请输入一个3~15的奇数: ");
        scanf("%d", &n);
    }while ( n%2==0 || !(3<=n && n<=15) );
    i=(n+1)/2;  j=n;                       /* 第一个数1放在中间一行的最后一列 */
    for (k=1; k<=n*n; k++)
    {   a[i][j]=k;
        if (k%n==0) j--;                   /* 若刚放的数k是n的倍数,则行标不变,列标减1 */
        else {  i=i%n+1;   j=j%n+1;  }     /* 行标和列标加1,若超界,则置1 */
    }
    for (i=1; i<=n; i++)
    {   for (j=1; j<=n; j++)
            printf("%4d",a[i][j]);
        printf("\n");
    }
    return 0;
}
```

运行结果:

```
请输入一个3~15的奇数: 17
请输入一个3~15的奇数: 8
请输入一个3~15的奇数: 5
  11  10   4  23  17
  18  12   6   5  24
  25  19  13   7   1
   2  21  20  14   8
   9   3  22  16  15
```

4.3 指针与数组

指针是C语言中一种重要的数据类型。利用指针变量可以表示各种复杂的数据结构；能很方便、灵活地使用数组和字符串；能像汇编语言一样处理内存地址；能为实现函数间各类数据的传递提供简洁便利的方法。正确而灵活地运用指针，能编出精练而高效的程序。指针极大地丰富了C语言的功能，学习指针是学习C语言中最重要的一环，能否正确理解和使用指针是检验是否全面掌握C语言的一个标志。同时，指针的概念复杂，而使用又灵活，因此，指针也成为C语言学习中最为困难的一部分。

4.3.1 指针与指针变量

1. 指针的概念

内存是计算机系统的重要组成部分，程序的运行离不开内存。在计算机的内存储器中，拥有大量的存储单元。一般情况下，存储单元是以字节为单位进行管理的。为了区分内存中的每一个字节，就需要对每一个内存单元进行编号，且每个存储单元都有一个唯一的编号，这个编号就是存储单元的"地址"，称为内存地址。既然根据内存地址就可以准确定位到对应的内存单元，因此，内存地址通常也称为"指针"。

显然，内存单元的地址和内存单元的内容是两个不同的概念。内存单元的地址即为该单元的唯一编号，其中存放的数据才是该单元的内容。

在C语言中，不同类型的数据存放在内存储器中所占用的内存单元数是不等的，如字符型数据占1字节的内存单元，基本整型数据通常占2字节的内存单元，单精度实型数据占4字节的内存单元等。当定义一个变量时，系统根据其数据类型为其分配一定数量的一段连续的存储单元，这段连续的内存单元的起始地址就是变量的地址，也就是变量的"指针"，而这些内存单元中存放的数据也就是变量的"值"。

例如，有变量定义"int a=100;"并假定int数据类型占2字节的内存空间，系统就为变量a分配2字节的内存单元，并将这两个单元的内容修改为100。假定分配给变量a的两个内存单元的地址是2000和2001号，则变量a的地址（即变量a的指针）就是2000，如图4.5所示。

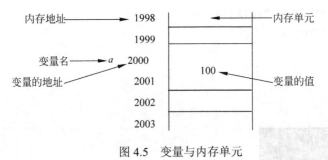

图4.5 变量与内存单元

2. 指针变量

指针就是内存单元的地址，也就是内存单元的编号，因此指针是一种数据。在C语言中，允许用一个变量来存放这种数据，这种变量就称为指针变量。一个指针变量的值就是某个内存单元的地址,即某个内存单元的指针。

指针变量的定义应包括3方面的内容:①指针类型说明,即定义变量为一个指针变量;②指针变量名;③基类型,即指针变量的值(即指针)所指向的变量的数据类型。其一般形式为:

类型标识符 *变量名;

其中,*表示这是一个指针变量,变量名即为定义的指针变量名,类型标识符(即基类型)表示本指针变量所指向的变量的数据类型。例如:

```
int *p1;
```

表示 p1 是一个指针变量,可以用来存放某个整型变量的地址,也可以说"p1 是一个指向整型变量的指针变量",或"p1 为整型指针变量"。至于 p1 究竟指向哪一个整型变量,应由向 p1 赋予的地址来决定。再如:

```
char *p2;           /* p2是指向字符型变量的指针变量 */
float *p3;          /* p3是指向单精度实型变量的指针变量 */
double *p4;         /* p4是指向双精度实型变量的指针变量 */
```

应该说明的是,一个指针变量只能指向与它的基类型同类型的变量,如 p1 只能指向整型变量,不能时而指向一个整型变量,时而又指向一个字符型变量。

4.3.2 与指针有关的运算

指针是一种数据类型,可以进行某些运算,但其运算的种类是有限的,其只能进行赋值运算和部分算术运算及关系运算。

1. 赋值运算

指针变量同普通变量一样,在使用之前不仅要定义,而且必须赋予具体的值。未经赋值的指针变量不能使用,否则将造成系统混乱。对指针变量的赋值只能被赋予一个内存地址(即指针),决不能赋予其他类型数据,否则将引起错误。指针变量的赋值运算有以下几种形式。

(1)指针变量在定义时进行初始化赋值。例如:

```
int a,*pa=&a;
```

把变量 a 的地址作为初值赋予指针变量 pa,或者说,pa 指向变量 a。

要说明的是,在 C 语言中,变量 a 所占用的内存单元是由编译系统分配的,对用户是完全透明的,因此,变量 a 占用的内存单元的地址只能通过取地址运算符&来获得。第 2 章中曾简要介绍过&运算符。

(2)把一个变量的地址赋予基类型与它相同的指针变量。例如:

```
int a,*pa;  pa=&a;                  /* 把整型变量a的地址赋予整型指针变量pa */
```

(3)两个基类型相同的指针变量可以相互赋值。例如:

```
int a,*pa=&a,*pb;    pb=pa;      /* 把整型变量a的地址赋予整型指针变量pa和pb */
```

（4）把数组的首地址赋予基类型与数组元素类型相同的指针变量。例如：

```
int a[5],*pa;   pa=a;/*数组名是数组的首地址，因此可将其赋予指针变量pa*/
```

也可写为：

```
pa=&a[0];                  /* 数组第一个元素的地址也就是整个数组的首地址 */
```

当然也可采取初始化赋值的方法：

```
int a[5],*pa=a;
```

（5）把字符串常量的首地址赋予指向字符类型的指针变量。例如：

```
char *pc;   pc="C Language";
```

或用初始化赋值的方法写为：

```
char *pc="C Language";
```

这里应说明的是上述赋值并不是把整个字符串放入指针变量，而是把存放该字符串的内存单元的首地址放入指针变量。在后面还将详细介绍。

在进行赋值操作时还应注意以下几点：

（1）赋予指针变量的指针值的基类型必须与指针变量的基类型相同，否则，不能进行赋值操作。例如"int *pa; float a; pa=&a;"是错误的。

（2）不能把一个整数赋予指针变量。例如"int *p;   p=1000;"是错误的，因为整型与指针是两类不同类型的数据。

（3）被赋值的指针变量前不能再加"*"，例如"int a,b,*pa=&a;   *pa=&b;"是错误的。

2．运算符&和*

1）取地址运算符&

在C语言中，变量所占用的内存单元是由编译系统分配的，用户根本不知道变量的具体地址。因此，C语言提供了取地址运算符&来表示变量的地址。其一般形式为：

&变量名

运算符&是单目运算符，其结合性为自右至左，功能是取变量的地址。例如，&a 表示变量 *a* 的地址，&b 表示变量 *b* 的地址，变量 *a* 和 *b* 本身必须已经定义过。在 scanf()函数中以及前面介绍指针变量赋值时，已经了解并使用了&运算符。

2）取内容运算符*

取内容运算符*是单目运算符，其结合性为自右至左，用来表示指针变量所指的变量。在*运算符之后的操作对象必须是指针类型的数据，如指针变量名。例如：

```
int a=100, b, *p=&a;
b=*p;
```

运算符*根据变量 p 的值（即变量 a 的地址）去访问对应的存储单元。假定变量 a 的地址是 2000，*p 访问的就是地址为 2000 开始的存储单元，也就是变量 a。或者说，*p 就是指针变量 p 所指的变量，*p 的数据类型就是指针变量 p 的基类型，如图 4.6 所示。

实际上，取地址运算符"&"与取内容运算符"*"是一对逆运算符。当指针变量 p 指向变量 a 后，&*p 与 p 等价，同样*&a 与 a 等价。

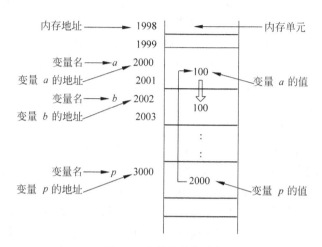

图 4.6 变量的间接访问

从图 4.6 中可看出，在引入了指针变量后，对变量 a 的访问除了可以通过变量名 a 直接访问外，还可以通过指针变量来间接访问。需要注意的是，运算符*和指针变量定义中的*不是一回事，在指针变量定义中，*是类型说明符，表示其后的变量是指针类型；而表达式中出现的*则是一个运算符，用以表示指针变量所指的变量。

例 4.14 变量的间接访问示例。

```
#include <stdio.h>
int main()
{   int  a=100,b,*p=&a;

    printf("a=%d  *p=%d\n", a,*p);
    b=*p;    /* b=a; */
    printf("b=%d\n", b);
    a=200;
    printf("a=%d  *p=%d\n", a,*p);
    return 0;
}
```

运行结果：

```
a=100  *p=100
b=100
a=200  *p=200
```

需要说明的是，在本例中，要把变量 a 的值赋给变量 b，用赋值语句"b=a;"就可以了，为什么要通过指针变量间接访问来赋值呢？本例中确实看不出间接访问所带来的好处，到第 5 章函数中介绍指针作函数的参数时,就能体会到通过指针变量间接访问变量的作用了。

现在可以来解释上面所提到的两类错误的原因了。

(1)"int a,b,*pa=&a;   *pa=&b;"错误的原因是,pa 中放的是变量 a 地址,或者说 pa 指向了变量 a。因此,*pa 就是变量 a,*pa 的数据类型是 int,而&b 是指针类型,两者类型不同,所以不能赋值。

(2)"int *pa;   float a;   pa=&a;"错误的原因是,pa 的基类型是 int,不管 pa 中放的是哪个变量的地址,对于*pa 系统总是按照 int 型数据在计算机内存中的存储形式来访问 pa 所指向的内存单元。如果 pa=&a 合法,则 pa 指向的是 float 型数据,对于*pa,系统还是按照 int 型数据的存储形式来访问 pa 所指向的内存单元。由于 float 型数据与 int 型数据的存储形式完全不同,所以这时*pa 就不可能得到变量 a 的数值。

3．加减算术运算

1)指针加或减一个整数

定义一个指向数组元素的指针变量的方法,与以前介绍的指向简单变量的指针变量相同。当指针变量指向数组元素时,可以加上或减去一个整数 n。若有变量定义"int a[8],*pa=&a[4];",则 pa+1、pa-1、pa+n、pa-n、pa++、pa-- 等运算都是合法的。指针变量加或减一个整数 n 的意义是把指针指向的当前位置(某个数组元素)向前或向后移动 n 个位置。

需要说明的是,指针变量向前或向后移动一个位置和地址加 1 或减 1 在概念上是不同的。因为数组可以有不同的类型,各种类型的数组元素所占的字节数是不同的。如指针变量加 1(即向后移动 1 个位置)表示指针变量指向下一个数据元素的首地址,而不是在原地址基础上加 1。例如:

```
int a[8],*pa,*pb,*pc;
pa=&a[4];        /* pa指向a[4] */
pb=pa+2;         /* pb指向a[6] */
pc=pa-2;         /* pc指向a[2] */
```

一般来说,pa+n 的值实际上是 pa+n*每个数组元素所占用的字节数。假定 int 数据类型占用 2 字节的内存空间,数组元素 a[4]的地址是 2008,若有"pa=&a[4];",则"pb=pa+2;"后 pb 的值为 2012。再执行"pc=pa-2;"后 pc 的值为 2004,如图 4.7 所示。

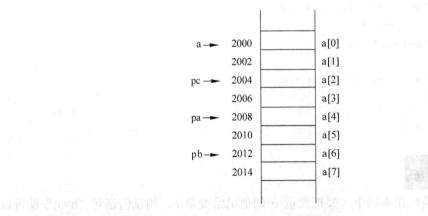

图 4.7 指针的加减算术运算

需要注意的是：

（1）尽管前面介绍的都是指针变量加或减一个整数，实际上，指针常量也可以加或减一个整数。若有"int a[8];"，则 a+2 也是合法的，它就是 a[2]的地址。

（2）指针加或减一个整数只能对指向数组元素的指针进行，对指向简单变量的指针作加减运算是毫无意义的。指针加或减一个整数后的结果类型还是指针类型。

（3）实际使用时，只要知道指针加或减一个整数的意义就可以了，不必了解指针值的具体变化。当然要避免指针加或减一个整数后所指的数组元素根本不存在的情况，例如，若有变量定义"int a[8], *pa=a;"，则 pa–2（或 a–2）就没有意义。

2）两指针相减

两指针可以相减的前提条件是：只有指向同一个数组的两个指针之间才能进行相减运算，否则运算毫无意义。两指针相减的意义是计算两个指针所指向的数组元素之间相差的元素个数。这个差实际上就是两个指针值（地址）相减之差再除以该数组元素的长度（字节数）。很显然，两指针相减后的结果类型是整型。

例如，假设有两个指针变量 pf1 和 pf2，它们是指向同一个浮点型数组 a 的两个不同的数组元素，并设 pf1 的值为 2000，pf2 的值为 2016，由于每个数组元素占 4 字节，所以 pf2–pf1 的结果为：(2016–2000)/4=4，表示 pf2 和 pf1 之间相差 4 个元素。

注意：两个指针不能进行加法运算。例如，pf2+pf1 是什么意思呢？其实毫无实际意义。另外，pf2–a 也是合法的运算。

4．关系运算

1）两指针之间的关系运算

指向同一个数组的两指针之间可进行关系运算，表示它们所指的数组元素之间的前后关系。例如，若 pf1==pf2，则表示 pf1 和 pf2 指向同一个数组元素；若 pf1<pf2，则表示 pf1 所指的数组元素的地址小于 pf2 所指的数组元素的地址，即 pf1 所指的数组元素在 pf2 所指的数组元素的前面。

2）指针与 NULL 比较

设 p 为指针变量，若 p== NULL 成立，则表明 p 是空指针，不指向任何变量；若 p!= NULL 成立，表示 p 不是空指针。空指针是由对指针变量赋予 NULL 值而得到的。例如：

```
int *p=NULL;    /* NULL的定义在stdio.h文件中 */
```

对指针变量赋 NULL 和不赋值是不同的。指针变量未赋值时，可以是任意值，是不能使用的，否则将造成意外错误。而指针变量赋 NULL 后，表示其不指向任何具体的变量。

最后要说明的是，指针与 NULL 之间进行除==和!=以外的其他比较（如<比较）是没有意义的。

4.3.3　指针与一维数组

一个数组由一块连续的内存单元组成，数组名就是这块连续内存单元的首地址。一个数组有多个数组元素组成，每个数组元素按其类型不同占有几个连续的内存单元，一个数组元素的地址是指它所占用的几个内存单元的首地址。一个指针变量可以指向一个数组的某个元素，只要把该数组元素的地址赋予它即可。从形式上看，指向数组元素的指针变量和指向简单变量的指针变量的定义是相同的，例如：

```
int a[8], *p;
p=&a[0];
```

或

```
p=a;
```

其中 p 指向数组 a 的 0 号元素，即数组的首地址，如图 4.8 所示。在 C 语言中，数组名是一个地址常量，代表数组的首地址，因此语句 "p=a;" 不代表 "把整个数组 a 的各个元素的值赋给 p"。p、a、&a[0] 均指向同一个数组元素，即元素 a[0]。p 是变量，而 a 或 &a[0] 都是常量，在编程时应予以注意。

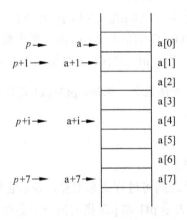

图 4.8　指针与一维数组的关系

观察图 4.8，再结合 4.3.2 节所介绍的与指针有关的运算，可以看出：

（1）p+1、a+1、&a[1] 均指向 1 号元素 a[1]。依此类推可知 p+i、a+i、&a[i] 均指向 i 号元素 a[i]。

（2）*(p+i)或*(a+i)就是 p+i 或 a+i 指向的数组元素 a[i]，所以有*(a+i)=a[i]。在 C 语言中，"[ ]"实际上是下标运算符，表示 a[i]=*(a+i)。

（3）因为*(a+i)=a[i]，所以*(p+i)=p[i]，即指向数组元素的指针变量也可以带下标，也就是说指向数组元素的指针变量可以作为数组名使用。

引入指针变量后，就可以用两种方法来访问数组元素了。第一种方法为下标法，即用 a[i]形式访问数组元素，在前面介绍数组时都是采用这种方法。第二种方法为指针法，见例 4.15，即用*p 代替 a[i]。用指针法的好处是*p 访问数组元素比下标法 a[i]访问数组元素的执行效率要高，因为 a[i]=*(a+i)，要先进行 a+i 运算，而 a+i 本质上要做乘法运算。一般认为指针法访问数组元素的可读性没有下标法好，指针法适合对数组元素的顺序访问，常用于对字符数组中的字符串进行各种操作。

例 4.15　指针法访问数组元素示例。

```
#include <stdio.h>
int main()
{   int a[8], *p;

    printf("请输入8个整数:\n");
    for (p=a; p<a+8; p++)
        scanf("%d", p);              /* 这里不能写成&p, 因为p本身就是地址 */
    printf("数组a中元素的值:\n");
    for (p=a; p<a+8; p++)            /* p的值已经改变, 所以要重新进行p=a赋值 */
        printf("%d ", *p);           /* 指针法访问数组元素 */
    printf("\n");
    return 0;
}
```

运行结果:

```
请输入8个整数:
80 75 92 62 46 85 63 70
数组a中元素的值:
80 75 92 62 46 85 63 70
```

对本例还有以下几点说明:

(1) 上面的第二个 for 语句不能写成:

```
for (p=a; a<(p+8); a++)      /* 因为a是常量, a++非法 */
    printf("%d ",*a);
```

(2) 上面的第二个 for 语句不要写成:

```
for (p=a,i=0; i<8; i++)
    printf("%d ",*(p+i));    /* 因为*(p+i)=*(a+i)=a[i], 本质上就是下标法 */
```

用*(p+i)或*(a+i)访问数组元素 a[i]的方法称为地址法, 但这种方法本质上就是下标法。地址法访问数组元素的速度与下标法一样, 但又没有下标法那样直观和简单, 因此不建议使用该方法。

(3) 上面的第二个 for 语句也不要写成:

```
for (p=a,i=0; i<8; i++,p++)   /* 因为多用了一个变量i, 没有必要 */
    printf("%d ",*p);
```

(4) 上面的第二个 for 语句也可写成:

```
for (p=a; p<(a+8); )
    printf("%d ",*p++);
```

在C语言中, 要注意能够区分以下几种运算:
- *p++=*(p++), 因为*和++的优先级相同, ++是右结合运算符。
- *p++≠*(++p), 因为*p++是先取*p的值, 再 p++; 而*(++p)是先++p, 再取*p的值。
- *p++≠(*p)++, 因为*p++是*p的值不变, p 加了 1; 而(*p)++是*p 加了 1, p 不变。

例 4.16 指向数组元素的指针变量作为数组名使用示例。

```
#include <stdio.h>
int main()
{   int a[8]={80,75,92,62,46,85,63,70}, i, *p;

    printf("数组a中元素的值:\n");
    for (p=a,i=0; i<8; i++)
        printf("%d  ", p[i]);     /* p=a后，p作为数组名使用 */
    printf("\n");
    return 0;
}
```

运行结果：

```
数组a中元素的值:
80  75  92  62  46  85  63  70
```

本例中确实看不出指向数组元素的指针变量作为数组名使用所带来的好处，到第 5 章讲到函数中数组名作函数的参数时，就能体会到指向数组元素的指针变量作为数组名使用的作用了。

4.3.4 用 typedef 自定义类型

C 语言不仅提供了丰富的数据类型，而且还提供了 typedef，允许由用户自己定义类型标识符。要说明的是，typedef 只是允许由用户为数据类型取一个"别名"，而不能创建新的数据类型。使用 typedef 的一般形式为：

typedef 原类型名 新类型名;

其中原类型名中含有定义部分，新类型名一般用大写字母表示，以便于区别。

typedef 的作用主要体现在以下两个方面：

（1）为程序移植提供方便。在 Pascal 语言中是用关键字 real 来定义实型变量，如要将 Pascal 程序转换成 C 程序，就要在所有 real 的地方都改为 float，这个工作量也许会很大。但是使用 typedef 类型标识符自定义的方法，这个问题就变得很简单，只要在程序的开头将类型标识符自定义即可。例如：

```
typedef float   real;    /* 此后可用real定义float型变量 */
real    a,b,c;           /* 用real定义 a、b、c为float型变量 */
```

（2）用 typedef 定义数组、指针、结构体等类型将给编程带来很大的方便，不仅使程序书写简单而且使意义更为明确，从而增强了可读性。下面通过两个例子来说明。

① "typedef char STRING30[30];" 表示 STRING30 是一维字符数组类型，该数组有 30 个元素。然后可用 STRING30 来定义变量，例如：

STRING30 str[6], t; 完全等价于 char str[6][30], t[30];

本例充分说明了前面内容中所述的"一维数组的每个元素都是一个一维数组，就构成了二维数组"。

② typedef char *POINTER;表示 POINTER 是指针类型，指向的是字符类型。然后可用 POINTER 来定义变量，例如：

POINTER　s，p;

完全等价于

char *s，*p;

尽管有时也可用宏定义#define 来代替 typedef 的功能，像前面讲到的作用（1）。但是宏定义是由预处理完成的，而 typedef 则是在编译时完成的，更多的情况下是不能用宏定义来代替 typedef 的功能，像前面讲到的作用（2）。

4.3.5 指针与二维数组

1．二维数组的地址

前面介绍过，二维数组可以看作是一个特殊的一维数组，此一维数组的每一个元素又都是一个一维数组。所以整型二维数组 a[3][4]也可以用下列方法来定义：

```
typedef int ARRAY1[4];
ARRAY1 a[3];
```

那么，数组 a 就是一个一维数组，有 3 个元素 a[0]、 a[1]和 a[2]。这 3 个元素的数据类型是 ARRAY1，即是长度为 4 的整型一维数组。所以 a[i]（0≤i≤2）本身是一个一维数组，a[i]是此数组的数组名，有 4 个元素：a[i][0]、a[i][1]、a[i][2]和 a[i][3]。那么数组元素 a[i][j]（0≤j≤3）的地址可以表示为"数组名+下标"的形式，即 a[i]+j，它等价于*(a+i)+j。所以数组元素 a[i][j]的值可以表示为 *(*(a+i)+j)，即 a[i][j]=*(*(a+i)+j) ，如图 4.9 所示。

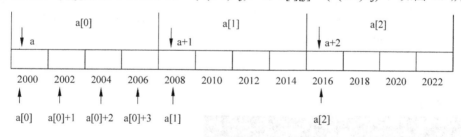

图 4.9　指针与二维数组的关系

设二维数组的首地址为 2000，并假定 int 数据类型占 2 字节的内存空间。从图 4.9 可知，a 是二维数组名，其值为 2000。a[0]是第一个一维数组的数组名和首地址，因此其值也为 2000，而*(a+0)与 a[0]等价，所以*(a+0) 的值也为 2000。同理 a+1、a[1]和*(a+1)的值都为 2008，a+2、a[2]和*(a+2)的值都为 2016 。当然，a、a[0]和*(a+0)都是指针类型，因为它们的值都是地址。注意，它们都是指针常量。

尽管它们的数值相等，但是指针的类型是不同的。因为数组 a 可以理解为一个一维数组，所以指针 a 指向的是它的元素，即 a 是指向 ARRAY1 的指针，也就是说指针 a 的基类型是 ARRAY1。a[0]是 a 的第一个元素，其类型是 ARRAY1，即 a[0]本身是一个一维数组，所以指针 a[0]指向的也是它的元素，即 a[0]是指向 int 的指针，也就是说指针 a[0]的基类型是 int。因为指针 a 与 a[0]的基类型不同，根据指针加或减一个整数的意义，可知 a+1 与 a[0]+1 的数值是不同的，所以常把 a 称为行指针，a[0]称为列指针。从等式 a[0]=*(a+0)可知这里的"*"不是取内容，而是起到了把行指针转换成为列指针的作用。

2. 指向二维数组元素的指针变量

指向二维数组元素的指针变量的定义形式与指向简单变量的指针变量的定义形式是相同的。例如：

```
int a[3][4], *p;
```

要说明的是，p 是一个指向 int 的指针变量，当然它可以指向二维数组 a 中的某一个元素 a[i][j]。因为 a[0][0]的类型是 int，所以 p=&a[0][0]合法。而&a[0][0]=&*(a[0]+0)=a[0]，所以 p=a[0]也是合法的。但 p=a 不合法，因为指针变量 p 与指针常量 a 的基类型不同。

例 4.17 用地址法或指向二维数组元素的指针访问二维数组元素示例。

```
#include <stdio.h>
int main()
{   int a[3][4]={80,75,92,62,46,85,63,70,52,66,77,82}, i, j, *p;

    printf("用地址法得到的数组a中元素的值:\n");
    for (i=0; i<3; i++)
        for (j=0; j<4; j++)
            printf("%d  ", *(*(a+i)+j));   /* 地址法，*(*(a+i)+j)=a[i][j] */
    printf("\n");
    printf("用指向int的指针得到的数组a中元素的值:\n");
    for (p=a[0]; p<a[0]+12; p++)           /* 二维数组元素在内存中是按行存放的 */
        printf("%d  ", *p);                /*所以可以理解为有12个元素的一维数组*/
    printf("\n");
    return 0;
}
```

运行结果：

```
用地址法得到的数组a中元素的值:
80  75  92  62  46  85  63  70  52  66  77  82
用指向int的指针得到的数组a中元素的值:
80  75  92  62  46  85  63  70  52  66  77  82
```

本例仅仅是为了验证二维数组元素的地址公式以及理解行指针和列指针的概念。地址法本质上就是下标法，地址法访问数组元素的速度与下标法一样，但又没有下标法那样直观和简单，因此不建议使用。而用指向 int 的指针访问数组元素时，又根据二维数组元素在内存中是按行存放的原理，把 a[3][4]理解为 a[12]来处理，这样指针变量 p 对二维数组元素就像对一维数组那样进行操作。除非有特殊原因，否则也不建议这样使用。

3. 指向一维数组的指针变量

前面已经介绍过，a、a+1 和 a+2 都是行指针，即指向一维数组 ARRAY1 的指针，而且都是常量。能定义指向一维数组 ARRAY1 的指针变量（即行指针变量）吗？答案是肯定的。方法如下：

```
typedef int ARRAY1[4];
ARRAY1 *p;
```

不用自定义类型定义指向一维数组的指针变量的一般形式为：

类型标识符 (*变量名)[长度];

其中"*"表示其后的变量名为指针类型，[长度]表示指针变量所指向的一维数组的元素个数，类型标识符是定义指针变量所指向的一维数组元素的类型。在定义中"*变量名"两边必须用圆括号括起来。例如：

```
int (*p)[4];
```

上面两种方法定义的指针变量 p 是完全一样的，指向的都是由 4 个元素组成的整型数组。若有定义"int a[3][4];"现在赋值 p=a 就合法了，因为这两个指针的基类型相同。执行 p=a 后，a[i][j]也可以表示为 p[i][j]，即指向一维数组的指针变量可以作为二维数组名使用。

例 4.18 指向一维数组的指针变量作为二维数组名使用示例。

```
#include <stdio.h>
int main()
{   int a[3][4]={80,75,92,62,46,85,63,70,52,66,77,82};
    int i, j, (*p)[4];

    printf("数组a中元素的值:\n");
    for (p=a,i=0; i<3; i++)
    {   for (j=0; j<4; j++)
            printf("%d ", p[i][j]);    /* p=a后，p作为二维数组名使用 */
        printf("\n");
    }
    return 0;
}
```

运行结果：

```
数组a中元素的值:
80  75  92  62
46  85  63  70
52  66  77  82
```

本例中确实看不出指向一维数组的指针变量作为二维数组名使用所带来的好处，到第 5 章讲到函数中数组名作函数的参数时，就能体会到指向一维数组的指针变量作为二维数组名使用的作用了。

4.4 字符数组和字符串处理函数

用来存放字符型数据的数组称为字符数组，其中每个数组元素存放的都是单个字符。字符数组分为一维字符数组和多维字符数组。一维字符数组常用于存放一个字符串，二维字符数组常用于存放多个字符串,可以看作是一维字符串数组。

4.4.1 字符数组

字符数组也是数组,只是数组元素的类型为字符型。所以字符数组的定义、初始化,字符数组元素的引用与整型(或实型)数组相似。不同之处在于:定义时类型标识符为 char,初始化时使用字符常量或字符串常量,凡是可以用字符型数据的地方也可以使用字符数组的元素。

1. 字符数组的定义

字符数组的定义方法与整型数组的定义方法相似,只是数据类型为 char。例如:

```
char s1[10];          /*定义了有10个元素的字符数组s1 */
char s2[5][10];       /*定义了有5×10个元素的二维字符数组s2 */
```

第 2 章中已经介绍过字符串常量的概念,但 C 语言中没有字符串类型,字符串变量是通过一维字符数组来实现的,因为可以用一个一维字符数组来存放一个字符串常量。在介绍字符串常量时,已说明过字符串总是以'\0'作为它的结束标志。因此当把一个字符串常量(以下称为字符串)存入一个一维字符数组时,也把结束标志'\0'存入了该字符数组(该数组的长度必须大于等于字符串的长度加 1),并以此作为字符串是否结束的标志。由于一个二维字符数组可以分解为多个一维字符数组,因此一个二维的字符数组可以存放多个字符串。

要特别强调的是,字符串总是以'\0'作为结束标志,而字符数组并不要求它的最后一个字符一定为'\0'。因此,一个一维字符数组并不一定可以理解为一个字符串变量,只有当字符数组中存放了一个字符串,或者说字符数组中存入了字符串结束标志'\0'时,该字符数组才可以理解为字符串变量。

2. 字符数组的初始化

字符数组也允许在定义时进行初始化赋值。

(1) 以字符常量的形式对字符数组初始化。例如:

```
char s1[ ]={ 'J','a','v','a'};      /* 数组长度为4 */
```

(2) 以字符串的形式对字符数组初始化。例如:

```
char s1[ ]={ 'J','a','v','a','\0'};
```

可简写为:

```
char s1[ ]={"Java"};
```

进一步简写为:

```
char s1[ ]="Java";      /* 数组长度为5 */
```

(3) 对二维字符数组进行初始化赋值的方法。例如:

```
char s2[2][3]={ {'s', 'u', 'n'}, {'b', 'o', 'y'} };
```

```
char s2[2][3]={'s', 'u', 'n', 'b', 'o', 'y'};
```

（4）用字符串的形式对二维字符数组进行初始化赋值（注意第 2 维长度加 1）。例如：

```
char s2[2][4]={"sun", "boy"};
```

（5）当对全体元素赋初值时也可以省去第 1 维长度定义，但第 2 维的长度不可以省。例如：

```
char s2[ ][3]={'s', 'u', 'n', 'b', 'o', 'y'};        /* 有两行 */
char s2[ ][4]={"sun", "boy"};                         /* 有两行 */
```

3．字符数组的输入输出

1）逐个字符输入/输出

对于字符数组，逐个字符的输入/输出与前面讲的对整型数组元素的输入/输出处理方法类似，通常采用循环语句来实现，不同之处在于格式符为"%c"。例如，下面的程序段可输出字符数组 str 中的字符：

```
int i;  char str[ ]={'J','a','v','a'};
for (i=0; i<4; i++)
    printf("%c", str[i]);
```

注意：用 scanf 逐个读入字符结束后，不会在后面自动加'\0'。例如，下面的程序段执行时，若输入 C#<回车>，则 str[0]= 'C', str[1]= '#', str[2]= '\n', str[3]= 'a' 。

```
int i;  char str[ ]={'J','a','v','a'};
for (i=0; i<3; i++)
    scanf("%c", &str[i]);
```

2）整个字符串输入/输出

如果希望把一个字符串读入存放到字符数组，或者希望把字符数组中存放的字符串输出，则可采用"%s"格式符来实现。

用"%s"格式符输出字符串时应注意：

（1）字符串的结束标志'\0'不输出。

（2）若字符数组中存放的不是字符串，则不能用"%s"格式符输出。

用"%s"格式符读入字符串时应注意：

（1）数组名前不能加"&"运算符，因为数组名本身就是地址。

（2）字符串读入完毕，会在字符串最后一个字符的后面自动加结束标志'\0'。

（3）系统不会检查字符数组是否有足够的空间来存放字符串和结束标志'\0'。

（4）在读入字符串时，遇到"回车"或"空格"就停止读入（"回车"或"空格"没有被读入，还在输入缓冲区中）。

例 **4.19**　格式符"%s"使用示例。

```
#include <stdio.h>
```

```
int main()
{   char str[ ]="Programming";

    printf("%s", str);        /* 结束标志'\0'不输出 */
    printf("请输入一个字符串：");
    scanf("%s", str);         /* str前不能加& */
    printf("%s", str);
    return 0;
}
```

运行结果：

```
Programming请输入一个字符串：C#
C#
Programming请输入一个字符串：C++ C#
C++
```

4．指向字符的指针与字符数组

指向字符串的指针变量本质上就是一个指向字符类型的指针变量（以下称为字符指针变量），当字符指针变量指向的是字符串时，可以把该变量理解为指向字符串的指针变量。例如，"char c, *p=&c;"表示 p 是一个指向字符（变量 c）的指针变量。

而"char *ps="I love China!";"则表示 ps 是一个指向字符串的指针变量，并把字符串常量的首地址赋予 ps。

或"char str[]="I love China!", *ps=str;"也表示 ps 是一个指向字符串的指针变量，并把字符串变量（即字符数组 str）的首地址赋予 ps。

初学者对字符指针变量和字符数组往往不能区分而混为一谈，经常造成程序的错误。两者的区别主要体现在：

（1）存储内容不同。字符指针变量存储的是字符串的首地址，不是字符串本身；而字符数组由若干个数组元素组成，存储的是字符串本身，数组名是这个字符串的首地址。

（2）字符指针变量的值可以改变（指向下一个字符）；而字符数组名是一个地址常量，其值不能改变。

（3）赋值方式不同。对字符指针变量"char *ps="C#";"可以写成"char *ps; ps="C#";"，表示把字符串"C#"的首地址赋予 ps（注意，写成"char *ps; *ps="C#";"是错误的，因为 *ps 中只能存放一个字符，不能放地址）。

但是对字符数组"char str[3]="C#";"不能写成"char str[3]; str="C#";"，因为数组名是地址常量，不可以出现在赋值号的左边。要将字符串"C#"存放到数组 str 中，只能对字符数组的各元素逐个赋值，或者用 strcpy()函数。

从以上 3 点可以看出字符指针变量与字符数组在使用上的区别。程序中常用字符指针变量来访问字符串中的字符，从而实现对字符串的处理，而字符数组主要用来存放字符串。

最后还要特别强调的是，当一个指针变量在赋值前就使用是非常危险的，容易引起错误。例如，"char str[10]; scanf("%s", str);"用法是正确的。但"char *ps; scanf("%s", ps);"用法是错误的，因为 ps 没有指向确定的空间。而"char str[10], *ps=str; scanf("%s", ps);"用法也是正确的。在不定义数组 str 的情况下，如何使 ps 指向确定的空间，将在后续的章节中介绍。

4.4.2 常用字符串处理函数

C语言提供了丰富的字符串处理函数,大致可分为字符串的输入、输出、合并、修改、比较、转换、复制、搜索几类,使用这些函数可大大减轻编程的负担。用于输入输出的字符串函数,在使用前必须包含头文件 stdio.h;使用其他字符串函数,则必须包含头文件 string.h。下面介绍几个最常用的字符串函数。

要强调的是:只有当字符数组作为字符串变量使用时,才能用与字符串有关的处理函数。

1. puts()函数

该函数原型为:

```
int puts(char *str);
```

功能:从 str 指定的地址开始,依次将存储单元中的字符输出到显示器,直到遇到字符串结束标志。

与 printf()函数不同的是,在用 puts()函数输出字符串时,字符串结束标志'\0'被转换成为'\n'后输出。

2. gets()函数

该函数原型为:

```
char * gets(char *str);
```

功能:从键盘读入一个字符串(可包含空格),直到遇到回车符,并将字符串存放到由 str 指定的字符数组(或内存区域)中。str 是存放字符串的字符数组(或内存区域)的首地址。注意函数并不检查字符数组是否有足够的空间来存放字符串和结束标志'\0'。

与 scanf()函数不同的是,gets()函数并不以空格作为字符串输入结束的标志,而只以回车作为输入结束的标志。注意:回车符被读入并被转换为结束标志'\0'。

例 4.20 puts()和 gets()函数使用示例。

```
#include <stdio.h>
int main()
{   char str[ ]="Programming";

    puts(str);      /* 结束标志'\0'转换为'\n'后输出 */
    printf("请输入一个字符串: ");
    gets(str);      /* str前不能加& */
    puts(str);
    return 0;
}
```

运行结果:

```
Programming
请输入一个字符串: C++ C#
C++ C#
```

3. strlen()函数

该函数原型为：

```
unsigned int strlen(char *str);
```

功能：统计 str 指定的（即 str 为起始地址的）字符串的长度（不包括字符串结束标志），并将其作为函数值返回。例如，strlen("Java")的返回值为 4。

4. strcat()函数

该函数原型为：

```
char * strcat(char *dst, char *src);
```

功能：把 src 指定的字符串连接到 dst 指定的字符串的后面（连接前删除 dst 原指定的字符串的结束标志'\0'）。该函数返回值就是 dst 中的指针值。要说明的是，dst 指定的字符数组（或内存区域）应有足够的空间来存放被连接的字符串 src。

假设字符数组 str 中存放了一个空字符串，则执行 strcat(strcat(str,"Java"),"&C#")后，str 中的字符串为"Java&C#"。

5. strcpy()函数

该函数原型为：

```
char * strcpy(char *dst, char *src);
```

功能：把 src 指定的字符串复制到以 dst 为起始地址的字符数组中，结束标志'\0'也一同复制。本函数返回值就是 dst 中的指针值。要说明的是，dst 指定的字符数组应有足够的空间来存放被复制的字符串 src。

假设 str 是一个字符数组，则执行 strcat(strcpy(str,"Java"),"&C#")后，str 中的字符串为"Java&C#"。注意赋值 str="Java"是非法的，因为 str 是数组名，为地址常量，不可以出现在赋值号的左边。

例 4.21 字符串处理函数使用示例。

```
#include <stdio.h>
#include <string.h>          /* 因为用了strcpy等字符串处理函数 */
int main()
{   char name[10], str[30];

    printf("Input your name: ");  gets(name);
    strcpy(str,"My name is ");
    strcat(str,name);  puts(str);/*本行也可改写为puts(strcat(str,name));*/
    printf("Length of str: %d\n", strlen(str));
    return 0;
}
```

运行结果：

```
Input your name: Mary
My name is Mary
Length of str: 15
```

6．strcmp()函数

该函数原型为：

```
int strcmp(char *str1, char *str2);
```

功能：将以 str1，str2 为起始地址的两个字符串进行比较，比较的结果由返回值表示。
- 当 str1 字符串=str2 字符串，返回值=0；
- 当 str1 字符串<str2 字符串，返回值<0；
- 当 str1 字符串>str2 字符串，返回值>0。

字符串之间的比较规则：从第一个字符开始，对两个字符串对应位置的字符按 ASCII 码的大小进行比较，直到出现第一个不同的字符，即由这两个字符的大小决定其所在串的大小。

该函数可用于比较两个字符串常量、两个字符串变量或一个常量与一个变量。例如，表达式 strcmp("Java", "C#")、strcmp(str1,str2)或 strcmp(str1, "Java")都是合法的。对于表达式"Java">"C#"，编译系统一般不报错，但实际比较的不是两个字符串，而是比较了两个字符串的起始地址的大小，这一点务必注意。

例 4.22 输入 5 个字符串，用"选择法"对这 5 个字符串从小到大排序。

```
#define  N  5
#include <stdio.h>
#include <string.h>
int main()
{   char str[N+1][30],t[30];     /* str[0]不用 */
    int i,j,k;

    printf("请输入%d个字符串：\n", N);
    for (i=1; i<N+1; i++)
       gets(str[i]);              /* 典型的把二维数组作为多个一维数组来使用 */
    for (i=1; i<N; i++)
    {   k=i;
        for (j=i+1; j<=N; j++)
           if (strcmp(str[j],str[k])<0) k=j;
        if (k!=i)
           {strcpy(t,str[i]);  strcpy(str[i],str[k]);  strcpy(str[k],t);}
    }
    printf("排序后：\n");
    for (i=1; i<N+1; i++)
       puts(str[i]);
    return 0;
}
```

运行结果：

```
请输入5个字符串:
Java
Pascal
C#
BASIC
FORTRAN
排序后:
BASIC
C#
FORTRAN
Java
Pascal
```

4.4.3 字符数组应用举例

例 4.23 输入一个正长整数，输出其对应的十六进制数。

分析：第 1 章中已介绍过，十进制正整数转换成对应的十六进制数的方法是"除 16 取余"。与例 4.5 不同的是，必须把余数 10~15 转换成字母 A~F，如果把所有的余数都以字符的形式存放到字符数组中，那么只要反序输出该数组元素的值就可以了。

```
#include <stdio.h>
int main()
{   long a;  int b,n;  char hex[9];       /* 正长整数对应的十六进制数最多8位 */

    printf("请输入一个正长整数: ");
    scanf("%ld", &a);
    n=0;
    do {
       b=a%16;
       hex[n++]=(b<10)?(b+'0'):(b-10+'A');  /* 余数转换成对应的字符 */
       a /= 16;
    }while (a!=0);
    printf("对应的十六进制数为: ");
    while (--n>=0)                           /* 反序输出字符数组元素的值 */
       printf("%c", hex[n]);
    printf("\n");
    return 0;
}
```

运行结果：
```
请输入一个正长整数: 1535985641
对应的十六进制数为: 5B8D47E9
```

例 4.24 编写一个程序实现字符串的复制，程序中不能使用 strcpy()函数。

方法一：下标法

```
#include <stdio.h>
int main()
{   int i;  char str1[81], str2[]="iPad2 & Jobs";

    for (i=0; str2[i]!='\0'; i++)
       str1[i]=str2[i];
```

```
        str1[i]='\0';      /* 结束标志'\0'也一同复制 */
        puts(str1);
        return 0;
}
```

方法二：指针法

```
#include <stdio.h>
int main()
{   char *p1, *p2, str1[81], str2[]="iPad2 & Jobs";
    for(p1=str1,p2=str2;*p2!='\0';p1++,p2++)
        *p1=*p2;
    *p1='\0';
    puts(str1);
    return 0;
}
```

```
p1=str1;  p2=str2;
while (*p2!='\0')
    *p1++=*p2++;
*p1='\0';
```

```
p1=str1;  p2=str2;
while
( (*p1++=*p2++)!='\0' )
    ;
```

运行结果：

`iPad2 & Jobs`

例 4.25 输入一行字符，统计其中有多少个单词（单词间以空格分隔）。例如，输入"I am a student"，有 4 个单词。

分析：单词的数目由空格出现的次数决定（连续出现的空格记为出现一次，每行开头的空格不算）。用变量 num 表示单词数，其初值为 0。引进一个标志变量 word，word=0 表示前一字符为空格，word=1 表示前一字符不是空格，word 初值为 0。程序逐个检测每一个字符是否为空格，如果前一字符是空格，当前字符不是空格，就说明出现新单词，num 加 1。

```
#include <stdio.h>
int main()
{   char *p, str[81];
    int num, word;

    puts("请输入一行字符：");
    gets(str);  num=word=0;
    for (p=str; *p!='\0'; p++)
        if (*p==' ') word=0;
        else if (word==0) { word=1;  num++; }
    printf("该行有%d个单词\n", num);
    return 0;
}
```

运行结果：

```
请输入一行字符：
I am a student
该行有4个单词
```

例 4.26 编写程序将用户输入的字符串中的每一个十进制数字字符置换成下列表格中所对应的一个字符串（所有其他字符不变），然后将置换后的结果显示在屏幕上，同时输出每个数字字符被置换的次数。

数字字符	0	1	2	3	4	5	6	7	8	9
置换成	(Zero)	(One)	(Two)	(Three)	(Four)	(Five)	(Six)	(Seven)	(Eight)	(Nine)

例如，若用户输入的字符串为 Page112-Line3，则置换后的结果为 Page(One)(One)(Two)-Line(Three)。数字字符 0～9 被置换的次数分别是：0 2 1 1 0 0 0 0 0 0。

```
#include <stdio.h>
int main()
{   char table[][8]={"(Zero)", "(One)", "(Two)", "(Three)", "(Four)",
                     "(Five)", "(Six)", "(Seven)", "(Eight)", "(Nine)" };
    char str1[64],str2[255],*p;
    int j,k,n,no[10]={0};

    printf("Input a string: ");
    gets(str1);
    for (j=k=0; str1[j]!='\0'; ++j)
    {   if ( !('0'<=str1[j] && str1[j]<='9') )
           { str2[k++]=str1[j];  continue; }/* 不是数字字符，则复制 */
        n=str1[j]-'0';
        no[n]++;  /* 统计数字字符被置换的次数 */
        for (p=table[n]; *p!='\0'; ++p)         /* 是数字字符，则置换 */
            str2[k++]=*p;
    }
    str2[k]='\0';
    puts(str2);   /* 输出置换后的结果 */
    for (k=0;k<10;k++)printf("%d  ",no[k]); /*输出各数字字符被置换的次数*/
    printf("\n");
    return 0;
}
```

运行结果：
```
Input a string: Page112-Line3
Page(One)(One)(Two)-Line(Three)
0 2 1 1 0 0 0 0 0 0
```

例 4.27 编写程序判断一个字符串中的括号{,[,(,),],}是否匹配，只有左右括号成对出现，并且顺序正确，才叫做"匹配"。例如，如果字符串为{2+[(a+b)(c+d)+5]/x+y}/z，则程序显示 Match；如果字符串为{2+[(a+b)(c+d]+5)/x+y}/z 或 {a}[，则程序显示 Mismatch。

分析：在检验算法中引进一个数组 stack，然后逐个处理字符串中的字符 s[i]。若 s[i] 是左括号，则直接放入数组 stack，等待相匹配的同类右括号出现；若 s[i]是右括号且数组 stack 中已无等待匹配的左括号，则就是不匹配的情况；或者若 s[i]是右括号且与最后放入数组 stack 的左括号同类型，则二者匹配，将数组 stack 中匹配的左括号删除，否则就是不匹配的情况。当字符串处理完毕时，如果数组 stack 中仍有等待匹配的左括号，就属于不匹配的情况，否则说明所有括号完全匹配。

要特别说明的是，程序中通过 while 语句将左右括号转换为对应的编号，左括号{、[、(的编号分别是 0、1、2，右括号)、]、}的编号分别是 4、5、6。实际放入数组 stack 中的是左括号的编号，同类型的左右括号的编号之和为常数 6。

```c
#include <stdio.h>
int main()
{   char s[81],b[]="{[(?)]}";      /* b[3]中的字符只要不是左右括号字符，都可以 */
    int  stack[40],top,right,i,j,k;

    printf("Input a string: ");  gets(s);
    top=-1;  right=1;
    for (i=0; s[i]!='\0' && right; i++)
    {   k=3;  j=-1;
        while (k==3 && j<6)
            if (s[i]==b[++j]) k=j;      /* k=3说明s[i]中的字符不是左右括号 */
                                        /* 把左右括号转换为对应的编号 */
        if (k<3)stack[++top]=k;         /* 是左括号，则其编号放到数组中 */
        if (k>3)if(top<0||(stack[top]+k)!=6)right=0;  /* 是右括号，但不匹配 */
            else top--;                 /*左右括号匹配，则左括号的编号从数组中删除*/
    }
    right = (right && top<0);           /*左右括号匹配且数组中没有多余的左括号*/
    printf("%s\n", (right ? "Match" : "Mismatch") );
    return 0;
}
```

运行结果：
```
Input a string: (2+[(a+b)(c+d)+5)/x+y)/z
Mismatch
```

例 4.28　超长正整数的加法运算。

分析：本例中只考虑两个正整数的加法运算，C 语言中 unsigned long 类型整数的取值范围为 0～4 294 967 295，对于超过这个范围的超长正整数进行操作时，一般可借助于字符数组存储加数，每个元素存放一位数字。由于两个加数的位数不一定相同，程序中用指针 p1 指向两个加数中位数较多的一个加数，指针 p2 指向另一个加数。运算应从个位开始，运算时应将数字字符转换为对应的数值参加运算，并且运算时应考虑进位问题。运算的结果还是存储在字符数组中，所以每一位数字还要转换为对应的数字字符。

```c
#include <stdio.h>
#include <string.h>
int main()
{   char s1[80],s2[80],t[81],*p1,*p2;
    int i,j,k,n1,n2,b,c;

    printf("请输入第1个加数：");  gets(s1);
    printf("请输入第2个加数：");  gets(s2);
```

```
        n1=strlen(s1);  n2=strlen(s2);
        p1=s1;  p2=s2;
        if (n1<n2)
        {   p1=s2;  p2=s1;              /*p1指向位数较多的一个加数,p2指向另一个加数 */
            b=n1;  n1=n2;  n2=b;        /* 保证n1中的位数不小于n2中的位数 */
        }
        t[n1+1]='\0';  c=0;             /* 和最多n1+1位,c中存放进位,其初值为0 */
        for (i=n1-1,j=n2-1,k=n1; j>=0; i--,j--,k--) /* 运算从个位开始 */
        {   b=(p1[i]-'0')+(p2[j]-'0')+c; /* 两个加数对应的位相加,再加低位的进位 */
            t[k]=b%10+'0';
            c=b/10;                     /* c中存放向高位的进位 */
        }
        for ( ; i>=0; i--,k--)          /* 位数较少的一个加数已完成运算 */
        {   b=(p1[i]-'0')+c;
            t[k]=b%10+'0';
            c=b/10;
        }
        t[0] = c+'0';
        p1 = (c!=0 ? t : t+1);
        printf("和: ");  puts(p1);
        return 0;
}
```

运行结果:

```
请输入第1个加数:1234567890123456789
请输入第2个加数:23456789034567890
和:1258024679158024679
```

4.5 指针数组和二级指针

4.5.1 指针数组

数组的元素均为指针类型数据,则称其为指针数组。指针数组是一组指针变量的集合,这组指针变量的类型必须相同,即这组指针变量的基类型必须相同。例如:

```
typedef int *POINTER;
POINTER p[3];
```

不用自定义类型定义指针数组的一般形式为:

类型标识符 *数组名[数组长度]

其中类型标识符为指针值所指向的变量的类型,即指针的基类型。例如:

```
int *p[3];
```

上面两种方法定义的指针数组 p 是完全一样的,都表示 p 是一个指针数组,其有 3 个数组元素，每个元素值都是指向整型变量的一个指针。

应该注意指针数组和指向一维数组的指针变量的区别。指向一维数组的指针变量是单个变量，其一般形式中"*变量名"两边的圆括号不可少。而指针数组是表示有多个指针（一组指针），其一般形式中"*数组名"两边不能有圆括号。例如：

```
int (*p)[3];
```

表示 p 是一个指向一维整型数组的指针变量，该数组有 3 个元素。

```
int *p[3];
```

表示 p 是一个指针数组，其 3 个元素 p[0]、p[1]、p[2]均为指向整型的指针变量。

显然，利用自定义类型定义指针数组和指向一维数组的指针变量可读性强，更容易理解两者的区别。

通常可用一个指针数组来指向一个二维数组，指针数组中的每个元素被赋予二维数组每一行的首地址。如果二维数组是字符型，每行存放了一个字符串，这时指针数组的每个元素存放了每个字符串的首地址。使用指针数组处理多个字符串比仅用字符数组更为方便和灵活，并能提高运行效率。

指针数组也可以在定义时给各数组元素赋初值。例如：

```
int a[3][4], *p[3]={ a[0], a[1], a[2] };
char *name[5]={ "Java", "Pascal", "C#", "BASIC", "FORTRAN"};
```

例 4.29 输入 5 个字符串，用"选择法"通过指针数组对这 5 个字符串从小到大排序。

```
#define N  5
#include <stdio.h>
#include <string.h>
int main()
{   char str[N+1][30];                     /* str[0]不用 */
    char *p[N+1],*t;
    int i,j,k;

    printf("请输入%d个字符串：\n", N);
    for (i=1; i<N+1; i++)
       { gets(str[i]);  p[i]=str[i]; }     /* p[i]中存放字符串的首地址 */
    for (i=1; i<N; i++)
    {   k=i;
        for (j=i+1; j<=N; j++)
            if (strcmp(p[j],p[k])<0) k=j;
        if (k!=i)
           { t=p[i];  p[i]=p[k];  p[k]=t;  } /* 交换两指针 */
    }
    printf("排序后：\n");
    for (i=1; i<N+1; i++)
       puts(p[i]);                           /* 下标法访问指针数组元素 */
```

```
    return 0;
}
```

本例和例 4.22 实现同样的功能，但实现的方法不同。本例中引进了指针数组，排序是在指针数组上进行的，也就是说排序时交换的是指针，字符串本身没有交换，所以字符数组 str 排序前后没有变化，如图 4.10 所示。而例 4.22 中，排序是直接在字符数组 str 上进行的，排序时要对字符串本身作交换。很显然，交换指针比交换字符串要快，特别是当字符串较长时。当然本例要多用一点内存空间，是典型的以空间换时间。

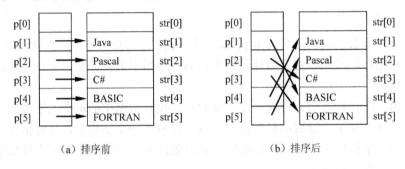

图 4.10 指针数组

4.5.2 指向指针的指针

如果一个指针变量存放的是另一个指针变量的地址，则称这个指针变量为指向指针的指针变量，也称为二级指针变量。例如：

```
typedef char *POINTER;
POINTER *pp;
```

不用自定义类型定义指向指针的指针变量的一般形式为：

类型标识符 **变量名；

其中的类型标识符是指针变量指向的指针变量的基类型。例如，char **pp; 表示 pp 是一个指向字符型指针变量的指针变量。

应该注意二级指针变量和行指针变量的区别。二级指针变量的基类型是指针类型，而行指针变量的基类型是一维数组。

对于普通的一维整型数组，可以用下标法或指针法访问其数组元素。例 4.29 中是用下标法访问指针数组的元素，那么能否用指针法访问指针数组的元素呢？答案是肯定的，这时就要用到指向指针的指针变量了。

与普通的一维整型数组一样，指针数组名是该数组的首地址，即 0 号元素的地址。由于 0 号元素本身是指针类型，所以一维指针数组名是指向指针的指针，当然它是常量。

例 4.30 指针法访问指针数组元素示例。

```
#include <stdio.h>
int main()
{   typedef char *POINTER;
```

```
    POINTER name[5]={ "Java", "Pascal", "C#", "BASIC", "FORTRAN"};
    POINTER *p;
    for (p=name; p<name+5; p++)
        puts(*p);      /* 指针法访问指针数组元素 */
    return 0;
}
```

运行结果：

```
Java
Pascal
C#
BASIC
FORTRAN
```

比较本例与例 4.15，可以看出，指针法访问指针数组元素与访问整型数组元素的方法是完全一样的，不同点只是本例中的类型是 POINTER，而例 4.15 中的类型是 int 。

练 习 4

一、选择题

1. 以下程序段运行后的输出结果是（　　）。

```
int n[5]={0,0,0}, i, k=2;
for (i=0; i<k; i++)  n[i]++;
printf("%d\n", n[k]);
```

  A. 不定值　　　　B. 2　　　　　　C. 1　　　　　　D. 0

2. 若有定义："int a[][3]={1,2,3,4,5,6,7};"，则数组 a 第一维的大小是（　　）。

  A. 2　　　　　　B. 3　　　　　　C. 4　　　　　　D. 无确定值

3. 若有定义："int a[10];"，则对数组 a 中的元素正确引用的是（　　）。

  A. a[10]　　　　B. a[3.5]　　　　C. a(5)　　　　　D. a[0]

4. 以下选项中，能正确定义二维数组的是（　　）。

  A. int a[][3];

  B. int a[][3]={1, 2};

  C. int a[3][]={1, 2};

  D. int a[2][3]={ {1}, {2}, {3,4} };

5. 若有定义："int a[][4]={0,0};"，则以下选项中，错误的是（　　）。

  A. 数组 a 的每个元素都可得到初值　　B. 二维数组 a 的第一维大小为 1

  C. 因为二维数组 a 中初值的个数不能被第二维大小的值整除，则第一维的大小等于所得商数再加 1，因此数组 a 的行数为 1

  D. 只有元素 a[0][0]和 a[0][1]可得到初值 0，其余元素均得不到初值 0

6. 以下程序段运行后，变量 s 的值是（　　）。

```
int a[3][3]={{1,2},{3,4},{5,6}}, i, j, s=0;
for (i=1; i<3; i++)
    for (j=0; j<i; j++)
        s+=a[i][j];
```

  A. 14　　　　　B. 19　　　　　C. 20　　　　　D. 21

7. 若有定义："char array[]="China";"，则数组 array 所占的空间为（　　）个字节。
   A. 4   B. 5   C. 6   D. 7

8. 若对两个数组 a 和 b 进行如下初始化，则以下叙述中，正确的是（　　）。

```
char a[]="ABCDEF";
char b[]={'A','B','C','D','E','F'};
```

   A. 数组 a 与数组 b 完全相同   B. 数组 a 与数组 b 长度相同
   C. 数组 a 与数组 b 中都存放字符串   D. 数组 a 比数组 b 长度长

9. 若有以下程序段，则（　　）。

```
char a[3], b[]="China";
a=b;
printf("%s",a);
```

   A. 运行后将输出 China   B. 运行后将输出 Ch
   C. 运行后将输出 Chi   D. 编译出错

10. 以下程序段运行后，变量 m 和 n 的值分别是（　　）。

```
char a[]={'a','b','c','d','e','f','g','h','\0'};
int  m, n;
m=sizeof(a);  n=strlen(a);
```

   A. 9，9   B. 8，9   C. 1，8   D. 9，8

11. 以下程序段运行后的输出结果是（　　）。

```
char str[12]={'s','t','r','i','n','g'};
printf("%d\n", strlen(str));
```

   A. 6   B. 7   C. 11   D. 12

12. 若运行以下程序段时，从键盘输入 ABC↙，则输出结果是（　　）。

```
char  str[10]="1,2,3,4,5";
gets(str);  strcat(str, "6789");
printf("%s\n", str);
```

   A. ABC6789   B. ABC67   C. 12345ABC6 D. ABC456789

13. 判断字符串 s1 是否大于字符串 s2，应当使用（　　）。
   A. if (s1>s2)   B. if (strcmp(s1,s2))
   C. if (strcmp(s2,s1)>0)   D. if (strcmp(s1,s2)>0)

14. 以下程序段运行后，变量 s 的值是（　　）。

```
int i, s=0;  char ch[7]="12ab56";
for (i=0; ch[i]>='0' && ch[i]<='9'; i+=2)
    s=10*s+ch[i]-'0';
```

   A. 15   B. 1256   C. 6   D. 1

15. 以下程序运行后的输出结果是（　　）。

```
#include <stdio.h>
#include <string.h>
int main()
{ char arr[2][4];
  strcpy(arr[0], "you");  strcpy(arr[1], "me");
  arr[0][3]='&';
  printf("%s\n", arr[0]);
}
```

  A. you   B. you&me C. me   D. err

16. 若运行以下程序时，从键盘输入 AhaMA□Aha✓，则程序的输出结果是（　　）。

```
#include <stdio.h>
int main()
{ char s[80], c='a';  int i;
  scanf("%s", s);
  for (i=0; s[i]!='\0'; i++)
    if (s[i]==c)  s[i]=s[i]-32;
    else if (s[i]==c-32)  s[i]=s[i]+32;
  puts(s);
}
```

  A. ahAMa B. AbAMa C. AhAMa□ahA D. ahAMa□ahA

17. 若有以下定义，则以下叙述中正确的是（　　）。

```
typedef int *INTEGER;
INTEGER p,*q;
```

  A. p 是 int 型变量   B. p 是基类型为 int 的指针变量
  C. q 是基类型为 int 的指针变量 D. 程序中可用 INTEGER 代替 int 类型名

18. 若有定义："int a=511, *b=&a;"，则 "printf("%d\n",*b);" 的输出结果为（　　）。

  A. 无确定值 B. a 的地址 C. 512   D. 511

19. 若有定义："char *p, *q;"，则语法合法的语句是（　　）。

  A. p*=3;   B. p/=q;   C. p+=3;   D. p+=q;

20. 若有定义："int a, b, c, *d=&c;"，则能正确从键盘读入 3 个整数分别赋给变量 a、b、c 的语句是（　　）。

  A. scanf("%d%d%d", &a,&b,d); B. scanf("%d%d%d", &a,&b,&d);
  C. scanf("%d%d%d", a,b,d);   D. scanf("%d%d%d", a,b,*d);

21. 以下程序段运行后，变量 a 的值为（　　）。

```
int *p, a=10, b=1;
p=&a;  a=*p+b;
```

  A. 12   B. 11   C. 10   D. 编译出错

22. 对于基类型相同的两个指针变量之间,不合法的运算是( )。
    A. <   B. =   C. +   D. -
23. 若有以下定义和语句,则以下选项中,错误的语句是( )。
```
int a=4, b=3, *p, *q, *w;
p=&a; q=&b; w=q; q=NULL;
```
    A. *q=0;   B. w=p;   C. *p=a;   D. *p=*w;
24. 以下程序段运行的输出结果是( )。
```
int *p, a;
a=100; p=&a; a=*p+10;
printf("%d\n",*p);
```
    A. 110   B. 100   C. 0   D. 出现错误
25. 若有定义:"int a[10];",则以下选项中,不能表示数组元素 a[1]的地址的是( )。
    A. &a[1]   B. a+1   C. &a[0]+1   D. a++
26. 若有定义:"int a[10]={0,1,2,3,4,5,6,7,8,9}, *p=a;",则( )不是对 a 数组元素的正确引用,其中 0≤i<10。
    A. a[p-a]   B. *(&a[i])   C. p[i]   D. *(*(a+i))
27. 若有定义:"int a, x[3][4];",则不能将 x[1][1]的值赋给变量 a 的语句是( )。
    A. a=*(*(x+1)+1); B. a=x[1][1]; C. a=*(*(x+1)); D. a=*(x[1]+1);
28. 以下选项中,不能正确进行初始化的是( )。
    A. char str[5]="good!";   B. char str[]="good!";
    C. char *str="good!";   D. char str[]={ 'g', 'o', 'o', 'd', '!' };
29. 以下程序段运行后,*(ptr+5)的值为( )。
```
char str[]="Hello";
char *ptr;
ptr=str;
```
    A. 'o'   B. '\0'   C. 不确定的值   D. 'o'的地址
30. 以下程序运行后的输出结果是( )。
```
#include <stdio.h>
int main()
{ char *p, ch[2][5]={"6937","8254"};
  int i, s;
  for (s=i=0; i<2; i++)
    for (p=ch[i]; *p>'\0'; p+=2)
      s=10*s+*p-'0';
  printf("%d\n",s);
}
```
    A. 69825   B. 63825   C. 6385   D. 693825

二、填空题

1. 若有定义："double a[10];"，则 a 数组元素下标的上限为_____，下限为_____。
2. 在 C 语言中，二维数组元素在内存中的存放顺序是_____。
3. 若有定义："int a[3][4]={{1,2},{0},{4,6,8,10}};"，则初始化后，a[1][2]得到的初值是_____，a[2][1]得到的初值是_____。
4. 以下程序段用"顺序查找法"查找数组 a 中是否存在某个数（该数通过键盘输入），并输出 YES 或 NO。请填空。

```
int i, x, a[8]={25, 57, 34, 86, 42, 63, 78, 19};
scanf("%d", &x);
for (_____; i++)
   if (a[i]==x) { printf("YES\n"); _____; }
if ( _____ )  printf("NO\n");
```

5. 以下程序首先输入 10 个整数存入数组 a，然后从数组 a 的第二个元素起，分别将后项减前项之差存入数组 b，并按每行 3 个元素的格式输出数组 b 中的值。请填空。

```
#include <stdio.h>
int main()
{   int a[10], b[10], i;
    for (i=0; i<10; i++)
        scanf("%d", &a[i]);
    for (i=1; i<10; i++)
        b[i]= _____;
    for (i=1; i<10; i++)
    {   printf("%d  ", b[i]);
        if (_____)  printf("\n");
    }
}
```

6. 在西方，星期五和数字 13 都代表着坏运气，所以，不管哪个月的 13 日又恰逢星期五就叫"黑色星期五"。以下程序输入年份（1901～2099）和该年的元旦是星期几（1～7），输出该年所有的"黑色星期五"。请填空。例如，

输入为：2006□7✓   输出为：2006-1-13□□2006-10-13。

```
#include <stdio.h>
int main()
{   int y, w, i, sum;
    int m[]={0,31,28,31,30,31,30,31,31,30,31,30,31};
    scanf("%d%d", &y,&w);
    if (y%4==0)  m[2]=29;
    for (sum=13-1,i=1; i<=12; i++)
    {   if (_____)
            printf("%d-%d-13   ", y,i);
        sum+=_____;
```

        }
    }

7. 以下程序段的输出结果是_____。

```
int i, j, t, a[8]={4, 7, 2, 5, 1, 3, 6, 8};
for (i=1; i<8; i++)
{   t=a[i];
    for (j=i-1; j>=0 && t>a[j]; j--)
        a[j+1]=a[j];
    a[j+1]=t;
}
for (i=0; i<8; i++)
    printf("%d ", a[i]);
```

8. 以下程序段的输出结果是_____。

```
int i, a[3][3]={ 1, 2, 3, 4, 5, 6, 7, 8, 9 };
for (i=0; i<3; i++)
    printf("%3d", a[i][2-i]);
```

9. 以下程序段的输出结果是_____。

```
char s[]="abcdef";
s[3]='\0';
printf("%s\n",s);
```

10. 若有定义："int b[]={1,2,3,4}, y, *p=b;"，则执行语句"y=*p++;"后，变量 y 的值为_____。

11. 以下程序段的输出结果是_____。

```
int arr[]={30, 25, 20, 15, 10, 5}, *p=arr;
p++;
printf("%d\n", p[3]);
```

12. 以下程序段运行后，变量 s 的值是_____。

```
int a[]={1, 2, 3}, s, *p;
for (s=1, p=a; p<a+3; p++)
    s *= *p;
```

13. 以下程序段的输出结果是_____。

```
char a[]="language",b[]="program";
char *p1=a, *p2=b;
for ( ; *p2!='\0'; p1++,p2++)
    if ( *p1==*p2 )  printf("%c", *p1);
```

14. 若运行以下程序时，从键盘输入 def□abc↙，则程序的输出结果是_____。

```
#include <stdio.h>
```

```
#include <string.h>
int main()
{   char *p="xyz", s[10]="abc", str[50];
    scanf("%s, str);
    strcat(str, strcpy(s,p));
    printf("%s\n", str);
}
```

15. 以下程序输入两行字符串（长度都小于 20），将其连接，再将新串中全部空格移到串首之后输出这个新串。请填空。例如，

输入为：Shang□hai✓ Ch□i□na✓
输出为：□□□ShanghaiChina

提示：首先连接两行字符串，然后扫描整个字符串，若当前字符 s[i]是空格，则进行移位，s[i-1]~s[0]向后移动一个位置，s[i]被放在串首 s[0]。再继续扫描，直到串尾。

```
#include <stdio.h>
#include <string.h>
int main()
{   char a[40], b[20];  int i, j;
    _____  strcat(a, b);
    for (i=1; _____; i++)
       if (a[i]==' ')
       {   for (j=i-1; j>=0; j--)
              _____;
           a[0]=' ';
       }
    printf("%s\n", a);
}
```

16. 以下程序实现在 5 个字符串中找出最小的字符串并输出。请填空。

```
#include <stdio.h>
#include <string.h>
int main()
{   char *pmin, *name[]={"C#", "BASIC", "Pascal", "Java", "C++"};
    int i;
    _____;
    for (i=1; i<5; i++)
       if (_____) pmin=name[i];
    puts(pmin);
}
```

三、编程题

1. 编写一个程序，输入 10 名职工的工号和工资，输出工资低于平均值的职工的工号和工资。

2. 编写一个程序，输入 10 个数存放在数组 a 中，然后将这 10 个数原地逆序存放在数组 a 中后输出，要求程序中不能使用两个数组。

3. 编写一个程序，将一个一维数组中的每一个元素依次循环后移一位。

4. 编写一个程序，输入年月日，输出是该年的第几天，程序可不考虑输入数据错误。

5. 编写一个程序，输入 20 名学生的身高（单位为 cm），统计并输出各个身高段的人数，身高段分 150 以下、150~154、155~159、…、180~184、185~189、189 以上 10 个档次。要求程序尽可能简短，程序可不考虑输入数据错误。

6. 一个数如果恰好等于它的因子之和（包括 1，但不包括这个数本身），这个数就称为"完数"。例如，28 的因子为 1、2、4、7、14，而 28=1+2+4+7+14，因此 28 是完数。编写一个程序，找出 1000 以内的所有完数，要求输出格式为：28 it's factors are 1, 2, 4, 7, 14 。

7. 开灯问题。有编号为 1~n 的 n 个学生和 n 盏灯，1 号学生将所有的灯都关掉，2 号学生将编号为 2 的倍数的灯都打开，3 号学生将编号为 3 的倍数的灯作相反处理（该灯若是打开的，则关掉；该灯若是关掉的，则打开），以后的学生都将自己编号的倍数的灯作相反处理。问经过 n 个学生操作后，哪些灯是打开的？

8. 游戏问题。有 12 名小朋友手拉手站成一个圆圈，从第一名小朋友开始报数，报到 7 的那名小朋友退到圈外，然后他的下一位重新报 1。这样继续下去，直到最后只剩下一名小朋友，问这名小朋友原来站在什么位置上？

9. 假定有一个一维数组中的数按从小到大有序排列，现要求从键盘上输入一个数，并插入到该数组中，使得该数组中的数仍然按从小到大有序排列。

10. 编写一个程序，输出 n 阶杨辉三角形，下面是一个 $n=5$ 的杨辉三角形。

    ```
    1
    1   1
    1   2   1
    1   3   3   1
    1   4   6   4   1
    ```

11. 假定有 10 个候选人，他们分别用编号 1~10 表示，有 20 个人参加投票，每个投票人只能把票投给一个候选人，输入每个投票人投给某个候选人的编号，编程统计每个候选人的得票数，并按照得票数从高到低输出每个候选人的编号和得票数。

12. 编写一个程序，找出二维数组每一行中最小的元素组成一个一维数组。

13. 编写一个程序，找出二维数组中的鞍点，即该位置上的元素是该行中的最大值，也是该列中的最小值。二维数组也可能没有鞍点。

14. 编写一个程序生成 $n×n$ 的螺旋方阵，下面是一个 $5×5$ 的螺旋方阵。

    ```
     1   2   3   4   5
    16  17  18  19   6
    15  24  25  20   7
    14  23  22  21   8
    13  12  11  10   9
    ```

15．回文是从前向后读和从后向前读都一样的字符串，输入一个字符串，编程判断该字符串是否是回文后输出。例如，字符串"level"是回文。

16．编写一个程序，输入一行字符，统计其中 26 个英文字母（不区分大小写）各出现多少次。例如，输入&%Aba45BD!@<回车>，输出 A:2　B:2　D:1。

17．编写一个程序，实现两字符串的比较，要求程序中不能使用库函数 strcmp()。

18．编写一个程序，实现将一个由十六进制数字字符组成的字符串，转换成对应的十进制数后输出。例如，字符串为"2A8E"，则转换后的数应为 10894。

19．编写一个程序，实现删除某一个字符串中的某一个字符，要求字符串和字符都通过键盘输入。

20．字符加密。从键盘上输入一行字符，将其中的英文字母（不分大小写）加密后输出，加密方法为：a 变为 e，b 变为 f，c 变为 g，依此类推，…，v 变为 z，w 变为 a，x 变为 b，y 变为 c，z 变为 d。

第 5 章 函 数

5.1 函数概述

在第 1 章中已经介绍过，C 程序是由一个个函数组成的。虽然在前面各章的程序中都只有一个主函数 main()，但一个真正实用的程序往往由多个函数组成。C 语言中的函数相当于其他高级语言的子程序，C 语言不仅提供了极为丰富的库函数，还允许用户建立自己定义的函数。用户可把自己的算法编成一个个相对独立的函数，然后用调用的方法来使用函数。

在 C 语言中，所有的函数定义（包括主函数 main()）都是平行的。也就是说，在一个函数的函数体内，不能再定义另一个函数，即不能嵌套定义。但函数之间允许相互调用，也允许嵌套调用，甚至函数还可以自己调用自己，称为递归调用。习惯上把调用者称为主调函数，被调用的函数称为被调函数。main()函数是主函数，它可以调用其他函数，但不能被其他函数所调用。因此，C 程序的执行总是从 main()函数开始，完成对其他函数的调用后再返回到 main()函数，最后由 main()函数结束整个程序。一个 C 源程序必须有，也只能有一个主函数 main()。因此，C 程序的全部工作都是由各式各样的函数完成的，所以也把 C 语言称为函数式语言。函数的作用有两个：

（1）避免代码的重复。一个程序中往往有多处需要完成一个特定的功能，如求一个数的平方根或者对一组数据排序。如果没有函数，则程序中就要把求数的平方根程序或者排序程序重复多次。有了函数机制后，可以把实现一个特定功能的程序，如求数的平方根程序或者排序程序，编成一个个函数。这样，当需要求数的平方根或者排序时，只要调用相应的函数就可以了。

（2）便于结构化程序设计。结构化程序设计在总体设计阶段采用"自顶向下，逐步求精"的模块化设计方法，该方法把一个复杂的待求解问题根据总需求划分成若干个相对独立的模块，每个模块完成一个特定的功能。如果一个模块应完成的功能过于复杂，还可以再细分成若干个子模块。不管是模块还是子模块，在 C 语言中都可以用函数实现，因此，C 语言易于实现结构化程序设计，它使得程序的层次结构清晰，便于程序的编写、阅读、调试。

在 C 语言中可从不同的角度对函数分类：

（1）从函数定义的角度看，函数可分为库函数和用户定义函数两种。

① 库函数是由 C 系统提供，用户无须定义，也不必在程序中作类型声明，只需在程序前包含有该函数原型的头文件即可在程序中直接调用。例如，在前面各章的例题中反复

用到的 printf()、scanf()、gets()、puts()、sqrt()、strcmp()等函数均属此类。

② 用户定义函数由用户按需要写的函数。对于用户自定义函数，不仅要在程序中定义函数本身，而且在主调函数中还必须对该被调函数进行类型声明，然后才能使用。

（2）C语言的函数兼有其他高级语言中的函数和过程两种功能，从这个角度看，又可把函数分为有返回值函数和无返回值函数两种。

① 有返回值函数被调用执行完后将向调用者返回一个执行结果，称为函数返回值。如数学函数即属于此类函数。由用户定义的这种要返回函数值的函数，必须在函数定义和函数声明中明确返回值的类型。

② 无返回值函数用于完成某项特定的处理任务，执行完成后不向调用者返回函数值。该类函数类似于其他高级语言中的过程。由于函数无返回值，用户在定义该类函数时可指定其返回为"空类型"，空类型的类型标识符为 void。

（3）从主调函数和被调函数之间数据传送的角度看，又可分为无参函数和有参函数两种。

① 无参函数在函数定义、函数声明及函数调用时均不带参数，主调函数和被调函数之间不进行参数传送。此类函数通常用来完成一组指定的功能，可以返回或不返回函数值。

② 有参函数也称为带参函数，在函数定义及函数声明时都有参数，称为形式参数（简称为形参）。在函数调用时也必须给出参数，称为实际参数（简称为实参）。进行函数调用时，主调函数将把实参的值传送给形参，供被调函数使用。

5.2 函数的定义

任何函数（包括主函数 main）都是由函数首部和函数体两部分组成。函数首部定义了函数的名称、返回值的类型，以及调用该函数时需要给出的参数个数和类型等。函数体是用大括号括起来的部分，包括对函数内部使用变量的定义和实现具体功能的执行语句两个部分。函数定义的一般形式为：

[类型标识符] 函数名([类型标识符 形参名1，类型标识符 形参名2，…])
{   [声明语句部分]
      [执行语句部分]
}

说明：

（1）函数定义格式中的第一行称为函数首部，又称为函数原型。需要注意的是，定义函数时，函数首部的末尾不能加分号。

（2）类型标识符指明了本函数的类型，函数的类型实际上是函数返回值的类型。函数的类型可以是整型、实型、字符型、指针型、结构体等类型，但不能是数组类型。如果类型标识符缺省，默认为 int 类型。如果函数没有返回值，应明确用类型标识符 void 指明。

（3）函数名是由用户定义的标识符，函数名后有一对圆括号，圆括号中的称为形式参数表，形式参数表可有可无，但圆括号不能省略。需要注意的是，在同一个源程序文件中，各个函数的函数名不能相同。

（4）形式参数表根据需要可有可无。如没有，可用类型标识符 void 来明确指明。如有形参，形参的个数可根据需要设定，当然，各个形参的名字不能相同。

（5）函数首部下面大括号中的内容称为函数体，由声明部分和执行部分组成。声明部分可有可无，主要用于对函数体内部所用到的变量进行定义，以及对所调用的函数进行声明。执行部分由 C 语言的基本语句组成，是函数功能的核心部分，具体实现函数的功能。执行部分也可以没有，这时定义的函数就称为"空函数"。空函数什么也不做，先占一个位置，在程序需要扩充其功能时，再用一个编好的同名函数取代它。

下面通过"定义一个求两个整数中较大值的函数"来说明上述概念。

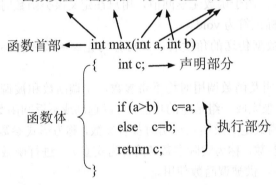

函数的返回值是指函数被调用后，执行函数体中的语句所取得的并返回给主调函数的值。关于函数的返回值有以下几点说明：

（1）函数的值只能通过 return 语句返回主调函数。return 语句的一般形式为：

return 表达式； 或者 return （表达式）； 或者 return；

return 语句中的表达式可有可无，如带有表达式，则表达式两边的圆括号可加可不加。带有表达式的 return 语句的功能是计算表达式的值，将其作为函数的返回值，随之将控制返回到主调函数的调用处继续执行。不带表达式的 return 语句的功能是立即中止函数体的执行，并将控制返回到主调函数的调用处继续执行。

如果函数有返回值，则该函数的函数体中使用的 return 语句都应带有表达式，这样的 return 语句至少有一个，也允许有多个。如果有多个 return 语句，则每次调用应保证至少有一个 return 语句被执行，函数每次只能返回一个函数值。例如，前面的 max() 函数的函数体可以改为一个语句"if (a>b) return a; else return b;"，这时的函数体中就没有声明部分，但有两个 return 语句。很显然，任何情况下，只有一个 return 语句被执行。

（2）return 语句中表达式的类型和函数定义中函数的类型应保持一致。如果两者不一致，则以函数类型为准，即系统自动会将表达式的类型转换成函数的类型。当然要注意，这种自动类型转换可能会丢失精度或溢出。

（3）没有返回值的函数体中可以没有 return 语句，如果有，也必须是不带表达式的 return 语句。没有返回值的函数被调用时，当执行到函数体中的 return 语句或者执行到函数体中逻辑上最后一个语句后，函数的这次调用就结束，随之将控制返回主调函数的调用处继续执行。

例 5.1 定义一个求两个正整数的最大公约数的函数。

```
int gcd(int a, int b)
{   int r;

    while ( (r=a%b) !=0 )
       { a=b;  b=r; }
    return b;
}
```

例 5.2 定义一个输出 60 个星号 "*" 的函数。

```
void printstar60(void)
{   int i;

    for (i=0; i<60; i++)
        putchar('*');
    putchar('\n');
}
```

关于函数的定义还应注意：
（1）不能在一个函数的函数体内再定义其他函数，即函数不能嵌套定义。
（2）在 C 语言中，一个函数定义的位置可以放在任意地方，既可放在主函数 main() 之前，也可放在 main() 之后。
（3）在有参函数定义中，各个形参的类型应分别定义，如上面的有参函数 max() 定义的第一行不能写成 int max(int a, b)，错误原因是省略了形参 b 前的类型标识符 int 。
（4）函数体中定义的变量名不能与形参名相同。

综上所述，定义函数时应根据问题的需求，首先决定函数的类型并选定一个函数名，然后决定形式参数的类型、个数和形参名，最后在一对大括号内写函数体。在函数体中可以把形参当作是已经被赋值过的变量那样使用。

可见，函数用来实现某一特定的功能，在设计函数时只有抽象的功能要求，没有具体的数据，即不知道函数形参的具体值。形参的具体数值可能是各种各样的，但是对这些形参所进行的操作却都是相同的，如前面定义的求两个整数中较大值的函数，求两个正整数的最大公约数的函数等。所以说函数封装了完成某一特定功能的程序代码和数据，实现了较高级的抽象，符合程序设计模块化的要求。

5.3 函数的调用

5.3.1 函数声明

在一个函数中要调用另一个函数时，需要具备以下条件：
（1）被调用的函数必须是已经存在的函数（库函数或用户自己定义的函数）。
（2）如果调用的是库函数，一般应该在本源程序文件的开始用预处理命令#include 将此库函数所需用到的有关信息包含到本文件中。例如：

```
#include    <stdio.h>
```

其中 stdio.h 是一个头文件，在 stdio.h 文件中存放了有关输入输出库函数的相关信息。

（3）如果调用的是用户自己定义的函数，而且该函数与主调函数在同一个文件中，一般应该在主调函数中对被调用函数进行函数声明，即向编译系统声明将要调用此函数，并将此函数的有关信息（即被调用函数的函数类型、形参的个数、类型和顺序等）通知编译系统。编译系统在处理函数调用时，可以从中获得函数调用所必需的信息，以确认函数调用在语法及语义上的正确性，从而生成正确的函数调用代码。

在 C 语言中，采用函数原型的形式进行函数声明。函数原型实际上就是函数定义格式中的函数首部，因为在函数首部中已经包含了函数类型、形参的个数、类型和顺序等信息。函数原型的一般形式为：

类型标识符　函数名(形参类型1　形参名1　，形参类型2　形参名2　，…)

由于编译系统根据函数原型在对函数调用进行合法性检查时，并不检查形参名，所以函数的原型可以用以下简化形式：

类型标识符　函数名(形参类型1　，形参类型2　，…)

例如：

```
int max(int a, int b);        /* 注意函数声明时，必须在函数原型的末尾加上分号 */
int gcd(int a, int b);
void printstar60(void);
```

需要说明的是函数声明与函数定义在形式上有相似之处，但两者是不同的概念。函数定义是指对函数功能的确立，包括指定函数名、函数的类型、形参及其类型、函数体等。而函数声明是对已定义的函数进行声明，只包括函数名、函数的类型、形参及其类型，不包括函数体。

C 语言中又规定，对以下几种情况，主调函数中可以省去对被调函数的函数声明。

（1）当被调函数的函数定义出现在主调函数之前时，在主调函数中可以对被调函数不作声明而直接调用。例如：

```
#include <stdio.h>
int max(int a, int b)         /* 这里的函数定义又起到了函数声明的作用 */
{
    return (a>b?a:b);
}
int main()
{   …
    z=max(x,y);               /* 可以对函数max()不作声明而直接调用 */
    …
}
```

（2）如果在所有函数定义之前，在源程序文件的开始处，在函数的外部已预先进行了函数声明，则在各主调函数中可以对被调函数不作声明而直接调用。例如：

```
int fun1(int a, int b);
float fun2(float x, float y);
int main()
{
    …    /* 可以对函数fun1()、fun2()不作声明而直接调用 */
}
int fun1(int a, int b)
{
    …    /* 可以对函数fun1()、fun2()不作声明而直接调用 */
}
float fun2(float x, float y)
{
    …    /* 可以对函数fun1()、fun2()不作声明而直接调用 */
}
```

其中第一、二行对 fun1()函数和 fun2()函数预先作了声明，因此在以后各函数中无须对 fun1()函数和 fun2()函数再作说明就可直接调用。

（3）对库函数的调用不需要再作函数声明，但必须把该函数对应的头文件用#include 命令包含在源程序文件的前部。

5.3.2 函数调用

C 语言中，函数调用的一般形式为：

函数名([实在参数表])

其中实在参数表中，实参的个数与顺序必须与形参的个数与顺序相同，实参的数据类型必须与对应的形参数据类型相同或兼容。实参是有确定值的变量或表达式，各实参之间用逗号分隔。对无参函数调用时，无实在参数表，但函数名后的圆括号不能省略。

主调函数中可以用以下几种方式调用被调函数。

（1）函数语句：当函数调用不要求有返回值时，可由函数调用加上分号来实现，即该函数调用作为一个独立语句使用。例如：

```
printf("%d", a);  scanf ("%d", &b);
```

（2）函数表达式：函数调用作为表达式中的一个运算对象出现在表达式中，以函数返回值来参与表达式的运算。这种方式要求函数必须是有返回值的。例如：

```
z=max(x, y);
```

（3）函数参数：函数调用作为另一个函数调用的实在参数。这种情况是把该函数的返回值作为实参进行传递，因此要求该函数必须是有返回值的。例如：

```
printf("%d", max(x, y));
```

在函数调用中还应该注意的一个问题是求值顺序的问题。所谓求值顺序，是指对实在参数表中各实参是从左到右使用呢，还是从右到左使用。对此，各编译系统的规定不一定相同。在介绍 printf()函数时已提到过，这里从函数调用的角度再强调一下。假如有下列程序段：

```
int i=8;
printf("%d, %d, %d\n", ++i, i++, i--);
```

如果对 printf 语句中的++i、i++、i--从左到右的顺序求值，则输出结果为：

9, 9, 10

如果对 printf 语句中的++i、i++、i--从右到左的顺序求值，则输出结果为：

9, 7, 8

还要说明的是，无论是从左到右求值，还是从右到左求值，其输出顺序都是不变的，即输出顺序总是和实在参数表中实参的顺序相同。由于 Dev-C++ 5.5.3 是从右到左求值的，所以结果为 9, 7, 8。读者如对上述问题还不理解，上机一试即明白。

例 5.3 求 1000 以内的亲密数对。如果一个正整数 a 的因子和为 b，b 的因子和为 a，则称 a 和 b 是一对亲密数。

分析：设有一个数 i 且满足条件 $a\%i=0$，则称 i 为正整数 a 的一个因子，注意数 a 本身不算它的因子，但数 1 认为是它的因子。由于既要计算 a 的因子和，又要计算 b 的因子和，所以应当编写一个求某个数的因子和的函数。

```
#include <stdio.h>
int main()
{   int a,b,c;
    int factorsum(int x);                    /* 函数声明 */

    for (a=2; a<=1000; a++)
    {   b=factorsum(a);  c=factorsum(b);     /* 函数调用 */
        if ( (a==c) && (a<b) )
            printf("%5d  %5d\n", a,b);
    }
    return 0;
}

int factorsum(int x)                          /* 函数定义 */
{   int i,s=1;

    for (i=2; i<=x/2; i++)
       if (x%i==0) s+=i;
    return s;
}
```

运行结果：

`220    284`

5.3.3 形参与实参

前面已经介绍过，函数的参数分为形参和实参两种。在本节中，将进一步介绍形参、实参的特点和两者的关系。

在定义函数时，函数名后面括号中的变量名称为"形式参数"，在调用函数时，函数名后面括号中的表达式称为"实在参数"。形参和实参的功能是作数据传送。发生函数调用时，主调函数把实参的值传送给被调函数的形参，从而实现主调函数向被调函数的数据传送。

函数的形参和实参具有以下特点：

（1）在定义函数时指定的形参变量，当函数未被调用时，它们并不占用内存中的存储单元。只有在发生函数调用时，系统才为形参变量分配内存单元。在函数调用结束后，形参变量所占用的内存单元就被释放。因此，形参只有在函数内部有效，函数调用结束后则不能再使用形参变量。

（2）实参可以是常量、变量、表达式、函数调用等，无论实参是何种类型的量，在进行函数调用时，它们都必须具有确定的值，以便把这些值传送给形参。因此应预先用赋值或输入等方法使实参获得确定值。实参出现在主调函数中，进入被调函数后，实参变量不能使用。

（3）实参和形参在数量上、顺序上必须一致，而实参和形参在类型上应保持一致或兼容，否则会发生"类型不匹配"的语法错误。关于实参和形参在类型上是否兼容，要从实参和形参的功能上理解。当函数调用时，主调函数把实参的值传送给被调函数的形参，这种传送本质上就是赋值，即将实参的值赋给形参变量。如果实参和形参的类型不同，在赋值过程中会进行类型的自动转换（这种转换可能会丢失精度或溢出），因此，只要赋值合法，就可以认为实参和形参在类型上是兼容的。例如，形参是 double，实参可以是 float、int，甚至 char 类型，但不能是指针类型。

（4）函数调用时发生的数据传送是单向的。即只能把实参的值传送给形参，而不能把形参的值反向地传送给实参。因此在函数调用过程中，形参的值发生改变，而实参中的值不会变化。从另一个角度来说，因为实参可以是常量或表达式，常量或表达式当然是不能变的。

例 5.4 实参和形参之间数据传送的单向性示例（求 $1\sim m$ 之间整数的和，m 由用户输入）。

```
#include <stdio.h>
int main()
{   int m,s;
    int sum(int n);

    printf("请输入一个整数: ");
    scanf("%d", &m);
```

```
        s=sum(m);
        printf("m=%d\n", m);      /* 输出实参m的数值,没有变化 */
        printf("和: %d\n", s);
        return 0;
    }

    int sum(int n)
    {   int i;
        for (i=n-1; i>=1; i--)
            n+=i;
        printf("n=%d\n", n);      /* 输出形参n改变后的数值 */
        return n;
    }
```

运行结果:

```
请输入一个整数: 100
n=5050
m=100
和: 5050
```

5.3.4 库函数调用实例

C 语言提供了大量的库函数,如前面使用过的 printf()、scanf()、gets()、puts()、sqrt()、strcmp()等都是库函数。本节介绍库函数——随机数函数的应用。

(1) 随机数函数 rand()的函数原型是:

```
int rand(void);
```

使用该函数应包含头文件 stdlib.h。函数 rand()的功能是产生 0~RAND_MAX(该常量由系统定义,用户可直接使用,通常为 32 767)之间均匀分布的随机整数,它产生的不是真正意义上的随机数,而是一个伪随机数,是根据一个数(称它为种子)为基准以某个递推公式推算出来的一系列数。由于在一般情况下,种子的值是固定的,所以每次运行程序时产生的数据序列都相同。为了改变种子的值,C 语言提供了随机数初始化函数 srand()。

(2) 随机数初始化函数 srand()的函数原型是:

```
void srand(unsigned);
```

使用该函数应包含头文件 stdlib.h。该函数只有一个形参,它就是随机数的种子。如果在每次调用 srand()函数时能保证实参的值不同,就能保证 rand()函数不产生重复的数据序列。其中 srand((unsigned) (time(NULL)))是一种方法,即用 time()函数的返回值作为 srand()函数调用的实参。由于 time()函数返回自格林威治时间 1970 年 1 月 1 日 0 时至现在所经过的秒数,这样就能保证每次调用 srand()函数时实参的值不同。使用 time()函数应包含头文件 time.h。

需要说明的是,不要使用随机数函数 random()和随机数初始化函数 randomize(),因为这两个函数本质上是两个"宏",不能保证在所有的系统下都能使用。

例 5.5 编写一个程序模拟商品价格竞猜游戏。系统自动产生一个商品的价格，范围在 100~199，用户输入猜想的价格。如果猜对了，提示相关信息后程序结束；如果猜想的价格小于商品的价格，程序提示"你猜小了！"；否则程序提示"你猜大了！"。

分析：本题的关键是如何产生 100~199 的随机数，方法为 100+(double)(rand())/RAND_MAX*(199-100)，因为当 rand()函数返回 0 时，表达式的值为 100，当 rand()函数返回 RAND_MAX 时，表达式的值为 199。

```c
#include <stdio.h>
#include <stdlib.h>
#include <time.h>
int main()
{   int price, x;
    srand((unsigned)(time(NULL)));    /* 初始化随机数种子 */
    price=100+(double)(rand())/RAND_MAX*(199-100);
    do {
        printf("请输入你猜想的价格(100~199)：");
        scanf("%d", &x);
        if (x==price)  break;
        else if (x<price)  printf("你猜小了！\n");
        else  printf("你猜大了！\n");
    }while (1);                       /* 一直猜下去，直到猜对为止 */
    printf("恭喜你，猜对了！\n");
    return 0;
}
```

运行结果：

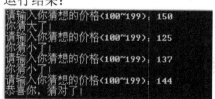

例 5.6 编写一个小学生加法练习程序。出 10 道加数在 20 以内的加法题，每道题允许回答两次，第一次答对得 10 分，第二次答对得 5 分，否则不得分，最后程序输出总分。

分析：本例与例 5.5 有相似性，相似之处就是加数应当也是随机产生的。与例 5.5 不同的是，加数产生后要显示在屏幕上，等待学生回答，每道加法题最多答两次，而不是一直答下去，直到答对为止。由于要做 10 道加法题，所以应当是循环嵌套结构。另外，还要根据每道题的答题情况统计总分。

```c
#include <stdio.h>
#include <stdlib.h>
#include <time.h>
int main()
{   int i,c,x,y,z,score,right;
```

```
        char msg[2][7]={"错误!", "正确!"};
        srand((unsigned)(time(NULL)));
        score=0;                              /* 总分初值置0 */
        for (i=1; i<=10; i++)
        {   x=1+(double)(rand())/RAND_MAX*(20-1);        /* 产生两个加数 */
            y=1+(double)(rand())/RAND_MAX*(20-1);
            c=0;                              /*每道题答题次数计数器初值置0*/
            do {
                printf("\n第%d题: %d+%d=? ", i,x,y);  /* 显示题目 */
                scanf("%d", &z);  c++;        /* 回答一次, 计数器加1 */
                right=(z==x+y);               /* right中保存回答是否正确的判断结果 */
                puts(msg[right]);             /* 根据答题情况显示相应的信息 */
            }while ( !(right||c==2) );        /*回答正确或已答两次结束,否则继续做本题*/
            score += right*(3-c)*5;           /* 统计总分, 非常巧妙, 包括了3种情况 */
        }
        printf("\n总得分: %d\n", score);
        return 0;
    }
```

部分运行结果:

```
第9题: 16+19=? 34
错误!
第9题: 16+19=? 35
正确!
第10题: 7+18=? 25
正确!
总得分: 90
```

本例做了详细注释,引进变量 right 是本例关键,统计总分的方法值得读者思考和学习。

5.4 数组作为函数的参数

数组可以作为函数的参数使用,进行数据传送。数组用作函数参数有两种形式,一种是把数组元素(下标变量)作为实参使用;另一种是把数组名作为函数的形参和实参使用。

5.4.1 数组元素作函数实参

数组元素就是下标变量,与简单变量并无区别,因此作为函数实参使用与简单变量是完全相同的。在发生函数调用时,把作为实参的数组元素的值传送给形参,实现单向的值传送。要特别说明的是,函数的形参没有下标变量这种形式。因为在定义函数时,函数首部中的形式参数表是对形参变量的定义。一个变量只能定义为简单变量形式或数组名形式,不能定义为一个数组元素。

例 5.7 定义一个判断某字符是否为英文字母的函数,利用该函数统计输入的一个字符串中英文字母的个数。

```
#include <stdio.h>
int isalp(char c)    /* 定义判断c是否为英文字母的函数 */
{   return (c>='a' && c<='z' || c>='A' && c<='Z');
}

int main()
{   int i,num;   char str[81];

    printf("请输入一个字符串: \n");  gets(str);
    for (num=i=0; str[i]!='\0'; i++)
        if ( isalp(str[i]) )  num++;
    printf("英文字母有%d个\n", num);
    return 0;
}
```

运行结果：

```
请输入一个字符串:
Shanghai 2012
英文字母有8个
```

5.4.2 指针作函数参数

函数的参数不仅可以是整型、实型、字符型等数据，还可以是指针类型的数据。函数调用时，实参变量和形参变量之间的数据传递是单向的，指针变量作为函数参数也要遵守这一规则。所以函数调用不能改变实参指针变量的值，但是可以改变实参指针变量所指向的变量的值。当指针作函数参数时，形参指针变量的值等于实参指针变量的值，即形参指针变量与实参指针变量指向相同的内存单元。改变形参指针变量所指向的内存单元的值，也就改变了实参指针变量所指向的内存单元的值，从而使主调函数可以得到多个运算结果。这种将指针作为函数参数的数据传递方式称为地址传递方式，简称传址方式。

例 5.8 定义一个交换两整型变量值的函数，在主函数中调用该函数验证其功能。

分析：要实现交换两整型变量的值，函数的形参必须是指向整型的指针，并让形参指向要交换的两整型变量，这样通过形参指针的间接访问就能实现交换两变量的值。

```
#include <stdio.h>
void swap(int *p1, int *p2)
{   int t;
    t=*p1;  *p1=*p2;  *p2=t;    /* 交换了p1和p2所指向的变量a和b的值 */
}

int main()
{   int a=3,b=5,*q1=&a,*q2=&b;

    printf("a=%d  b=%d\n", a,b);
    swap(q1,q2);
    printf("a=%d  b=%d\n", a,b);
```

```
    return 0;
}
```

运行结果:
```
a=3  b=5
a=5  b=3
```

本例中在调用函数 swap() 之前有关变量的取值如图 5.1（a）所示。刚进入函数 swap() 时，生成变量 p1 和 p2，它们的取值分别等于 q1 和 q2 的值，如图 5.1（b）所示。用 3 条语句实现交换后，有关变量的取值如图 5.1（c）所示。函数调用结束返回后，变量 p1 和 p2 已经不存在，有关变量的取值如图 5.1（d）所示。本例充分说明了第 4 章所不能理解的通过指针变量间接访问简单变量的作用。

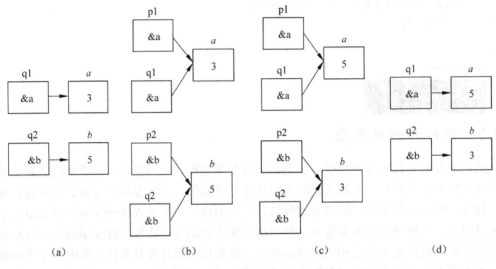

图 5.1 例 5.8 中变量变化示意图

本例还有以下几点需要说明：

（1）函数 swap() 不能写成

```
void swap(int *p1, int *p2)
{   int *t;
    *t=*p1;  *p1=*p2;  *p2=*t;    /* 变量t没有初值，给*t赋值是严重的错误 */
}
```

（2）指针变量 q1 和 q2 完全可以不要，只要把语句"swap(q1,q2);"改为"swap(&a,&b);"即可。用指针变量 q1 和 q2 的目的是为了与下面的程序 2 对比，说明即使形参是指针类型，实参指针变量 q1 和 q2 的值不变，本例中变的是整型变量 a 和 b 的值。

（3）由于函数的实参变量和形参变量之间的数据传递是单向的"值传递"方式，因此下面的两个程序都不能实现交换变量 a 和 b 值的目的。程序 1 中实参变量 a 和 b 的值传送给形参变量 p1 和 p2 后，函数 swap1() 交换的是形参 p1 和 p2 的值，实参 a 和 b 的值不变。程序 2 中实参变量 q1 和 q2 的值传送给形参变量 p1 和 p2 后，函数 swap2() 交换的是形参 p1 和 p2 的值，实参 q1 和 q2 的值不变，变量 a 和 b 的值当然不变。

程序 1
```
#include <stdio.h>
void swap1(int p1, int p2)
{   int t;
    t=p1;  p1=p2;  p2=t;
}

int main()
{   int a=3,b=5;

    printf("a=%d b=%d\n",a,b);
    swap1(a,b);
    printf("a=%d b=%d\n",a,b);
    return 0;
}
```

程序 2
```
#include <stdio.h>
void swap2(int *p1, int *p2)
{   int *t;
    t=p1;  p1=p2;  p2=t;
}

int main()
{   int a=3,b=5,*q1=&a,*q2=&b;

    printf("a=%d b=%d\n",a,b);
    swap2(q1,q2);
    printf("a=%d b=%d\n",a,b);
    return 0;
}
```

例 5.9 定义一个交换两指针变量值的函数,在主函数中调用该函数验证其功能。

分析:比较上面的程序 1 与例 5.8 中的程序可知,要实现交换两整型变量的值,函数的形参必须是指向整型的指针,实参是要交换的两整型变量的地址。现在要实现交换两指针变量的值,函数的形参必须是指向指针的指针,实参是要交换的两指针变量的地址。

```
#include <stdio.h>
typedef int *POINTER;
void swap(POINTER *p1, POINTER *p2)
{   POINTER t;
    t=*p1;  *p1=*p2;  *p2=t;    /* 交换了p1和p2所指向的变量q1和q2的值 */
}

int main()
{   int a=3,b=5;  POINTER q1=&a,q2=&b;

    printf("a=%d  b=%d\n", a,b);
    printf("*q1=%d  *q2=%d\n", *q1,*q2);
    swap(&q1,&q2);
    printf("a=%d  b=%d\n", a,b);
    printf("*q1=%d  *q2=%d\n", *q1,*q2);
    return 0;
}
```

运行结果:
```
a=3   b=5
*q1=3   *q2=5
a=3   b=5
*q1=5   *q2=3
```

5.4.3 数组名作函数参数

数组名作函数参数时,既可以作形参,也可以作实参。下面先看一个例子,然后再进行相关说明。

例 5.10 定义一个求一维数组中所有元素平均值的函数,在主函数中调用该函数验证其功能。

```
#include <stdio.h>
float aver(float a[], int n)
{   int i; float s;

    for (s=i=0; i<n; i++)
        s+=a[i];    /* 下标法 */
    return s/n;
}
```

```
float aver(float a[], int n)
{   float s, *p;

    for(s=0,p=a; p<a+n; p++)
        s+=*p;    /* 指针法 */
    return s/n;
}
```

```
int main()
{   float score[8],avg;  int i;

    printf("请输入8个数:\n");
    for (i=0; i<8; i++)
        scanf("%f", &score[i]);
    avg=aver(score, 8);
    printf("平均值为: %5.2f\n", avg);
    return 0;
}
```

运行结果:
```
请输入8个数:
71 95 83 46 74 68 87 52
平均值为: 72.00
```

在简单变量或下标变量作函数参数时,形参变量和实参变量由编译系统分配两个不同的内存单元。在函数调用时是把实参变量的值赋予形参变量,即进行值传送。在用数组名作函数参数时,不是进行值的传送,即不是把实参数组的每一个元素的值都赋予形参数组的各个元素,因为如果这样做一方面形参数组要占用较多的内存空间,另一方面值传送需要花费较多的时间。那么,数据的传送是如何实现的呢?

第4章曾介绍过,数组名就是数组的首地址,因此在数组名作函数参数时所进行的传送只是地址的传送,即把实参数组的首地址赋予形参数组名。在C语言中只有指针变量才能赋予它地址值,因此,形参数组名表面上看是一个数组名,本质上就是一个指针变量。所以例5.10 中函数 aver()的首部可以改写为 float aver(float *a, int n),两种写法是完全等价的。而第4章又介绍过,指向数组元素的指针变量可以作为数组名使用,因此,即使形参 a 改为指针,函数体中的写法 a[i]仍然是正确的。右边的函数改成了指针法访问形参数组元素,两个函数的功能是完全等价的。

在理解了形参数组名本质上就是一个指针变量后,形参数组名在取得实参数组的首地址后，实际上形参数组和实参数组为同一个数组，共享一段内存空间（如图 5.2 所示），同时也就实现了数据的传递。C 语言中对形参数组名的这种处理方式有以下两个作用：

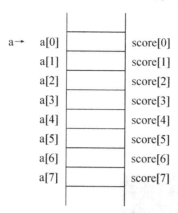

图 5.2 形参数组和实参数组

（1）编译系统不为形参数组分配内存（所以例 5.10 中函数 aver()首部中形参数组名 a 后面的方括号中为空，当然写成 float aver(float a[8], int n)也不算错），而是让形参数组和实参数组共享一段内存空间。这样既节省了内存空间，又加快了数据的传递，因为实际上只传了一个首地址，数据是通过共享内存空间得到的。

（2）由于形参数组和实参数组共享一段内存空间，实际上为同一个数组。那么，对形参数组元素的操作，就是对实参数组元素的操作，这样主调函数就可以得到被调函数对形参数组元素操作的结果。当然这种情况不能简单地理解为发生了"双向"的值传递，但从实际效果来看，调用函数之后实参数组元素的值将随形参数组元素值的变化而变化。

例 5.11 定义一个用选择法对一个整型数组排序的函数，在主函数中调用该函数验证其功能。

```
#define  N  8
#include <stdio.h>
void selectsort(int a[], int n)
{   int i,j,k,t;

    for (i=1; i<n; i++)      /* a[0]不用 */
    {   k=i;
        for (j=i+1; j<=n; j++)
            if (a[j]<a[k])  k=j;
        if ( k!=i )         /* 以下对形参数组元素的操作，就是对实参数组元素的操作 */
            { t=a[i];  a[i]=a[k];  a[k]=t; }
    }
}

int main()
{   int i,a[N+1];        /* a[0]不用 */
```

```
        printf("请输入%d个整数:\n", N);
        for (i=1; i<N+1; i++)
            scanf("%d", &a[i]);
        selectsort(a, N);        /* 实参数组在调用函数selectsort()后也被排序了 */
        printf("排序后:\n");
        for (i=1; i<N+1; i++)
            printf("%d  ", a[i]);
        putchar('\n');
        return 0;
}
```

运行结果：

```
请输入8个整数:
71 95 83 46 74 68 87 52
排序后:
46 52 68 71 74 83 87 95
```

用数组名作为函数参数时还应注意以下几点：

（1）形参数组和实参数组的类型必须一致，否则将引起错误，如例 5.10 中实参数组 score 不能为 int 类型。这是因为指针类型数据赋值时，指针的基类型必须相同。

（2）由于形参数组名就是一个指针变量，形参数组的长度在定义函数时是不知道的，所以必须增加一个整型形参来存放函数调用时传递过来的实参数组的长度，如例 5.10 中的形参 n。当然，如果形参数组是一个字符数组用来处理字符串，则不必增加这样一个整型形参，因为字符串都有结束标记'\0'。另外，既然形参数组名就是一个指针变量，那么它对应的实参就可以是指针常量（如数组名）或指针变量，甚至可以是指针表达式。例如，例 5.10 中的函数调用可以是 aver(score, 4)、aver(score+4, 4)或 aver(score+2, 4)等形式，请读者自己思考这 3 个函数调用的意义。

例 5.12 定义一个函数实现将数字字符串转换为对应的数，在主函数中调用该函数验证其功能。

分析：第 1 章中已介绍过，任意进制的数都可以表示为其各位数字与权值乘积之和。这是一个多项式 $d_{m-1}\times 10^{m-1}+d_{m-2}\times 10^{m-2}+\cdots+d_1\times 10^1+d_0\times 10^0$ 的求值问题，其中的 m 为字符串的长度，而各位数字 d_i 可从字符串的每个数字字符转换得到。

```
#include <stdio.h>
long s2d(char s[])              /* 处理字符串，不需要表示数组长度的形参 */
{   long sum;

    for (sum=0; *s!='\0'; s++)  /* 这里采用了秦九韶算法求多项式的值 */
        sum = sum*10 + *s-'0';  /* *s-'0'即为各位数字d_i */
    return sum;
}

int main()
{   char s[40];

    printf("输入一数字字符串: ");
```

```
    gets(s);
    printf("对应的数是: %ld\n", s2d(s));
    return 0;
}
```

运行结果:

```
输入一数字字符串: 7658
对应的数是: 7658
```

一个函数通过 return 语句只能返回一个值,利用指针形参就可以实现返回多个值的目的。当然如果返回的值较多(如 4 个以上),可以利用数组形参返回。这样形参可以分为以下几种:

(1)入口形参。该类形参主要用来接收主调函数传来的数据,如例 5.11 中的形参 n、例 5.13 中的形参 a 和 n。

(2)出口形参。该类形参主要用来将被调函数运算的结果传回主调函数,如例 5.13 中的形参 max 和 min。

(3)出入口形参。该类形参既用来接收主调函数传来的数据,又用来将被调函数运算的结果传回主调函数,如例 5.11 中的形参 a。

例 5.13 定义一个函数实现同时找出一个数组所有元素中的最大值、最小值和平均值,在主函数中调用该函数验证其功能。

```c
#include <stdio.h>
float avermaxmin(float a[], int n, float *max, float *min)
{   int i;   float s;

    s=(*max)=(*min)=a[0];
    for (i=1; i<n; i++)
    {   s+=a[i];
        if (a[i]>(*max))  *max=a[i];
        if (a[i]<(*min))  *min=a[i];
    }
    return s/n;
}

int main()
{   float score[8],avg,max,min;   int i;

    printf("请输入8个数:\n");
    for (i=0; i<8; i++)
        scanf("%f", &score[i]);
    avg=avermaxmin(score, 8, &max, &min);
    printf("平均值: %5.2f 最大值: %5.2f 最小值: %5.2f\n", avg,max,min);
    return 0;
}
```

运行结果：

```
请输入8个数:
71 95 83 46 74 68 87 52
平均值: 72.00 最大值: 95.00 最小值: 46.00
```

以上介绍的都是一维数组名作函数参数，事实上，二维数组名也可以作函数参数。二维数组名作函数参数本质上也是一个指针变量，只不过其是一个指向一维数组的指针变量，其他方面与一维数组名作函数参数一样理解。

例 5.14 定义一个实现矩阵转置的函数，在主函数中调用该函数验证其功能。

```c
#include <stdio.h>
void transpose(int a[][4], int n, int b[][3])    /* a和b也是指向一维数组的指针
变量 */
{   int i,j;

    for (i=0; i<n; i++)
       for (j=0; j<4; j++)
          b[j][i]=a[i][j];           /* 指向一维数组的指针变量a和b作二维数组名用 */
}

int main()
{   int a[3][4]={ {80,75,92,62}, {46,85,63,70}, {52,66,77,82} };
    int b[4][3], i, j;

    transpose(a,3,b);
    for (i=0; i<4; i++)
    {   for (j=0; j<3; j++)
           printf("%4d", b[i][j]);
        printf("\n");
    }
    return 0;
}
```

运行结果：

```
  80   46   52
  75   85   66
  92   63   77
  62   70   82
```

由于二维数组名作函数参数本质上是一个指向一维数组的指针变量，所以本例中函数 transpose() 的首部可以改写为：

```c
void transpose(int (*a)[4], int n, int (*b)[3])
```

而指向一维数组的指针变量只有当指向的一维数组的类型和长度相同时才能赋值，所以只有实参二维数组与形参二维数组的类型和第二维的长度相同时，才能调用函数 transpose()。因此函数 transpose() 的通用性受到限制。

5.5　函数的嵌套调用和递归调用

5.5.1　函数的嵌套调用

函数是 C 语言程序的一个基本组成部分，C 语言中所有的函数定义都是平行的，也就是说，在一个函数的函数体内，不能再定义另一个函数，即不能嵌套定义。但一个函数既可以被其他函数调用，同时它也可以调用别的函数，这就是函数的嵌套调用。C 语言程序的功能就是通过函数之间的调用来实现的。

函数的嵌套调用为"自顶向下，逐步求精"及模块化的结构化程序设计方法，提供了最基本的技术支持。函数嵌套调用的执行过程如图 5.3 所示。

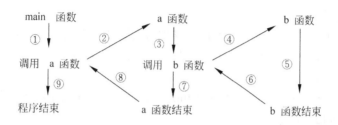

图 5.3　函数嵌套调用示意图

例 5.15　定义一个判断是否是闰年的函数 isleapyear()，再定义一个计算某年某月某日是该年第几天的函数 numofday()，主函数中输入年月日，通过调用函数输出它是该年的第几天。

分析：很显然，主函数中要调用函数 numofday()，而 numofday()函数中要调用函数 isleapyear()，这就形成了函数的嵌套调用。

```
#include <stdio.h>
int main()
{   int y,m,d;  int numofday(int y,int m,int d);

    printf("请输入年-月-日: ");
    scanf("%d-%d-%d", &y,&m,&d);     /* 假定输入的日期是合法的 */
    printf("%d-%d-%d是该年的第%d天\n", y,m,d,numofday(y,m,d));
    return 0;
}

int isleapyear(int y)
{
    return ( (y%4==0)&&(y%100!=0) || (y%400==0) );
}

int numofday(int y,int m,int d)
```

```
{   int i, days[]={0,31,28,31,30,31,30,31,31,30,31,30,31};

    for (i=1; i<m; i++)
        d += days[i];
    if ( (m>2) && isleapyear(y) )    /* 函数isleapyear()定义在前,可省去声明 */
        d++;
    return d;
}
```

```
请输入年-月-日: 2012-12-30
2012-12-30是该年的第365天
```

5.5.2 函数的递归调用

函数的递归调用是指,一个函数在它的函数体内,直接或间接地调用它自身。C 语言允许函数的递归调用。

如果一个函数在它的函数体内调用它自身称为直接递归调用,那么这种函数称为递归函数。在直接递归调用中,主调函数本身又是被调函数,执行递归函数将反复调用其自身,每调用一次就进入新的一层。

如果一个函数 func1()调用另一个函数 func2(),而函数 func2()又调用函数 func1(),则称为函数的间接递归调用。

为了防止递归调用无限地进行,必须在函数内有终止递归调用的手段。常用的办法是加条件判断,满足某种条件(称为终止条件)后就不再作递归调用,然后逐层返回。

递归算法的基本思想就是,将较大规模的问题转化为性质相同但规模较小的问题去解决,当规模小到一定程度后问题就有已知答案,而当较小规模的问题得到解决后又把其结果回溯,从而推出较大规模问题的解。

递归函数的执行过程可以分为两个阶段。一个是递推阶段,该阶段将原问题转化为性质相同但规模较小的问题,直到满足已知终止条件结束递推阶段;另一个是回溯阶段,该阶段将从已知终止条件出发,按照递推的逆过程,逐一求值回溯,最终到达递推的开始处,完成递归调用。

例 5.16 定义一个求 $n!$ 的递归函数,在主函数中调用该函数验证其功能。

分析:当 $n=0$ 或 1 时, $n!=1$;当 $n>1$ 时, $n!=n×(n-1)!$。可见 $n!$ 是递归定义,通常,对于采用递归定义的数学公式可以编写成递归函数。

```
#include <stdio.h>
int main()
{   int n; long fn; long fac(int n);

    printf("n=? ");
    scanf("%d", &n);
    fn=fac(n);
    printf("%d!=%ld", n,fn);
    return 0;
```

}

```
long fac(int n)
{   long f;

    if (n==0||n==1)  f=1;
    else f=fac(n-1)*n;
    return (f);
}
```

运行结果:

```
n=? 4
4!=24
```

如果 n=4，则 fac(4)的执行过程如图 5.4 所示。理解递归函数执行过程的关键是要知道：①在递推阶段，每调用一次函数 fac()就要生成一个形参 n，这个 n 只能在生成它的本次函数调用中使用。如在第 4 次调用函数 fac()时就第 4 次生成 n，它的值为 1，注意这时内存中共有 4 个 n，每个 n 分别占用不同的内存单元，属于不同的层次，相互之间没有关系。②在回溯阶段，每一次函数调用结束返回，不但把函数值返回，还要撤销本次调用所生成的形参 n。从图 5.4 可看出，先调用的（如 fac(4)）后返回，后调用的（如 fac(1)）先返回，实现这种先进后出（或后进先出）的数据结构称为"栈"，计算机专业课程"数据结构"中有关于栈的详细讨论。

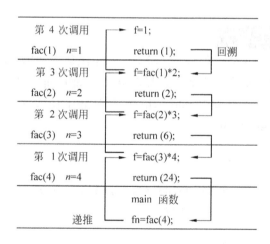

图 5.4 递归函数 fac(4)执行过程

本例中用递归方法求 n!与例 3.23 中用循环累乘法相比执行效率要低（因为函数调用要消耗时间），而且也要多占用内存空间（因为每次递归调用都要生成形参 n，n 实际上是存储在栈中的）。列举本例的目的是理解递归算法的基本思想，学会递归函数的定义并了解递归函数的执行过程。

从递归函数的执行过程可以看出，递归也是一种实现重复的机制。所以许多用循环结构解决的问题，往往也可以用递归算法解决，下面再举两个例子来说明这一点，也可加深对递归函数的理解。

例 5.17 定义一个求两个正整数的最大公约数的递归函数，在主函数中调用该函数验证其功能。

分析：根据辗转相除法算法，求一对数(*a*, *b*)的最大公约数可以转化为求一对较小的数 (*b*, *a*%*b*)的最大公约数，这样下去直到 *a*%*b*=0，数 *b* 就是最大公约数。

```
#include <stdio.h>
int main()
{   int x,y;  int gcd(int a,int b);

    printf("请输入两个正整数: ");
    scanf("%d%d", &x,&y);
    printf("最大公约数是: %d\n", gcd(x,y));
    return 0;
}

int gcd(int a,int b)
{   int r=a%b;

    if (r==0) return b;
    else return gcd(b,r);
}
```

运行结果：

```
请输入两个正整数: 123 288
最大公约数是: 3
```

例 5.18 定义一个求 *n* 个数和的递归函数，在主函数中调用该函数验证其功能。

分析：假设 *n* 个数存放在数组 a 中，显然 *n* 个数 a[0]~a[*n*−1]的和等于 a[0]+(*n*−1 个数 a[1]~ a[*n*−1]的和)，而 *n*−1 个数 a[0]~a[*n*−2]的和等于 a[0]+(*n*−2 个数 a[1]~a[*n*−2]的和)，…，直到只有 1 个数时，和就是 a[0]。

```
#include <stdio.h>
int main()
{   int i;  float a[8]={71,95,83,46,74,68,87,52};
    float sum(float a[],int n);

    for (i=0; i<8; i++)
        printf("%6.1f", a[i]);
    printf(" 的和为: %6.1f\n", sum(a,8));
    return 0;
}

float sum(float a[],int n)
{   if (n==1) return a[0];
    else return a[0]+sum(a+1,n-1);
}
```

运行结果：

```
71.0  95.0  83.0  46.0  74.0  68.0  87.0  52.0 的和为：576.0
```

由于递归算法的实现包括递推和回溯两个阶段，当问题需要这种先进后出的操作时，用递归算法还是很有效的。

例 5.19　输入一个正整数，输出它对应的二进制数。

分析：十进制正整数转换成对应的二进制数的方法是"除 2 取余"，但第一个余数要最后输出，最后一个余数要第一个输出。在第 4 章中曾经采用把所有的余数都存放到数组中，再反序输出数组元素的值的方法。这里利用递归算法在回溯阶段先进后出的特点，来实现进制转换。

```c
#include <stdio.h>
int main()
{   int a;  void binary(int n);

    printf("请输入一个正整数：");
    scanf("%d", &a);
    printf("对应的二进制数为：");  binary(a);
    return 0;
}

void binary(int n)
{   if (n<2) printf("%d", n);
    else  {  binary(n/2);  printf("%d", n%2);  }
}
```

运行结果：

```
请输入一个正整数：83
对应的二进制数为：1010011
```

尽管递归算法在实现时，执行效率低又要多占用内存空间，但对于那些数学模型本来就是递归的问题，用递归算法实现不但非常自然，而且算法的正确性也比相应的非递归算法容易得多。

例 5.20　Hanoi（汉诺）塔问题。这是一个古典的数学问题。问题是这样的：古代有一个梵塔，塔内有 3 个柱子 A、B、C，如图 5.5 所示。A 柱上套有 64 个大小不等的圆盘，大的在下，小的在上。要把这 64 个圆盘从 A 柱移动到 C 柱上，每次只能移动一个圆盘，移动可以借助 B 柱进行。但在任何时候，任何柱上的圆盘都必须保持大盘在下，小盘在上。求移动的步骤。

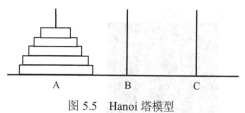

图 5.5　Hanoi 塔模型

分析：设 A 上有 n 个盘子。

（1）如果 $n=1$，则将圆盘从 A 直接移动到 C。

（2）如果 $n=2$，则：

① 将 A 上的 n-1（等于 1）个圆盘移到 B 上。
② 再将 A 上的一个圆盘移到 C 上。
③ 最后将 B 上的 n-1（等于 1）个圆盘移到 C 上。
(3) 当 n 大于等于 2 时，移动的过程可分解为 3 个步骤：
① 把 A 上的 n-1 个圆盘移到 B 上。
② 把 A 上的一个圆盘移到 C 上。
③ 把 B 上的 n-1 个圆盘移到 C 上。

显然这是一个递归过程。顺便说一下，按照上述移动圆盘的规则，把这 64 个圆盘从 A 柱移动到 C 柱上要 $2^{64}-1$ 步。如果按照每秒移动一个圆盘的速度，一刻不停、日日夜夜地移动圆盘，大概需要 5845 亿年。而根据测算，再过大约 50 亿年，太阳的氢聚变将结束，到时太阳会变成红巨星而将地球吞噬。所以 Hanoi 塔问题也称为世界末日问题。

```
#include <stdio.h>
int main()
{   int num;  void hanoi(int n,char x,char y,char z);

    printf("请输入圆盘数: ");  scanf("%d",&num);
    printf("移动圆盘的步骤如下:\n");
    hanoi(num,'A','B','C');
    return 0;
}

void hanoi(int n,char x,char y,char z)
{   if (n==1)
        printf("%c-->%c\n",x,z);
    else
    {   hanoi(n-1,x,z,y);
        printf("%c-->%c\n",x,z);
        hanoi(n-1,y,x,z);
    }
}
```

运行结果：

5.6 指针与函数

5.6.1 返回指针值的函数

一个函数可以返回一个基本数据类型的数据，也可以返回一个指针类型的数据。定义返回指针值函数（简称指针型函数）的一般形式为：

```
类型标识符  *函数名([形式参数表])
{
    …        /*函数体*/
}
```

其中函数名前的"*"表示函数的返回值是指针类型，即表示此函数是指针型函数。类型标识符表示返回的指针值的基类型，即返回的指针所指向的对象的数据类型。指针型函数本身可以有形参，也可以没有形参。

例 5.21 定义一个函数返回一个数组中最大值元素的地址。

```
#include <stdio.h>
int *max(int *a, int n)           /* 定义返回指针值的函数 */
{   int *pmax, *p;

    pmax=a;
    for (p=a+1; p<a+n; p++)
        if (*p>*pmax) pmax=p;
    return pmax;
}

int main()
{   int *p, a[8]={71,95,83,46,74,68,87,52};

    p=max(a,8);                    /* 返回数组a中最大值元素的地址 */
    printf("MAX: %d\n", *p);       /* 输出最大值 */
    return 0;
}
```

运行结果：

MAX: 95

第 4 章介绍过的函数 strcpy()和 strcat()就是两个指针型函数，返回的都是指向字符的指针，返回值都是第一个参数的值。如果函数 strcpy()和 strcat()不返回指针，则例 5.22 main()函数中的两句语句必须改为：

```
strcpy(s3,"computer.");  puts(s3);
strcat(s2,s3);  strcat(s1,s2);  puts(s1);
```

例 5.22 返回指针值的字符串处理函数使用示例。

```
#include <stdio.h>
#include <string.h>
int main()
{   char s1[81]="IBM ", s2[20]="PC ", s3[10];

    puts(strcpy(s3,"computer."));
```

```
            puts(strcat(s1,strcat(s2,s3)));
            return 0;
}
```

运行结果：
```
computer.
IBM PC computer.
```

最后要特别说明的是，指针型函数不能返回本函数内定义的 auto 型变量（到目前为止定义的变量都是这种变量）的地址。因为这种变量在函数调用结束时，它们占用的内存单元就要释放，变量本身已经不存在了。例如，下面的函数企图通过返回数组 a 来返回 3 个值的做法是一个严重的错误。

```
float *func( … )
{    float a[3];          /* a是auto型变量 */
     …
     return a;            /* 严重错误 */
}
```

5.6.2 动态存储分配函数

第 4 章已介绍过，定义数组时数组的长度必须是一个常量表达式，这样在处理数据的个数事先不知道的情况下，就显得很不方便。常用的方法是定义一个足够大的数组，来存放实际的数据。但这种方法有一个明显的缺点就是数组的长度很难确定，长度太大会浪费内存空间，太小又可能没有足够空间来存放实际的数据。解决该问题的方法就是利用动态存储分配函数，用户可以使用这些函数，在程序执行过程中根据需要动态分配存储空间，也可动态释放存储空间，这样做既充分利用了内存空间，又给用户提供了灵活性。使用这些函数应包含头文件 stdlib.h。

（1）malloc()函数的原型是：

```
void *malloc(unsigned size);
```

调用该函数后，将在内存中分配一块长度为 size 个字节的连续的存储区，存储区中的内容保持原有数值。该函数的返回值是指向新分配存储区首地址的指针，是 void *类型指针（也可称为通用指针），在实际调用时需强制转换成某种具体的数据类型的指针，以实现对相应数据的操作。当返回值是空指针（NULL）时，则调用失败，分配不成功，说明内存已经没有足够的空间。

（2）calloc()函数的原型是：

```
void *calloc(unsigned n, unsigned size);
```

调用该函数后，将在内存中分配一块长度为 $n \times size$ 个字节的连续的存储区，并将存储区中所有字节清零。函数返回值是指向存储区首地址的指针，也是 void *类型指针，在实际调用时需强制转换成某种具体的数据类型的指针。当返回值是空指针时，说明调用失败，分配不成功。

（3）free()函数的原型是：

```
void free(void *block);
```

调用该函数后，将释放 block 所指向的内存块，该内存块是由动态内存分配函数所分配的。

在第 4 章曾经介绍过：对字符指针变量"char *ps="OK";"可以写成"char *ps; ps="OK";"；而对字符数组"char s[3]="OK";"不能写成"char s[3]; s="OK";"（只能对字符数组的各元素逐个赋值或用 strcpy()函数）。

可以看出，使用指针变量更加方便。但当一个指针变量在没有指向确定的空间前就使用则是一个严重的错误。例如：

```
char s[81];  scanf("%s", s);
```

正确。但

```
char *ps;  scanf("%s", ps);
```

是错误的。正确的做法应为：

```
char *ps;  ps=(char *)malloc(81*sizeof(char));  scanf("%s", ps);
```

例 5.23 输入若干个整数，用"冒泡法"对这些数从小到大排序。

分析：由于数的个数不知道，所以可以定义一个指针变量，然后根据用户输入数的个数，再用 malloc()函数分配内存空间，并把返回的首地址赋予指针变量，根据第 4 章的讨论，该指针变量就可以当作数组名一样使用了。

```
#include <stdio.h>
#include <stdlib.h>
int main()
{   int n,i,j,t,*a;

    printf("请输入数的个数: ");  scanf("%d", &n);
    a=(int *)malloc((n+1)*sizeof(int));     /* a[0]不用 */
    printf("请输入%d个整数:\n", n);
    for (i=1; i<n+1; i++)
       scanf("%d", &a[i]);
    for (i=1; i<n; i++)              /* 共n-1趟冒泡排序 */
       for (j=n-1; j>=i; j--)        /* 下标在n~i范围内的数两两比较，若逆序，则交换 */
          if (a[j]>a[j+1])
             {  t=a[j];  a[j]=a[j+1];  a[j+1]=t;  }
    printf("排序后:\n");
    for (i=1; i<n+1; i++)
       printf("%d ", a[i]);
    putchar('\n');
    return 0;
}
```

运行结果：

```
请输入数的个数：8
请输入8个整数：
71 95 83 46 74 68 87 52
排序后：
46 52 68 71 74 83 87 95
```

5.6.3 指向函数的指针

指针变量可以指向基本数据类型的数据、指向数组、指向指针，也可以指向一个函数。一个数组要占用一段连续的内存单元，一个函数也要占用一段连续的内存单元。和数组名代表数组的首地址一样，函数名也代表函数的首地址。可以用指针变量指向数组，也可以用指针变量指向函数，并通过指针变量调用其所指向的函数。定义指向函数的指针变量的一般形式为：

类型标识符　(*变量名)([形式参数表]);

其中，类型标识符表示被指函数的返回值的类型，"(*变量名)"表示*后面的变量是指针变量，圆括号表示指针变量所指的是一个函数。指针变量所指向的函数本身可以有形参，也可以没有形参。例如：

int (*pf)(float);

表示 pf 是一个指向函数的指针变量，该函数的返回值（函数类型）是整型，该函数有一个 float 类型的形参。

可用函数名给指向函数的指针变量赋值，其形式为：

指向函数的指针变量名=函数名;

其中函数名后不能带圆括号和参数，该函数的类型、形参的个数和类型必须与定义该指针变量时所规定指向的函数的类型、形参的个数和类型一致。

指向函数的指针变量被赋值后，就指向了某个函数，这样就可以通过该指针变量调用其所指向的函数。调用函数的一般形式为：

(*指向函数的指针变量名)([实在参数表])

函数调用中"(*指向函数的指针变量名)"的两边的圆括号不可少，其中的*不应该理解为求值运算，在此处只是一种表示符号。实在参数表（可以有，也可以没有）应当与指针变量所指向的函数的形式参数表一致。

应该注意的是，指向函数的指针变量和指针型函数这两者在写法和意义上的区别。如"int (*p)(float);"和"int *p(float);"是两个完全不同的量。"int (*p)(float);"是一个变量定义，说明 p 是一个指向函数的指针变量，该函数的返回值是整型量且有一个 float 型形参，"(*p)"的两边的圆括号不能少；"int *p(float);"不是变量定义而是函数声明，说明 p 是一个函数名，其有一个 float 型形参，其返回值是一个指向整型量的指针，*p 两边没有圆括号。

另外还要注意的是,如有变量定义"int (*p)(float);",则 p++或 p+5 都是没有意义的。

例 5.24 指向函数的指针变量使用示例。

```c
#include <stdio.h>
int max(int a,int b)
{   if (a>b) return a;
    else return b;
}

int main()
{   int x,y,z;
    int (*pmax)(int,int);

    pmax=max;
    printf("请输入两个整数: ");
    scanf("%d%d", &x,&y);
    z=(*pmax)(x,y);
    printf("较大值为: %d\n", z);
    return 0;
}
```

运行结果:

```
请输入两个整数: 43 58
较大值为: 58
```

例 5.24 显然不是指向函数的指针变量的真正用途,一个真正实用的例子是求不同函数在不同区间上的定积分。关于求定积分的数值计算方法,计算机专业课程"数值计算"中有详细的讨论。下面介绍其中的一种方法——梯形法。

根据定积分的几何意义,求函数 $f(x)$ 在区间 $[a, b]$ 上的定积分等价于求如图 5.6 所示的图中由 x 轴、函数值 $f(a)$、函数值 $f(b)$ 以及函数的图形所围成的不规则四边形的面积。由于求这种四边形的面积没有通用的公式,一种可行的办法是将区间 $[a, b]$ 划分成 n 等份(如 $n=1000$),这样原来那个大的不规则四边形的面积就等于 n 个小的不规则四边形面积的和。当 n 足够大时,每一个小的不规则四边形可以看成为一个梯形,这样原来那个大的不规则四边形的面积(设为 s)就等于 n 个梯形的面积之和,其中每个梯形的高(设为 h)均为 $(b-a)/n$,即:

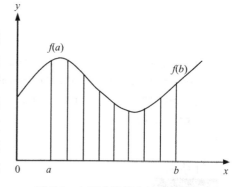

图 5.6 定积分计算方法示意图

$$s=h\times[(f(a)+f(a+h))/2+(f(a+h)+f(a+2h))/2+(f(a+2h)+f(a+3h))/2+\ldots+(f(a+(n-1)h)+f(a+nh))/2]$$
$$= h\times[(f(a)+f(a+nh))/2+[f(a+h)+f(a+2h)+f(a+3h)+\ldots+f(a+(n-1)h)]]$$

当把求定积分的梯形法编成一个函数时,它的实参是被积分的函数名,它的形参只能是指向函数的指针了。

例 5.25 梯形法求定积分的值。

```c
#include <stdio.h>
#include <math.h>
typedef float (*FPOINTER)(float);

float f1(float x)
{   return 1+4*x;  }

float f2(float x)
{   return 1+x*x;  }

float f3(float x)
{   return 1+sin(x);   }

float integral(FPOINTER fun, float a, float b)
{   int n,i;  float h,s;

    n=1000;   h=(b-a)/n;
    s=((*fun)(a)+(*fun)(b))/2;
    for (i=1; i<n; i++)
        s+=(*fun)(a+i*h);
    return s*h;
}

int main()
{
    printf("y1=%6.3f\n", integral(f1, 1, 2));
    printf("y2=%6.3f\n", integral(f2, -1, 1));
    printf("y3=%6.3f\n", integral(f3, 0, 1));
    return 0;
}
```

运行结果:
```
y1= 7.000
y2= 2.667
y3= 1.460
```

第 4 章中介绍了两个排序算法,实际上 C 语言的库函数中就有一个排序函数 qsort(),其函数原型为:

```c
void qsort(void *base, unsigned nelem, unsigned width,
           int (*fcmp)(const void *, const void *));
```

需要排序时完全可以通过调用它来实现。该函数的 4 个形参说明如下。

（1）形参 base 是要排序的表的起始地址。

（2）形参 nelem 是表中的数据元素的个数。

（3）形参 width 是表中的每个数据元素占用的内存的字节数。

（4）形参 fcmp 是一个指向函数的指针变量，函数调用时该指针变量指向一个实参函数，由该实参函数完成表中两个数据元素大小的比较。实参函数的返回值必须是：当两个数据元素相等时返回 0，第一个大于第二个时返回正数，第一个小于第二个时返回负数。

注意：排序函数 qsort()是按照从小到大顺序排序的，使用该函数应包含头文件 stdlib.h。

例 5.26 利用库函数 qsort()实现对 8 个整数从小到大排序。

```
#include <stdio.h>
#include <stdlib.h>
int mycompare(const void *p1, const void *p2)
{   int *a, *b;

    a=(int *)p1;
    b=(int *)p2;
    return *a-*b;
}

int main()
{   int i, a[8]={71,95,83,46,74,68,87,52};

    qsort(a, 8, sizeof(int), mycompare);
    for (i=0; i<8; i++)
       printf("%4d", a[i]);
    printf("\n");
    return 0;
}
```

运行结果：

```
  46  52  68  71  74  83  87  95
```

思考题：①如何实现从大到小排序？②如何实现二维数组按照第一列的值排序？即第一列的值最小的行存放到第一行，第一列的值次小的行存放到第二行，……，第一列的值最大的行存放到最后一行。例如，有定义：

```
int a[3][4]={{80,75,92,62}, {46,85,63,70}, {52,66,77,82}};
```

则排序后应输出如下结果。

```
  46  85  63  70
  52  66  77  82
  80  75  92  62
```

5.7 变量的作用域和存储类别

5.7.1 变量的作用域

在讨论函数的形参变量时曾经提到，形参变量只在其所在的函数被调用时才分配内存单元，函数调用结束后立即释放形参变量所占用的内存单元。这一点表明形参变量只有在函数内才是有效的，离开该函数就不能再使用了。这种变量有效性的范围称为变量的作用域。不仅对于形参变量，C语言中所有的变量都有自己的作用域。变量定义的方式不同，其作用域也不同。C语言中的变量按作用域范围可分为两种，即局部变量和全局变量。

1. 局部变量

局部变量也称为内部变量，是指在函数内部定义的变量，其作用域仅限于定义它的函数内，离开该函数后再使用这种变量是非法的。关于局部变量还有以下几点说明。

（1）main()函数中定义的变量也只有在main()函数中有效，而不因为该变量是在main()函数中定义的，就可以在整个文件或程序中都有效。main()函数也不能使用其他函数中定义的变量，因为main()函数也是一个函数，与其他函数是平行关系。这一点与其他语言不同，应予以注意。

（2）允许在不同的作用域中使用相同的变量名，它们代表不同的对象，分配不同的内存单元，互不干扰，也不会发生混淆。在本章前面的许多例子中都已经出现了在不同的函数中使用了同名变量的情况。

（3）有参函数的形式参数也是局部变量，只在其所在的函数范围内有效。

（4）在复合语句中也定义变量，这些变量只在其所在的复合语句中有效，这种复合语句也可称为"分程序"或"程序块"。

例 5.27 局部变量使用示例。

```
#include <stdio.h>
float max(float a, float b)
{   float c;

    c=a>b?a:b;
    return c;
} /* a,b,c的作用域在max()函数的函数体内 */

float min(float x, float y)
{   float z;

    z=x<y?x:y;
    return z;
} /* x,y,z的作用域在min()函数的函数体内 */

int main()
{   float e,f,g;
```

```
        printf("请输入2个数: ");
        scanf("%f%f", &f,&g);
        printf("较大数为: %f\n", max(f,g));
        printf("较小数为: %f\n", min(f,g));
        e=f+g;
        {   float e=8.9;
            printf("复合语句中的e=%f\n", e);
        }
        printf("main函数中的e=%f\n", e);
        return 0;
}   /* e,f,g的作用域在main函数的函数体内 */
```

运行结果：

```
请输入2个数: 2.3 1.7
较大数为: 2.300000
较小数为: 1.700000
复合语句中的e=8.900000
main函数中的e=4.000000
```

应该注意的是，除了 static 局部变量外，其他的局部变量都是在程序的执行流程刚进入到其所在的作用域时生成（即给其分配内存单元），执行流程离开其所在的作用域时撤销（即释放其所占用的内存单元）。本例中两个 e 的作用域不同，所以不是同一个变量。在复合语句中只有其内部定义的 e 起作用，外面的 e 不起作用。而当离开复合语句时，复合语句内部定义的 e 已经不存在了，外面的 e 恢复了其有效性。

2. 全局变量

程序的编译单位是源程序文件，一个源程序文件可以包含一个或若干个函数。在函数内定义的变量是局部变量，而在函数外部定义的变量称为外部变量。外部变量不属于任何一个函数，属于定义该变量的源程序文件，其作用域是从外部变量的定义位置处开始，到本源程序文件结束为止。外部变量可被作用域内的所有函数直接引用，所以外部变量又称全局变量。

使用全局变量可以增加函数间数据联系的渠道，可以从函数得到一个以上的返回值，突破了函数调用只能有一个返回值的限制。使用全局变量可以减少函数实参与形参的个数，从而减少内存空间以及传递数据时的时间消耗。

例 5.28 全局变量使用示例：重做例 5.13（定义一个函数实现同时找出一个数组所有元素中的最大值、最小值和平均值，在主函数中调用该函数验证其功能）。

```
#include <stdio.h>

float max,min;                          /* 定义全局变量 */

float avermaxmin(float a[], int n)
{   int i;   float s;

    s=max=min=a[0];                     /* 引用全局变量 */
```

```
    for (i=1; i<n; i++)
    {   s+=a[i];
        if (a[i]>max)   max=a[i];   /* 引用全局变量 */
        if (a[i]<min)   min=a[i];
    }
    return s/n;
}

int main()
{   float score[8],avg;   int i;

    printf("请输入8个数:\n");
    for (i=0; i<8; i++)
        scanf("%f", &score[i]);
    avg=avermaxmin(score, 8);     /* 下面的语句引用了全局变量 */
    printf("平均值: %5.2f 最大值: %5.2f 最小值: %5.2f\n", avg,max,min);
    return 0;
}
```

运行结果:

```
请输入8个数:
71 95 83 46 74 68 87 52
平均值: 72.00 最大值: 95.00 最小值: 46.00
```

对于全局变量还有以下几点说明:

（1）全局变量可加强函数之间的数据联系，但是又使函数要依赖这些变量，因而使得函数的独立性和可移植性降低。模块化程序设计的原则是把函数看成一个封闭的整体，函数之间除了形参和实参外，没有其他的渠道可以使函数与外界发生联系。因此在不必要时尽量不要使用全局变量。

（2）局部变量对全局变量具有屏蔽作用。在同一个源程序文件中，如果全局变量和局部变量同名，则在局部变量的作用域内，全局变量不起作用。这一点与局部变量同名时的规定是一样的，即作用域范围发生重叠时，作用域范围小的变量起作用，作用域范围大的变量被屏蔽，其目的还是增加函数的独立性。

（3）对于局部变量的定义和说明可以不加区分，而对于全局变量则不然，全局变量的定义和全局变量的说明并不是一回事。这一点后面还将作详细介绍。

例5.29 全局变量使用示例：全局变量和局部变量同名。

```
#include <stdio.h>

int b=6;         /* 定义全局变量b */

int main()
{   int a=5;     /* 定义局部变量a */
    int b=8;     /* 定义局部变量b，它会屏蔽全局变量b */
```

```
        printf("a=%d  b=%d\n", a,b);
        return 0;
}
```

运行结果:

`a=5  b=8`

5.7.2 变量的存储类别

所谓存储类别是指变量占用内存空间的方式,也称为存储方式。变量的存储方式可分为"静态存储方式"和"动态存储方式"两种,如图 5.7 所示。

静态存储变量存放于静态存储区,在整个程序运行过程中始终占用固定的内存单元,直至整个程序结束。前面介绍的全局变量就属于此类存储方式。

动态存储变量存放于动态存储区,在整个程序运行过程中使用它时才分配内存单元,使用完毕立即释放其所占用的内存单元。典型的例子是函数的形式参数,在函数定义时并不给形参分配内存单元,只是在函数被调用时才予以分配,函数调用完毕立即释放。如果一个函数被多次调用,则会反复地分配、释放形参变量的内存单元。

代码区	存放程序中的指令代码
静态存储区	存放外部存储类别或静态存储类别的变量
动态存储区	堆区 heap: 通过动态分配函数得到的内存单元
	栈区 stack: 存放自动存储类别的变量或形参变量
	CPU 内部的寄存器区: 存放寄存器存储类别的变量

图 5.7 变量存储区和存储类别示意图

从以上分析可知,静态存储变量是一直存在的,而动态存储变量则时而存在时而消失。这种由变量存储方式不同而产生的特性称为变量的生存期。生存期表示了变量存在的时间。生存期和作用域是从时间和空间两个不同的角度来描述变量特性的,两者既有联系又有区别。一个变量究竟属于哪一种存储方式,不能仅从其作用域来判断,还应有明确的存储类别说明。

在 C 语言中,变量的存储类别有 4 种,即 auto(自动的)、register(寄存器的)、extern(外部的)和 static(静态的)。自动的和寄存器的属于动态存储方式,外部的和静态的属于静态存储方式。

在了解了变量的存储类别之后可以知道,对一个变量的定义不仅应说明其数据类型,还应说明其存储类别。因此变量定义的完整形式应为:

存储类别说明符 数据类型说明符 变量名,变量名,… ;

例如:

```
static int a,b;                 /* 说明a,b为静态整型变量 */
auto char c1,c2;                /* 说明c1,c2为自动字符型变量 */
static int a[5]={1,2,3,4,5};    /* 说明a为静态整型数组 */
extern int x,y;                 /* 说明x,y为外部整型变量 */
```

1. auto 型局部变量

这种存储类别是 C 语言程序中使用最广泛的一种类别。C 语言规定,函数内凡未加存储类别说明的变量均视为 auto 型变量，即自动变量，也就是说自动变量可省去说明符 auto。在前面各章的程序中所定义的变量，凡未加存储类别说明符的都是自动变量。例如：

```
float func(float a)
{   int i,j,k;    /* 等价于auto int i,j,k; */
    char c;       /* 等价于auto char c; */
    …
}
```

自动变量具有以下特点：

（1）自动变量均为局部变量，作用域仅限于定义该变量的个体内。在函数中定义的自动变量只在该函数内有效，在复合语句中定义的自动变量只在该复合语句中有效。

（2）由于自动变量的作用域和生存期都局限于定义它的个体内（函数或复合语句内），因此不同的个体中允许使用同名的变量而不会混淆。即使在函数内定义的自动变量，也可与该函数内部复合语句中定义的自动变量同名。例 5.27 表明了这种情况。

（3）自动变量属于动态存储方式，只有在使用它时，即定义该变量的函数被调用时才给其分配存储单元，开始其生存期；函数调用结束，释放存储单元，结束生存期。因此函数调用结束之后，自动变量已经不存在，其值当然不能保留。在复合语句中定义的自动变量，在退出复合语句后也不能再使用，否则将引起错误。

（4）自动变量在定义时可同时进行初始化，等号"="右边不限于常量表达式，可以包含变量（当然该变量要有确定的值）。自动变量若没有初始化，其初值不定。

2. register 型局部变量

变量一般都存放在内存储器中，因此当对一个变量频繁读写时，必须要反复访问内存储器，从而花费大量的存取时间。而寄存器变量存放在 CPU 的寄存器中，使用时，不需要访问内存，直接从寄存器中读写，这样可提高效率。对于循环次数较多的循环控制变量及循环体内反复使用的变量均可定义为寄存器变量。

例 5.30 寄存器变量使用示例。

```
#include <stdio.h>
int main()
{   register int i,s;

    for (s=0,i=1; i<=100; i++)
        s+=i;
    printf("s=%d\n", s);
    return 0;
}
```

运行结果：

```
s=5050
```

对寄存器变量还要说明以下几点：

（1）因为寄存器变量属于动态存储方式。只有局部变量和形式参数才可以定义为寄存器变量。凡需要采用静态存储方式的变量都不能定义为寄存器变量。

（2）寄存器变量适用于在一个较短的时间内需进行频繁读写的变量，如循环控制变量、计数器等。

（3）寄存器变量的数据类型不可以是任意的，一般为整型、字符型和指针类型。关于初始化的规定与自动变量完全一样，若没有初始化，其初值也不定。

（4）由于 CPU 中寄存器的个数是有限的，因此能定义为寄存器变量的个数也是有限的。正是由于寄存器的数量有限，许多编译系统会把寄存器变量当成自动变量处理。

3．static 型局部变量

在定义局部变量时，若在数据类型标识符前加上 static 说明符就构成静态局部变量。例如：

```
static int a,b;
static float array[5]={1,2,3,4,5};
```

静态局部变量属于静态存储方式，具有以下特点：

（1）静态局部变量在函数内定义，但不像自动变量那样，当函数被调用时就生成，函数调用结束时就撤销。静态局部变量是始终存在着，也就是说它的生存期为整个程序。

（2）静态局部变量的生存期虽然为整个程序，但其作用域仍与自动变量相同，即只能在定义该变量的函数内使用该变量。退出该函数后，尽管该变量还继续存在，但不能使用。

（3）静态局部变量在定义时可同时进行初始化，但等号"="右边仅限于常量表达式。由于变量的初始化是在它生成时完成的，而静态局部变量只生成一次，所以静态局部变量的初始化只进行一次，这一点务必注意。对静态局部变量若在定义时未赋以初值，则系统自动赋予 0 值。而对自动变量不赋初值，则其值是不定的。

根据静态局部变量的特点，可以看出它是一种生存期为整个源程序的量。虽然离开定义它的函数后不能使用，但如再次调用定义它的函数时，它又可继续使用，而且保存了前次被调用后留下的值。因此，当多次调用一个函数且要求在调用之间保留某些变量的值时，可考虑采用静态局部变量。虽然用全局变量也可以达到上述目的，但全局变量会降低函数的独立性和可移植性，因此仍以采用局部静态变量为宜。

例 5.31 静态局部变量使用示例。

```
#include <stdio.h>

int func(int a)
{   auto int b=3;
    static int c=8;      /* 初始化只进行一次 */

    a++;  b++;  c++;
    return (a+b+c);
}

int main()
{   int a=2,i;
```

```
    for (i=0; i<3; i++)
        printf("%d ", func(a));
    printf("\n");
    return 0;
}
```

运行结果：

16　17　18

本例仅仅起到理解静态局部变量概念的作用，因为每一次的函数调用都是func(2)，但返回的值却不同，这一点有点不可思议，违反了数学中函数的基本性质。产生这一现象的原因就是函数 func()中存在静态局部变量，它保存了前次调用后留下的值，供下一次调用继续使用。这就是静态局部变量的副作用，而随机数函数恰恰需要这样的副作用。

例5.32 定义一个随机数函数，利用该函数计算π的近似值。

分析：由于随机数函数需要做到每次调用它返回的值是随机的（当然是不同的），因此随机数函数内部应该有静态局部变量。那么，如何产生随机数呢？这里介绍一种最简单的方法——乘同余法。该方法利用公式 seed = (C*seed) % M 来产生随机数，其中 C 为一个素数，seed 的初始值也为一个素数，产生的随机数小于 M。

下面采用统计法来求π的近似值。方法的基本思想是：设平面上有一个单位圆 C，有一个边长为 2 的正方形 S 围住 C，如图 5.8 所示。在 S 中产生足够多的随机点，这些随机点同时落在 C 中的概率是 CA/SA，其中 CA、SA 分别是 C 和 S 的面积。

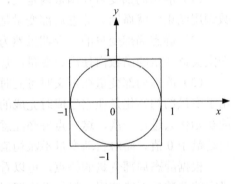

图 5.8　计算π近似值的模型图

因为图中的圆和正方形关于 x 轴和 y 轴对称，所以选取第一象限部分研究。第一象限部分随机点坐标的取值范围为 $0 \leqslant x \leqslant 1$，$0 \leqslant y \leqslant 1$，而这些点同时落在第一象限的圆中的条件为 $x^2+y^2 \leqslant 1$，概率是 π/4。

```
#include <stdio.h>
int main()
{   int total,inside,i;
    float x,y;
    float random(void);

    printf("请输入总点数: ");
    scanf("%d", &total);  inside=0;
    for (i=1; i<=total; ++i)
    {   x=random();  y=random();
        if (x*x+y*y<=1)  inside++;
    }
    printf("π的近似值: %f\n", 4.0*inside/total);    /* 这里不能用整数4 */
```

```
        return 0;
}

float random(void)
{   static long seed=1111;           /* 初始化只进行一次 */

    seed = (109*seed) % 10000 ;
    return (float)seed/9999;         /* 返回0~1之间的随机数 */
}
```

运行结果：

```
请输入总点数：500
π的近似值：3.136000
```

4. 全局变量的存储类别

前面已经介绍过，在函数外部定义的变量称为外部变量，其作用域是从外部变量的定义位置处开始，到本源程序文件结束为止。外部变量可被作用域内的所有函数直接引用，所以外部变量又称全局变量。外部变量和全局变量是对同一类变量的两种不同角度的提法，外部变量是从变量的定义方式（决定了变量的生存期）提出的，全局变量是从变量的作用域提出的。

全局变量的存储类别有两种：外部的（extern）和静态的（static）。若全局变量在定义时没有 static 说明符，其存储类别就是外部的。全局变量属于静态存储方式，在程序运行时，全局变量是始终存在着，也就是说它的生存期为整个程序。关于初始化的规定与静态局部变量完全一样，若全局变量在定义时未赋以初值，则系统自动赋予 0 值。

由于全局变量的作用域是从定义位置处开始，如果在该变量定义之前的函数中要引用这个全局变量，则必须在该函数中用关键字 extern 作"全局变量说明"（也称为"全局变量声明"），表示该全局变量已经在其他地方定义过了，这样就可以在函数内部使用了。建议把所有全局变量的定义放在源程序文件的最前面，这样就不必对全局变量作 extern 说明了，本源程序文件中的所有函数也都可以使用它们了。

全局变量的定义和全局变量的说明的不同点还表现在：对一个全局变量的定义只能有一次，定义时分配内存单元，可以进行初始化。而对同一个全局变量的说明可以有多次，说明时不分配内存单元，也不可以进行初始化。对全局变量的定义在函数的外部，而对全局变量的说明往往在函数的内部。

全局变量定义的一般形式：

[存储类别] 类型标识符 变量名[=初值]，变量名[=初值]，… ;

当方括号内的存储类别缺省时，其存储类别就是外部的。例如，有"int a,b;"则变量 a、b 的存储类别是外部的。

全局变量说明的一般形式：

extern 类型标识符 变量名，变量名，… ;

这里要强调的是：关键字 extern 只能用来说明变量，不能用来定义变量。说明的作用是声明该变量是一个已在函数外部其他地方定义过的变量,本函数内部要引用该变量,即说明的作用是扩大该变量的作用域。

例 5.33 全局变量的定义和说明示例。

```
#include <stdio.h>
int main()
{   extern int a;              /* 全局变量a的声明 */
    int b=8;                   /* 定义局部变量b */
    int max(int a, int b);     /* 函数声明 */

    printf("a=%d  b=%d  较大数: %d\n", a,b,max(a,b));
    return 0;
}

int a=5;                       /* 定义全局变量a */

int max(int a, int b)          /* 定义局部变量a,b */
{
    return (a>b?a:b);
}
```

运行结果:

```
a=5  b=8  较大数: 8
```

一个大型的C语言程序可由多个源程序文件组成,这些源程序文件经过分别编译之后,通过连接程序最终连接成一个可执行文件。如果其中一个源程序文件要引用另一个源程序文件中定义的全局变量,就应该在需要引用该变量的源程序文件中,用 extern 说明符对该变量进行说明,把该全局变量的作用域扩大到本源程序文件中。这种说明的位置一般应在源程序文件的开始处且位于所有函数的外面。

```
File1.C(源程序文件一)              File2.C(源程序文件二)
int a,b;    /* 全局变量定义 */     extern int a,b;   /* 全局变量说明 */
char c;     /* 全局变量定义 */     extern char c;    /* 全局变量说明 */
int main()                         func (int x,y)
{                                  {
    …                                  …
}                                  }
```

如果希望在一个源程序文件中定义的全局变量的作用域仅限于此源程序文件,而不能被其他文件中的程序所访问,则可以在定义此全局变量的数据类型标识符前面,加上关键字 static 作为存储类别说明符即可。例如:

```
static float x;
```

此时,全局变量 x 被称为静态外部变量,作用范围是从定义它的位置开始到源程序文件结束,在其他的源程序文件中,即使使用了 extern 说明,也无法使用该变量。

5.8 内部函数和外部函数

函数一旦定义后就可被本文件中的其他函数调用。但当一个程序由多个源文件组成时，在一个源文件中定义的函数能否被其他源文件中的函数调用呢？为此，C语言把函数分为两类，即内部函数和外部函数。

5.8.1 内部函数

如果在一个源文件中定义的函数只能被本文件中的函数调用，而不能被同一程序其他文件中的函数调用，这种函数称为内部函数。

定义内部函数的一般形式是：

```
static 类型标识符 函数名([形式参数表])
{
    …
}
```

内部函数也称为静态函数。但此处静态 static 的含义已不是指存储方式，而是指对函数的调用范围只局限于本文件。

使用内部函数的好处是：不同的程序员在编写程序时，不用担心自己定义的函数是否会与其他文件中的函数同名，因为在不同的源文件中定义同名的静态函数不会引起混淆。

5.8.2 外部函数

在定义函数时，如果在函数的数据类型标识符前加上关键字 extern，则表示该函数是外部函数。其定义的一般形式是：

```
extern 类型标识符 函数名([形式参数表])
{
    …
}
```

如果在定义函数时没有说明是 extern 或 static，则隐含是 extern，即默认为外部函数。外部函数在整个程序中都有效，可以被同一程序其他文件中的函数调用。

在一个源文件的函数中要调用其他源文件中定义的外部函数时，需要用 extern 声明被调函数为外部函数。所以，函数的声明就有两类，一类声明的函数的定义在本源文件中，另一类声明的函数的定义在其他源文件中。

5.8.3 外部函数应用举例

例 5.34 用回溯法编写一个程序找出八皇后问题的所有解。所谓八皇后问题，就是在 8×8 的国际象棋棋盘上，放置八个皇后，使得它们既不在同一行、同一列，又不在同一条对角线上，如图 5.9 所示。

下面的程序为当输入为 8 时的部分输出结果如下：

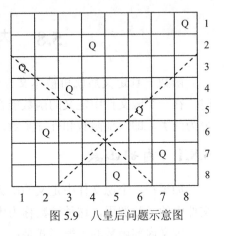

图 5.9 八皇后问题示意图

输出结果的含义为：每一行为一个解，其中第一行表示的意义为：第 1 列放在第 7 行、第 2 列放在第 4 行、第 3 列放在第 2 行、……，其余行的意义依此类推。

分析：表面上看程序中应当使用一个二维数组来表示棋盘，但因为同一行只能放一个皇后，程序中只要记住每一列中的皇后放在第几行即可，所以只要用一个一维数组就可以了。假定一维数组名为 col，若有 col[j]=i，则表示第 j 列中的皇后放在第 i 行。由于采用一维数组记住每一列中皇后放的行号，所以同一列自动只有一个皇后，如果一维数组中各个元素的值互不相同，就说明同一行也只有一个皇后。

如何检查皇后不在同一条对角线上呢？仔细分析同一条对角线上的行列编号，可以看出：同一条左高右低对角线上的行号减去列号的差是一个常数，而且不同对角线上的行号减去列号的差也互不相同（从 $-7 \sim 7$）。同理，同一条左低右高对角线上的行号加上列号的和也是一个常数，而且不同对角线上的行号加上列号的和也互不相同（从 $2 \sim 16$）。

假定前 $m-1$ 列每一列中放的皇后不在同一行、同一列，又不在同一条对角线上，现在要决定第 m 列中的皇后放的行号，只要做下面的循环语句：

```
downd=col[m]-m;  upd=col[m]+m;  good=1;
for (k=1; good && k<m; k++)
    good=(col[k]!=col[m]) && (col[k]-k!=downd) && (col[k]+k!=upd);
```

如果循环结束时，变量 good 的值为 1，则说明第 m 列中放的皇后与前 $m-1$ 列每一列中放的皇后不在同一行、同一列，又不在同一条对角线上，可以继续放第 $m+1$ 列中的皇后。

如果循环结束时，变量 good 的值为 0，则说明第 m 列中放的皇后与前 $m-1$ 列中放的皇后有矛盾，必须改变第 m 列中放的皇后的行号（即加 1），然后再检查与前 $m-1$ 列中放的皇后是否有矛盾。如果第 m 列中放的皇后已经在最后一行，则必须回溯，即重新放第 $m-1$ 列中的皇后，最坏情况下可能一直要回溯到第 1 列。

```
/* Queen.C源程序文件一 */
#include <stdio.h>
#include <stdlib.h>

int n,m;                              /* 全局变量定义 */

extern void print(int col[]);         /* 外部函数声明 */
```

```
extern void change(int col[]);

int main()
{   int count,*col,good;

    printf("请输入n: ");  scanf("%d", &n);
    col=(int *)malloc((n+1)*sizeof(int));    /* col[0]不用 */
    count=0;  good=1;           /* m的初值为0 */
    do {
       if (good)
          if (m==n) { count++; print(col); change(col); }/* 最后一列已放好 */
          else col[++m]=1;  /* 第m+1列中的皇后从第1行开始放 */
       else change(col);       /* 改变第m列中放的皇后的行号,即加1,可能要回溯 */
       {   int k,upd,downd;
                 /* 检查与前m-1列中放的皇后是否有矛盾 */
           downd=col[m]-m;  upd=col[m]+m;  good=1;
           for (k=1; good && k<m; k++)
               good=(col[k]!=col[m]) && (col[k]-k!=downd) && (col[k]+k!=upd);
       }
    }while (m!=0);
    printf("\n求解完成!\n共有 %d 个解.\n", count);
    return 0;
}

/* QueenSub.C源程序文件二 */
#include <stdio.h>

extern int n,m;              /* 全局变量说明 */

void print(int col[])        /* 外部函数定义 */
{   int k;

    for (k=1; k<=n; k++)
       printf("%3d", col[k]);
    printf("\n");
}

void change(int col[])
{
    while (col[m]==n)        /* 第m列中放的皇后已经在最后一行,则回溯 */
        m--;
    ++col[m];                /* 第m列中放的皇后不在最后一行,则行号加1 */
}
```

思考题:如何改写 print()函数,使得其能输出与图 5.9 相似的图形解。

练 习 5

一、选择题

1. C 语言规定，函数返回值的类型由（　　）决定。
   A．return 语句中的表达式类型　　　　B．调用该函数的主调函数的类型
   C．系统　　　　　　　　　　　　　　D．定义函数时所指定的函数类型

2. C 语言规定，若有函数声明 "fun(int a, int b);"，则该函数的类型隐含是（　　）。
   A．int　　　　　B．不确定　　　　C．void　　　　D．float

3. C 语言规定，简单变量作实参时，它和对应的形参变量之间的数据传递是（　　）。
   A．地址传递　　　　　　　　　　　　B．由实参传给形参，再由形参传回给实参
   C．单向值传递　　　　　　　　　　　D．由用户指定传递方式

4. 若有函数定义的首部：float fun(float a, float b)，则以下的函数声明中，错误的是（　　）。
   A．float fun(float, float);　　　　　　B．fun(a, b);
   C．float fun(float b, float a);　　　　D．float fun(float x, float y);

5. 若有函数定义的首部：float fun(float a, float b)，则以下的函数调用中，正确的是（　　）。
   A．fun(float, float);　　　　　　　　B．fun(b, a);
   C．fun(float a, float b);　　　　　　D．float fun(float x, float y);

6. 在 C 语言中，关于函数的定义和函数的调用，以下叙述正确的是（　　）。
   A．前者可以嵌套，但后者不可以嵌套　B．两者均可以嵌套
   C．前者不可以嵌套，但后者可以嵌套　D．两者均不可以嵌套

7. 以下函数调用语句中，含有的实参个数是（　　）。

   fun(x+y, (e1,e2), fun(xy,d,(a,b)));

   A．3　　　　　B．4　　　　　C．6　　　　　D．8

8. 若有以下函数定义，则函数调用 sub(10) 的返回值是（　　）。

   ```
   int sub(int n)
   {   if (n<5) return 0;
       else if (n>12) return 3;
       return 1;
       if (n>5) return 2;
   }
   ```

   A．0　　　　　B．1　　　　　C．2　　　　　D．3

9. 若用数组名作为函数调用的实参，则传递给形参的是（　　）。
   A．数组元素的个数　　　　　　　　　B．数组第一个元素的值
   C．数组中全部元素的值　　　　　　　D．数组的首地址

10. 若有定义："int a[]={1,2,3,4,5,6,7,8,9};"，则函数调用 fun(a, 3, 7)的返回值是（   ）。

```
int fun(int b[], int m, int n)
{   int i, s=0;
    for (i=m; i<n; i=i+2)
        s+=b[i];
    return  s;
}
```

  A. 10   B. 18   C. 8   D. 15

11. 以下程序的输出结果是（   ）。

```
#include <stdio.h>
void fun(int a[], int n)
{   int i, j, t;
    for (i=0; i<n-1; i++)
        for (j=i+1; j<n; j++)
            if (a[i]<a[j])
                { t=a[i];  a[i]=a[j];  a[j]=t; }
}
int main()
{   int aa[10]={1,2,3,4,5,6,7,8,9,10}, i;
    fun(&aa[3], 5);
    for (i=0; i<10; i++)
        printf("%d,",aa[i]);
    printf("\n");
}
```

  A. 1,2,3,4,5,6,7,8,9,10,   B. 10,9,8,7,6,5,4,3,2,1,
  C. 1,2,3,8,7,6,5,4,9,10,   D. 1,2,10,9,8,7,6,5,4,3,

12. 以下程序的输出结果是（   ）。

```
#include <stdio.h>
int f(int n)
{   if (n==1)  return 1;
    else return f(n-1)+1;
}
int main()
{   int i, s=0;
    for (i=1; i<3; i++)
        s+=f(i);
    printf("%d\n",s);
}
```

  A. 4   B. 3   C. 2   D. 1

13. 函数调用 strcat(strcpy(str1,str2),str3)的功能是（   ）。

A. 将字符串 str1 复制到字符串 str2 中后再连接到字符串 str3 之后
B. 将字符串 str1 连接到字符串 str2 之后再复制到字符串 str3 之后
C. 将字符串 str2 复制到字符串 str1 中后再将字符串 str3 连接到字符串 str1 之后
D. 将字符串 str2 连接到字符串 str1 之后再将字符串 str1 复制到字符串 str3 中

14. 若有定义："int (*p)[8];和 int (*f)(int);"，则 p 和 f 分别表示（　　）。
   A. 指针数组，函数指针　　　　　B. 数组指针，指针函数
   C. 指针数组，指针函数　　　　　D. 数组指针，函数指针

15. 若有语句："int *f(int);"，则 f 表示的是（　　）。
   A. 一个返回值为指针类型的函数名　B. 一个基类型为 int 的指针变量
   C. 一个用于指向函数的指针变量　　D. 一个用于指向一维数组的指针变量

16. 若运行以下程序时，从键盘输入 abc□def↙，则程序的输出结果是（　　）。

```
#include <stdio.h>
#include <stdlib.h>
int main()
{   char *p, *q;
    q=p=(char*)malloc(sizeof(char)*20);
    scanf("%s%s", p,q);   printf("%s%s\n", p,q);
}
```

   A. def def　　　B. abc def　　　C. abc d　　　D. d d

17. 在一个源文件中定义的外部变量的作用域为（　　）。
   A. 本文件的全部范围　　　　　　B. 本程序的全部范围
   C. 本函数的全部范围　　　　　　D. 从定义该变量的位置开始至本文件结束

18. 在 C 语言中，以下叙述中正确的是（　　）。
   A. 全局变量的作用域一定比局部变量的作用域范围大
   B. 静态（static）类别变量的生存期贯穿于整个程序的运行期间
   C. 函数的形参都属于全局变量
   D. 未在定义语句中赋初值的 auto 变量和 static 变量的初值都是随机值

19. 以下对 C 语言函数的描述中，正确的是（　　）。
   A. C 程序由一个或一个以上的函数组成
   B. C 函数既可以嵌套定义又可以递归定义
   C. 函数必须有返回值，否则不能使用函数
   D. C 程序中调用关系的所有函数必须放在同一个程序文件中

20. C 语言中形参的默认存储类别是（　　）。
   A. 自动（auto）　B. 静态（static）　C. 寄存器（register）　D. 外部（extern）

21. 在 C 语言中，以下叙述中错误的是（　　）。
   A. 形参变量值的改变不影响对应的实参
   B. 在 C 函数中最好使用全局变量
   C. 形参的作用域只局限于它所在的函数
   D. 函数名的存储类别默认为外部

22. 以下程序的输出结果是（　　）。

```
#include <stdio.h>
int a, b;
void fun()
{   a=100;  b=200;
}
int main()
{   int a=5, b=7;
    fun();
    printf("%d%d\n", a,b);
}
```

  A．100200 B．57 C．200100 D．75

23. 以下程序的输出结果是（　　）。

```
#include <stdio.h>
int d=1;
void fun (int p)
{   int d=5;
    d+=p++;
    printf("%d ", d);
}
int main()
{   int a=3;
    fun(a);
    d+=a++;
    printf("%d\n", d);
}
```

  A．8 4 B．9 6 C．9 4 D．8 5

24. 以下程序的输出结果是（　　）。

```
#include <stdio.h>
int d=1;
int fun(int p)
{   static int d=5;
    d+=p;
    printf("%d ", d);
    return(d);
}
int main()
{   int a=3;
    printf("%d\n", fun(a+fun(d)));
}
```

  A．6 9 9 B．6 6 9 C．6 15 15 D．6 6 15

25. 以下程序的输出结果是（   ）。

```c
#include <stdio.h>
int fun(int x)
{   static int a=3;
    a+=x;
    return(a);
}
int main()
{   int k=2,m=1,n;
    n=fun(k);
    n=fun(m);
    printf("%d", n);
}
```

    A. 3   B. 4   C. 6   D. 9

二、填空题

1. 在 C 语言中，一个函数一般由两个部分组成，它们是_____和_____。

2. 以下程序的输出结果是_____。

```c
#include <stdio.h>
void fun(int x, int y, int cp, int dp)
{   cp=x*x+y*y;
    dp=x*x-y*y;
}
int main()
{   int a=4, b=3, c=5, d=6;
    fun(a, b, c, d);
    printf("%d  %d\n", c,d);
}
```

3. 以下程序的输出结果是_____。

```c
#include <stdio.h>
void fun(int a[], int n)
{   int i, t;
    for (i=0; i<n/2; i++)
        { t=a[i]; a[i]=a[n-1-i]; a[n-1-i]=t; }
}
int main()
{   int i, b[10]={1,2,3,4,5,6,7,8,9,10};
    fun(b+2, 6);
    for (i=0; i<10; i++)
        printf("%d ", b[i]);
}
```

4. 以下程序的输出结果是_____。

```c
void fun(int *x, int y)
{   (*x)++;   y--;   }
int main()
{   int a=0, b=3;
    fun(&a, b);
    printf("%d %d\n", a,b);
}
```

5. 以下函数实现求字符串的长度并返回。请填空。

```c
int mystrlen(char *str)
{   int n=0;
    while (_____)   n++;
    return n;
}
```

6. 以下函数实现把字符串 s2 连接到字符串 s1 的后面，并返回连接后的字符串 s1 的长度。请填空。

```c
int mycatlen(char *s1, char *s2)
{   int n1=0, n2=0;
    while (s1[n1]!='\0')   n1++;
    while (_____)   s1[n1++]=s2[n2++];
    _____;
    return n1;
}
```

7. 若有以下递归函数定义，则函数调用 fun(6718) 的输出结果是_____。

```c
void fun(int n)
{   if (n>=10)
        { printf("%d", n%10);  fun(n/10); }
    else
        printf("%d", n);
}
```

8. 若有以下递归函数定义，则函数调用 fun(4) 的返回值是_____。

```c
long fun(int n)
{   long s;
    if (n==1 || n==2)   s=2;
    else   s=n-fun(n-1);
    return s;
}
```

9. 以下递归函数实现求 x 的 y 次幂并返回。请填空。

```
double fun(double x, int y)
{   if (y==0)  return 1.0;
    return _____;
}
```

10. 若有定义："char s[]="sh75nu48";"，则语句"printf("%s", fun(s));"的输出结果是_____。

```
char *fun(char *str)
{   int n1, n2;
    for (n2=n1=0; str[n1]!='\0'; n1++)
       if ( !('0'<=str[n1] && str[n1]<='9') )
           str[n2++]=str[n1];
    str[n2]='\0';
    return str;
}
```

11. 以下程序通过函数指针 p 调用函数 fun()。请填空。

```
#include <stdio.h>
void fun(int *x, int *y)
{   *x += *y;   }
int main()
{   int a=10, b=20;
    _____;    /* 写出定义变量p的语句 */
    p=fun;
    (*p)(&a, &b);
    printf("%d", a);
}
```

12. C 语言中不存在动态数组，但程序员完全可以利用指针变量和_____函数动态分配内存空间来实现动态数组。

13. 在一个 C 源文件中，若要定义一个只允许在该源文件所有函数中使用的全局变量，则该变量需要的存储类别是_____；若全局变量与局部变量同名，则在局部变量的作用域范围内，_____变量被屏蔽而不起作用。

14. 以下程序的输出结果是_____。

```
#include <stdio.h>
int d=1;
void fun(int n)
{   int d=5;
    d+=n++;
    printf("%d, %d, ", d,n);
}
int main()
{   int a=3;
    fun(a);  printf("%d, ", a);
```

        d+=a; printf("%d\n", d);
}
```

15. 以下程序的输出结果是_____。

```c
#include <stdio.h>
int fun(int x, int y)
{   static int m=0, n=2;
    n+=m+1;  m=n+x+y;
    return m;
}
int main()
{   int m=1;
    printf("%d, ", fun(4,m));
    printf("%d\n", fun(4,m));
}
```

16. 以下程序的输出结果是_____。

```c
#include <stdio.h>
int fun(int *x, int y)
{   static int k=1;
    k+=*x+3;  *x=k-y;
    return k;
}
int main()
{   int x=5,y=3,k;
    k=fun(&x,y);  printf("%d, ",k);
    k=fun(&x,y);  printf("%d\n",k);
}
```

三、思考题

1. 简述 C 语言中函数的作用与分类。
2. 使用函数原型进行函数声明有什么作用？
3. 简述 C 语言中调用函数和被调函数间数据传递的方法。
4. 结合变量作用域和生存期的概念，简述动态和静态存储区中数据的初始化有什么不同。
5. 完成下面一组关于函数的判断。
（1）C 语言程序的基本组成单位是函数。
（2）C 语言程序的主函数可以放在其他函数之后，程序总是从第一个定义的函数开始执行。
（3）C 语言中函数返回值的类型是由定义函数时所指定的函数类型决定的。
（4）C 语言中函数定义时返回值类型定义为 void 的意思是函数不返回。
（5）C 语言中不允许在一个函数定义中再定义函数。
（6）在 C 语言中调用函数时，只能将实参的值传递给形参，形参的值不能传递给实参。
```

6. 完成下面一组关于递归函数的判断。

（1）所有的递归程序均可以采用非递归算法实现。

（2）在递归函数中使用形参变量，要注意不同层次的同名变量在赋值时会互相影响。

（3）如果函数 funA()中又调用了函数 funA()，称直接递归。

（4）如果函数 funA()中调用了函数 funB()，函数 funB()中又调用了函数 funA()，称间接递归。

7. 完成下面一组关于作用域和生存期的判断。

（1）在函数中定义变量时未指定其存储类别，存储类别隐含为 extern。

（2）C 语言中函数形参的存储类型是自动类型的变量。

（3）在 C 语言中，对于存储类别为 auto 的变量，只有在使用它们时才占用内存单元。

（4）在一个源文件中定义的外部变量的作用域为本文件的全部范围。

（5）若要定义一个只能在本源文件中所有函数使用的变量，该变量的存储类别应该是 static。

（6）C 语言程序中有调用关系的函数必须放在同一源程序文件中。

四、编程题

1. 定义一个函数，根据公式 $c=5/9*(f-32)$ 实现将华氏温度 f 转换为对应的摄氏温度 c。

2. 定义一个函数，判断一个正整数是否是水仙花数，如是返回 1，否则返回 0。

3. 定义一个函数，判断一个正整数是否是素数，如是返回 1，否则返回 0。利用该函数，编写一个程序验证哥德巴赫猜想，即任何大于 2 的偶数均可表示为两个素数之和。例如，4=2+2（特例，仅此一个），6=3+3，8=3+5，…。程序要求输入任一偶数，输出 6 到该数范围内的各个满足条件的组合。

4. 定义一个函数，找出某一维整型数组中整数 2016 的个数后返回。

5. 定义一个函数，实现将某一维整型数组中的每一个元素依次循环后移一位后返回。

6. 定义一个函数，判断某字符串是否是回文，如是返回 1，否则返回 0。回文就是从前向后读和从后向前读都一样的字符串，例如，字符串"level"是回文。

7. 定义一个函数，不使用库函数 strcmp()实现两字符串的比较，返回值的规定与 strcmp()相同。

8. 定义一个函数 del(char *str, char ch)，实现删除某一个字符串 str 中的某一个字符 ch，删除字符 ch 后的字符串仍然通过 str 返回。

9. 定义一个函数 insert(char *s1, char *s2, int n)，实现在字符串 s1 的指定下标 n 处，插入字符串 s2。可以不考虑 n 的值太大或太小的情况。

10. 定义一个函数，返回某一维实型数组中的正数、负数、数 0 的个数，这里规定，数 0 的个数通过 return 返回，其余的通过指针参数返回。

11. 定义一个函数 reverse(char *str)，实现将字符串 str 原地逆序存放，再定义一个函数 d2s(int n, int x, char *str)，实现将十进制正整数 n 转换为对应的 x 进制数（$1<x<9$）的字符串形式后通过 str 返回。例如，函数调用 d2s(2584, 8, str)后，字符串 str 应为"5030"。函数 d2s()中可以调用函数 reverse()。

12. 定义一个递归函数，实现返回 Fibonacci 数列中的第 n 个数，Fibonacci 数列中的第 1、2 个数均为 1。

13. 定义一个递归函数，返回某一维实型数组中的最大值。

14. 定义一个递归函数，统计并返回一个正的长整数的位数。

15. 定义一个函数，实现用牛顿迭代法 $x_{n+1}=x_n-f(x_n)/f\,'(x_n)$ 求任意一个方程 $f(x)$ 在 x_0 附近的根，这里 $f(x)$、$f\,'(x)$ 和 x_0 均由形参传入，要求误差小于 0.00001。在主函数中调用该函数，验证其功能。

第 6 章　结构体类型

6.1　结构体类型的定义

第 2 章介绍过 C 语言的数据类型及分类,对于基本数据类型有固定的类型标识符,程序员在程序中可直接用它们来定义数据对象。第 4 章介绍了数组的有关概念,用数组可以解决许多实际问题,但有些问题用数组就不能解决了。例如,在新生入学登记表中,一个新生有学号、姓名、性别、年龄、家庭地址、入学成绩等属性,这些数据构成一个有机的整体,这个整体中的数据之间有一定的关系。但这些属性又有着不同的数据类型(如学号为整型;姓名为字符数组;性别为字符型;年龄为整型;家庭地址为字符数组;入学成绩为实型),它们不能存放在数组中,因为数组中各元素的数据类型必须相同。那么能否用 6 个单个的变量来表示呢?从语法角度来看是可以的,但单个变量很难体现出这些数据之间的内在联系。而类似这样的问题在实际应用中非常普遍,为了解决这样的问题,C 语言中提供了另一种构造数据类型,即"结构体",相当于其他高级语言中的记录。

"结构体"是一种构造类型,由若干个"成员"组成,每一个成员可以是一个基本数据类型或者又是一个构造类型。结构体既然是一种"构造"而成的数据类型,那么在使用之前必须先定义,也就是构造。定义结构体类型的一般形式为:

```
struct 结构体类型名
{
    成员列表
};
```

其中,struct 是关键字,作为定义结构体类型的标志;后面跟的结构体类型名是由用户自定义的标识符,在命名时应考虑"见名知意"的原则,如用 date 代表"日期";大括号{}内是成员列表,右大括号外的分号不能省略。成员列表由若干个成员(也称为数据项或分量)组成,每个成员都是该结构体类型的一个组成部分。对每个成员也必须作类型说明,其形式为:

类型标识符 成员名;

成员名是一个用户自定义的标识符,在命名时也应考虑"见名知意"的原则。例如:

```
struct student
{   int num;
    char name[20];
```

```
    char sex;
    int age;
    char addr[30];
    float score;
};
```

在这个结构体类型定义中，结构体类型名为 student，该结构体由 6 个成员组成。应注意在右大括号后的分号是不可少的。在结构体类型定义之后，就可定义结构体变量，凡定义为结构体类型 student 的变量都由上述 6 个成员组成。由此可见，结构体是一种复杂的数据类型，是数目固定、类型不同的若干个变量的集合。

关于结构体类型还有以下几点说明：

（1）结构体类型并非只有一种，根据所描述的对象不同，可以定义不同的结构体类型。同一个程序中的结构体类型名不能相同，但不同结构体中的成员名可以同名，同一个结构体中的成员名不能相同。

（2）结构体中成员的类型可以是基本数据类型、数组、指针或另一个已定义过的结构体类型。例如：

```
struct date
{   int year;
    int month;
    int day;
};
struct student1
{   int num;
    char name[20];
    char sex;
    struct date birthday;
    char addr[30];
    float score;
};
```

（3）数据类型相同的成员，既可逐个、逐行分别定义，也可合并成一行定义。例如上面结构体类型 date 的定义可以改写为如下形式：

```
struct date
{   int year, month, day;
};
```

（4）结构体中的成员名可以和程序中其他地方的变量同名，它们代表不同的对象，互不干扰和影响。例如：

```
int year;
struct date
{   int year, month, day;
};
```

（5）结构体类型的定义可以在函数的内部，也可以在函数的外部。在函数内部定义的结构体，其作用域仅限于该函数内部，而在函数外部定义的结构体，其作用域是从定义处开始到本源程序文件结束。

最后要特别强调的是，定义了结构体类型，并不意味着分配了内存单元。结构体类型的定义只是描述该结构体类型数据的组织形式和使用内存的模式，结构体类型 student1 的组织形式如图 6.1 所示。只有定义了结构体类型的变量，系统才为变量分配内存单元。

num	name	sex	birthday			addr	score
			year	month	day		

图 6.1　结构体类型 student1 的组织形式

6.2　结构体变量的定义和使用

6.2.1　结构体变量的定义和初始化

在定义了结构体类型后，就可以像系统定义的基本数据类型（如 int、char 等）一样，定义相应的结构体变量。定义结构体变量有以下 3 种方法：

（1）先定义结构体类型，再定义结构体变量。例如：

```
struct student
{   int num;
    char name[20];
    char sex;
    int age;
    char addr[30];
    float score;
};
struct student s1, s2;
```

注意：在定义变量时，不能只用结构体类型名 student，要用关键字 struct 开头。

（2）在定义结构体类型的同时，定义结构体变量。例如：

```
struct student
{   int num;
    char name[20];
    char sex;
    int age;
    char addr[30];
    float score;
} s1, s2;
```

如果编程需要，程序员还可以用 struct student 定义其他的结构体变量。

(3) 直接定义结构体变量。例如：

```
struct
{   int num;
    char name[20];
    char sex;
    int age;
    char addr[30];
    float score;
} s1, s2;
```

这 3 种定义结构体变量的方法中，第 3 种方法用得较少，因为没有结构体类型名，也就不能用它来定义其他的结构体变量。第 2 种方法相对来说没有第 1 种用得多，因为定义结构体类型往往在函数的外部（这样定义的结构体类型名就可以被多个函数使用），如果用第 2 种方法定义变量，该变量就是全局变量了，而全局变量一般是较少使用的。

由于用第 1 种方法定义变量时，要用关键字 struct 开头，为了编程方便，常常用 typedef 来定义结构体类型，再定义结构体变量。例如：

```
typedef struct
{   int num;
    char name[20];
    char sex;
    int age;
    char addr[30];
    float score;
} STUDENT;
STUDENT s1, s2;
```

系统对已经定义了的结构体变量要分配内存单元，其大小是该结构体类型变量的各个成员所占内存单元之和，这一段连续的内存单元，依次存放各成员的数据。不同类型的结构体变量所占用的内存单元的多少往往也不一样。结构体类型变量所占用的内存单元的字节数可以用求字节数运算符 sizeof 来计算，一般形式是：

sizeof(结构体类型或变量名)

例如，sizeof(struct student) 或 sizeof(STUDENT) 或 sizeof(s1)。

与简单变量一样，在定义结构体变量的同时，可以给变量的各成员赋初值。例如：

```
STUDENT s1={1101, "Wang Ping", 'M', 19, "Jiangsu Suzhou", 86.5};
```

注意：① 上述变量定义不等价于下面的两句语句，因为 C 语言中没有结构体常量。

```
STUDENT s1;
s1={1101, "Wang Ping", 'M', 19, "Jiangsu Suzhou", 86.5};
```

② 结构体变量各个成员初值的数据类型，应该与结构体变量中相应成员的数据类型相容。

6.2.2 结构体变量的使用

1．结构体变量成员的使用

在程序中使用结构体变量时，一般情况下，不把它作为一个整体进行处理，而是用结构体变量的各个成员来参加各种操作和运算，如输入、输出、加法运算等都是通过结构体变量的成员来实现的。

引用结构体变量成员的一般形式是：

结构体变量名.成员名

其中的"."称为成员运算符。例如，s1.num 就是 s1 的学号。

如果成员本身又是一个结构体类型的数据，则必须逐级找到最低级的成员，系统只能对最低级的成员才能进行输入、输出、加法运算等。例如，假定 s6 是 student1 类型的结构体变量，则 s6.birthday.year 就是 s6 的出生年月的年份。

结构体变量成员的数据类型是在结构体类型定义时定义的，结构体变量成员可以进行何种运算是由其类型决定的。结构体变量成员的输入、输出、允许参加的运算种类，与同类型的简单变量完全相同。例如：

```
scanf("%d", &s1.num);
strcpy(s1.name, "Zhao Ying");
s1.sex='f';
s1.score+=10;
s6.birthday.year=1993;
```

再次强调，结构体类型与结构体变量是两个不同的概念，对结构体类型不分配内存单元，所以编程时不能对结构体类型名进行输入、输出、赋值等操作。例如 student.sex='f'或 STUDENT.sex='f'都是错误的。

2．结构体变量（整体）的使用

在 C 语言中，对结构体变量（整体）的使用除了允许相同类型的结构体变量可相互赋值和取结构体变量的地址之外，不能进行其他类型的运算，也不能对结构体变量（整体）进行输入和输出操作。

例 6.1 结构体类型变量使用示例。

```
#include <stdio.h>
#include <string.h>

typedef struct
{   int num;
    char name[20];
    char sex;
    float score;
} STUDENT;
```

```
int main()
{   STUDENT s1, s2={1101, "Wang Ping", 'M', 86.5};

    printf("Num: ");  scanf("%d", &s1.num);
    strcpy(s1.name, "Zhao Ying");
    s1.sex='f';
    s1.score=78;
    printf("Num=%d  Name=%s  ", s1.num,s1.name);
    printf("Sex=%c  Score=%.2f\n", s1.sex,s1.score);
    s1=s2;
    printf("Num=%d  Name=%s  ", s1.num,s1.name);
    printf("Sex=%c  Score=%.2f\n", s1.sex,s1.score);
    return 0;
}
```

运行结果:

```
Num: 1103
Num=1103  Name=Zhao Ying  Sex=f  Score=78.00
Num=1101  Name=Wang Ping  Sex=M  Score=86.50
```

6.3 结构体数组

6.3.1 结构体数组的定义和初始化

第 4 章中介绍过，数组元素可以是基本数据类型，也可以是构造类型。当数组元素的类型是结构体类型时，就构成了结构体数组。结构体数组的每一个元素都具有相同的结构体类型，结构体数组就是具有相同类型结构体变量的集合。在实际应用中，经常用结构体数组来表示具有相同数据结构的一个群体，如一个班的学生档案，一个车间职工的工资表等。

结构体数组的定义方法和结构体变量相似，也有 3 种方法，最常用的也是第 1 种方法。例如：

```
typedef struct
{   int num;
    char name[20];
    char sex;
    float score;
} STUDENT;
STUDENT stu[5];
```

这样定义的结构体数组 stu 有 5 个元素，分别是 stu[0]、stu[1]、stu[2]、stu[3]和 stu[4]，它们的数据类型都是 STUDENT 结构体类型。

与其他类型的数组一样，在定义结构体数组时也可以进行初始化。例如：

```
STUDENT stu[5]={ {1101, "Wang Ping", 'M', 86.5}, {1102, "Zhang Ming", 'M', 62.5},
```

```
            {1103, "Zhao Ying", 'F', 78}, {1104, "Chen Fang", 'F', 83},
            {1105, "Liu Ling", 'M', 54.5} };
```

当数组的每一个元素都初始化时,也可以省去[ ]中的长度5。

6.3.2 结构体指针

当一个指针变量指向一个结构体变量时,称之为结构体指针变量。结构体指针变量中的值是所指向的结构体变量的首地址,通过结构体指针就可以访问该结构体变量(包括它的各个成员)。定义结构体指针变量的方法与定义基本数据类型指针变量相似,例如:

```
STUDENT s1, *p;
```

其中的 s1 是一个结构体变量,p 是一个结构体指针变量。在使用 p 之前,应给 p 赋值(或初始化),即让 p 明确指向某个结构体变量。例如:

```
p=&s1;
```

注意:"p=&STUDENT;"或"p=&s1.num;"都是错误的。前者 STUDENT 是结构体类型,不分配内存单元,没有内存地址。后者 s1.num 是 int 类型,与指针变量 p 的基类型不同,所以不能赋值。

当结构体指针变量 p 指向某个结构体变量 s1 后,s1 的成员 num 就可以表示为:

```
s1.num 或 (*p).num
```

其中,*p 两边的圆括号不能省略,因为成员运算符"."的优先级高于"*"运算符。

为了直观和使用方便,C 语言中提供了指向运算符"->",这样(*p).num 可改写为 p->num,即结构体指针变量 p 所指向的结构体变量中的 num 成员。

结构体指针变量可以指向一个结构体数组,这时结构体指针变量的值是整个结构体数组的首地址。结构体指针变量也可指向结构体数组的一个元素,这时结构体指针变量的值是该结构体数组元素的首地址。

与其他类型的指针变量一样,引进结构体指针变量的目的之一,就是为了通过结构体指针变量去访问结构体数组中的元素。具体方法见下面的例 6.2。

例 6.2 统计学生成绩的平均分和不及格人数。

```
#include <stdio.h>

typedef struct
{   int num;
    char name[20];
    char sex;
    float score;
} STUDENT;

int main()
```

```
{  STUDENT stu[5]={ {1101, "Wang Ping", 'M', 86.5}, {1102, "Zhang Ming", 'M',
                   62.5},{1103, "Zhao Ying", 'F', 78}, {1104, "Chen Fang",
                   'F', 83},{1105, "Liu Ling", 'M', 54.5} };
   int i,count;  float sum;  STUDENT *p;

   for (sum=i=0; i<5; i++)                  /* 下标法访问数组元素 */
       sum+=stu[i].score;
   for (count=0,p=stu; p<stu+5; p++)        /* 指针法访问数组元素 */
       if (p->score<60) count++;
   printf("平均分: %.2f\n", sum/5);
   printf("不及格人数: %d\n", count);
   return 0;
}
```

运行结果:

```
平均分: 72.90
不及格人数: 1
```

6.4 结构体作函数参数

6.4.1 结构体变量作函数参数

在 C 语言中允许用结构体类型的数据作函数参数进行整体传送，也允许函数返回结构体类型的数据。

例 6.3 定义一个函数，实现已知今天的日期返回明天的日期，在主函数中调用该函数验证其功能。

```
#include <stdio.h>

typedef struct
{   int y;
    int m;
    int d;
} DATE;

int isleapyear(int y)                /* 注意: 函数的形参不能是结构体类型的成员 */
{
    return ( (y%4==0)&&(y%100!=0) || (y%400==0) );
}

DATE tomorrow(DATE today)            /* 函数的形参和返回值都是结构体类型 */
{   int days[]={0,31,28,31,30,31,30,31,31,30,31,30,31};

    if ( isleapyear(today.y) )  days[2]=29;  /* 结构体类型的成员作为实参 */
    if ( today.d < days[today.m] )   (today.d)++;
```

```
        else
        {   today.d=1;   (today.m)++;
            if ( today.m > 12 )  { today.m=1;  (today.y)++; }
        }
        return today;
}

int main()
{   DATE day, nextday;

    printf("请输入年-月-日: ");
    scanf("%d-%d-%d", &day.y,&day.m,&day.d);         /* 假定输入的日期是合法的 */
    nextday=tomorrow(day);                            /* 结构体类型作为实参 */
    printf("明天是: %d-%02d-%02d\n", nextday.y,nextday.m,nextday.d);
    return 0;
}
```

运行结果：

```
请输入年-月-日: 2012-8-31
明天是: 2012-09-01
```

6.4.2 结构体指针（数组）作函数参数

用结构体类型的数据作函数参数进行传送时，还是单向的值传递，即例6.3中形参today的改变不会反过来影响实参day的值。另外，这种传送要将全部成员逐个传送，特别是成员为数组时将会使传送的时间和空间开销很大，严重地降低了程序的执行效率。这时可以用结构体类型指针作函数参数进行传送，此时由实参传向形参的只是地址，从而减少了时间和空间的开销。

例6.4 用结构体类型指针重做例6.3（定义一个函数已知今天的日期返回明天的日期）。

```
#include <stdio.h>

/* 结构体类型DATE和函数isleapyear()的定义同例6.3 */

void tomorrow(DATE *today)                    /* 函数的形参是结构体类型指针 */
{   int days[]={0,31,28,31,30,31,30,31,31,30,31,30,31};

    if ( isleapyear(today->y) )  days[2]=29;  /* 运算符"."都改为了"->" */
    if ( today->d < days[today->m] )  (today->d)++;
    else
    {   today->d=1;  (today->m)++;
        if ( today->m > 12 )  { today->m=1;  (today->y)++; }
    }
}

int main()
```

```
{   DATE day;

    printf("请输入年-月-日: ");
    scanf("%d-%d-%d", &day.y,&day.m,&day.d);    /* 假定输入的日期是合法的 */
    tomorrow(&day);     /* 结构体类型指针作为实参,day的值函数返回后会改变 */
    printf("明天是: %d-%02d-%02d\n", day.y,day.m,day.d);
    return 0;
}
```

根据第 5 章中介绍过的知识可知，当函数的形参是结构体类型指针时，该形参也可以理解为结构体数组名，对应的实参当然可以是结构体数组名，而且当形参结构体数组发生改变时，对应的实参结构体数组也随之发生改变。

例 6.5 定义一个函数,统计学生成绩的平均分,同时将学生信息按照成绩从低到高排列,在主函数中调用该函数验证其功能。

```
#include <stdio.h>

/* 结构体类型STUDENT的定义同例6.2 */

float sort_ave(STUDENT a[], int n)          /* 函数的形参是结构体数组 */
{   float sum;   int i,j,k;   STUDENT t;

    for (i=0; i<n-1; i++)                   /* 选择法对数组排序 */
    {   k=i;
        for (j=i+1; j<n; j++)
            if (a[j].score<a[k].score)  k=j;  /* 下标法访问数组元素 */
        if (k!=i)
            {  t=a[i];  a[i]=a[k];  a[k]=t;  }
    }
    for (sum=i=0; i<n; i++)
        sum+=a[i].score;
    return sum/n;
}

int main()
{   STUDENT stu[5]={ {1101, "Wang Ping", 'M', 86.5}, {1102, "Zhang Ming",
                    'M', 62.5},{1103,"Zhao Ying", 'F', 78}, {1104, "Chen
                    Fang", 'F', 83},{1105, "Liu Ling", 'M', 54.5} };
    float ave;   STUDENT *p;

    ave=sort_ave(stu,5);    /* 结构体数组作为实参，stu中的值函数返回后会改变 */
    printf("平均分: %.2f\n", ave);
    for (p=stu; p<stu+5; p++)    /* 指针法访问数组元素 */
        printf("%d %12s  %c %.2f\n", p->num,p->name,p->sex,p->score);
    return 0;
}
```

运行结果:

```
平均分: 72.90
1105    Liu Ling    M  54.50
1102    Zhang Ming  M  62.50
1103    Zhao Ying   F  78.00
1104    Chen Fang   F  83.00
1101    Wang Ping   M  86.50
```

最后要说明的是,函数的返回值完全可以是指向结构体类型的指针。

6.5 动态数据结构——链表

6.5.1 单链表概述

第 5 章中介绍过,当要处理的数据的个数事先无法确定时,可以利用动态存储分配函数,在程序执行过程中根据需要动态分配存储空间,生成类似于其他高级语言中的动态数组。数组占用一块连续的内存区域,数组中逻辑上相邻的数据,其占用的存储单元在内存中也是相邻的,数据之间的逻辑关系是通过存储单元的邻接关系来体现的,所以当要在数组中插入一个新的数据(如图 6.2 中的 46)或者要删除数组中某一个已有的数据(如图 6.2 中的 48)时,都需要移动大量的数据,从而降低了程序的执行效率。

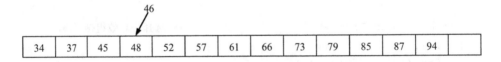

图 6.2 数组中插入数据和删除数据示意图

动态数据结构最大的特点就是数据的个数及其数据之间的逻辑关系可以在程序执行过程中按具体需要进行改变。最常见的动态数据结构有链表、树、图等。

链表是指把存放在离散的存储单元中的数据用地址链接而成的数据链,如图 6.3 所示。链表中的数据个数可以按需要增加或删除,数据本身存储在内存中离散的存储单元中,数据之间的逻辑关系通过地址的链接关系来体现,逻辑关系的改变可以通过链接关系的改变来实现。

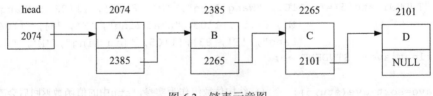

图 6.3 链表示意图

链表有一个"头指针"(head),该指针指向第一个元素,若 head 指针的值为 NULL(空值),则表示此链表为空表,即链表中不包含任何元素。链表中的每一个元素称为一个结点,每个结点占用的存储单元可以是不连续的(结点内是连续的)。由于结点之间要通过地址链接起来体现数据之间的逻辑关系,所以必须利用指针变量才能实现。

由于每个结点既要存放数据，又要存放指针，所以结点的数据类型应是结构体类型，链表中的每一个结点都是同一种结构体类型。每个结点都有两个域，一个是数据域，用于存放各种实际的数据（如学号 num，姓名 name，性别 sex 和成绩 score 等），另一个域为指针域，用于存放下一结点的首地址。例如，一个存放学生学号和成绩的结点应为以下结构体类型：

```
typedef struct student
{   int num;
    int score;
    struct student *next;
} NODE;
```

其中前两个成员组成数据域，最后一个成员 next 构成指针域，它是一个指向 NODE 类型结构体的指针变量。

链表中有头指针存放第一个结点的首地址，第一个结点的指针域存放第二个结点的首地址，第二个结点的指针域内又存放第三个结点的首地址，以此类推，直到最后一个结点。最后一个结点因无后续结点连接，其指针域可赋予 NULL。

如果链表中的每个结点只有一个指针域，则这种链表称为单链表。因为编程时通常只关心结点之间的逻辑联系，而不关心结点的实际存储位置，因此图 6.3 中的地址值不必标出。为了插入、删除操作的方便，通常还可以在单链表的第一个结点之前附设一个头结点，所以图 6.3 所示的单链表也可用图 6.4 所示的形式表示，图中空指针用 "^" 表示。

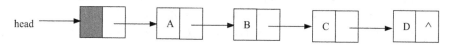

图 6.4 带头结点的单链表示意图

6.5.2 单链表的基本操作

链表的基本操作有创建链表、遍历链表、查找一个结点、插入一个结点和删除一个结点等，下面所提到的链表均指带头结点的单链表。

1. 创建链表和遍历链表

创建链表就是从无到有地建立起一个链表，而遍历链表就是从头到尾访问链表中的每一个结点。

例 6.6 定义一个函数创建一个链表，链表中的每一个结点存放学生的学号和成绩。

分析：创建链表就是从一个空链表开始，不断地读入数据，生成新结点，将读入的数据存放到新结点的数据域中，然后将新结点插入到链表的过程。一种方法是将新结点（newp）插入到链尾（tail）的后面，称为尾插法，如图 6.5 所示；另一种方法是将新结点（newp）始终插入到链表的头结点之后，称为头插法。尾插法创建的链表的逻辑顺序与输入数据的顺序一致，而头插法创建的链表的逻辑顺序与输入数据的顺序相反。本例采用尾插法创建链表。

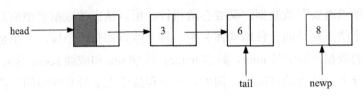

图 6.5 尾插法创建带头结点的单链表

链表中每个结点的结构体类型定义为:

```
typedef struct student
{   int num;
    int score;
    struct student *next;
} NODE;
```

创建链表的函数如下:

```
NODE *create(void)
{   NODE *head,*tail,*newp;  int num;

    head=tail=(NODE *)malloc(sizeof(NODE));          /* 创建头结点 */
    scanf("%d", &num);
    while ( num!=-1 )            /* 假定输入的学号为-1，表示数据输入完毕 */
    {   newp=(NODE *)malloc(sizeof(NODE));   /* 生成新结点newp，并假定成功 */
        newp->num=num;  scanf("%d", &newp->score); /* 数据放到newp的数据域 */
        tail->next=newp;      /* 将新结点newp插入到链尾tail */
        tail=newp;            /* 链尾tail改为刚插入的新结点newp */
        scanf("%d", &num);
    }
    tail->next=NULL;          /* 链表的最后一个结点的指针域赋空指针 */
    return head;
}
```

例 6.7 定义一个函数输出链表中每一个结点所存放的学生的学号和成绩。

分析：本题实际上就是遍历链表（只不过访问就是输出），遍历只要从头指针 head 开始，通过每一个结点的指针域 next 就可以找到链表中的每一个结点了。

```
void print(NODE *head)
{   while ( (head=head->next)!=NULL )
        printf("(%04d, %02d)  ", head->num,head->score);
    printf("\n");
}
```

2．插入操作

例 6.8 已知链表中的结点按学号从小到大有序排列,定义一个函数插入一个结点到该链表中，使得链表中的结点仍然按学号从小到大有序排列。

分析：要将一个结点按要求插入到链表中，首先要找到插入位置，为了实现插入操作，必须要记住插入位置的前驱，如图 6.6 中的 pre。插入操作与"链表是否为空和插入位置"有关，有 4 种情况：①链表为空；②插在第一个结点之前；③插在最后一个结点之后；④插在链表的中间。有了头结点之后，情况①和③就合并为同一种情况，情况②和④也合并为同一种情况。由于插在最后一个结点之后时 p 为 NULL，这样语句"newp->next=p;"对这 4 种情况都是正确的，所以程序中没有分 4 种情况来讨论插入操作。

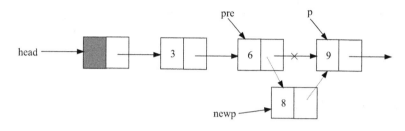

图 6.6　链表的插入操作

实现插入操作的函数如下：

```
void insert(NODE *head, int num, int score)
{   NODE *pre,*p,*newp;

    newp=(NODE *)malloc(sizeof(NODE));       /* 创建新结点，并假定成功 */
    newp->num=num;  newp->score=score;       /* 数据存放到新结点的数据域 */
    pre=head;  p=pre->next;     /* 结点pre和p之间是新结点的插入位置 */
    while ( p!=NULL && p->num<newp->num )    /* 查找新结点的插入位置 */
       { pre=p; p=p->next; }
    pre->next=newp;  newp->next=p;           /* 实现插入 */
}
```

注意：本例充分说明了逻辑运算符&&采用"短路求值法"的必要性。如果不采用短路求值法，那么为了判断条件

```
p!=NULL && p->num<newp->num
```

是否成立，必须先要求出条件 p->num<newp->num 的值，这时如果 p 为 NULL 值，那么 p->num 就无意义了。

3．删除操作

例 6.9　定义一个函数，已知要删除的结点的学号，在链表中查找该结点并将其删除。若链表为空或被删结点不存在，则函数返回 NULL，否则返回非空指针。

分析：要将一个结点从链表中删除，首先要找到该结点，为了实现删除操作，必须要记住被删结点的前驱，如图 6.7 中的 pre。删除操作同样与"链表是否为空和被删结点的位置"有关，有 4 种情况：①链表为空或被删结点不存在；②删除第一个结点；③删除最后一个结点；④删除链表中间的某个结点。有了头结点之后，情况②和④就合并为同一种情

况。由于删除最后一个结点时 p->next 为 NULL，这样语句

```
pre->next=p->next;
```

对②、③、④这 3 种情况都是正确的，所以程序中只分了两种情况来讨论删除操作。

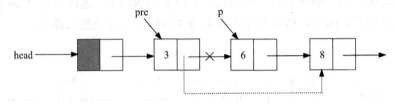

图 6.7 链表的删除操作

实现删除操作的函数如下：

```
NODE *del(NODE *head, int num)
{   NODE *pre,*p;

    pre=head;  p=pre->next;              /* 结点pre是准备要删除的结点p的前驱 */
    while ( p!=NULL && p->num!=num )  /* 查找要删除的结点p */
       { pre=p;  p=p->next; }
    if (p!=NULL) { pre->next=p->next;  free(p);  p=pre; } /* 找到，删除 */
    return(p);      /* 找不到要删除的结点，返回NULL，否则返回非空指针 */
}
```

例 6.10 编写一个程序，调用上面的 4 个函数，实现链表的创建、输出、插入和删除操作。

```
#include <stdio.h>
#include <stdlib.h>
/* 结构体NODE和4个函数的定义同上 */
int main()
{   NODE *head;  int num,score,del_num;

    printf("创建链表，请输入学号与成绩（学号为-1结束）:\n");
    head=create();
    printf("输出链表:\n");  print(head);

    printf("\n请输入要插入结点的学号与成绩:");
    scanf("%d%d", &num,&score);
    insert(head,num,score);
    printf("输出链表:\n");  print(head);

    printf("\n请输入要删除结点的学号:");
    scanf("%d",&del_num);
```

```
        if (del(head,del_num)==NULL) printf("\n链表为空或没有找到！\n");
        printf("输出链表:\n");  print(head);
        return 0;
}
```

运行结果：

```
创建链表，请输入学号与成绩（学号为-1结束）：
1203 83 1206 78 1208 91 1211 66 -1
输出链表：
(1203, 83)  (1206, 78)  (1208, 91)  (1211, 66)

请输入要插入结点的学号与成绩:1210 75
输出链表：
(1203, 83)  (1206, 78)  (1208, 91)  (1210, 75)  (1211, 66)

请输入要删除结点的学号:1206
输出链表：
(1203, 83)  (1208, 91)  (1210, 75)  (1211, 66)
```

6.5.3 单链表应用举例

例 6.11 约瑟夫环。约瑟夫（Joseph）问题的一种描述是：编号为 1, 2, …, n 的 n 个人按顺时针方向围坐一圈，每人持有一个密码（正整数）。一开始任选一个正整数 m 作为报数上限值，从第一个人开始按顺时针方向自 1 开始顺序报数，报到 m 时停止报数。报 m 的人出列，将他的密码作为新的 m 值，从他在顺时针方向上的下一个人开始重新从 1 报数，如此下去，直至所有人全部出列为止。现假定 $n=7$，7 个人的密码依次为 3, 1, 7, 2, 4, 8, 4，m 的初值为 6，试编写一个程序输出出列顺序。

分析：本例中可以考虑用单链表来模拟约瑟夫环，链表中的每个结点代表一个人，它的数据域由编号和密码两个数组成，链表的最后一个结点的指针指向第一个结点形成一个环，这种链表被称为循环链表，如图 6.8 所示。本例中没有必要在链表中设头结点。

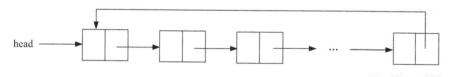

图 6.8 单循环链表模拟约瑟夫环

```c
#include <stdio.h>
#include <stdlib.h>

typedef struct Joseph
{   int num;           /* 编号 */
    int mm;            /* 密码 */
    struct Joseph *next;
} NODE;

NODE *create(void)
{   NODE *head, *tail, *newp;
    int n, mm[]={3,1,7,2,4,8,4};
```

```
    head=tail=(NODE *)malloc(sizeof(NODE));   /* 生成第一个结点 */
    head->num=1;  head->mm=mm[0];
    for (n=1; n<7; n++)          /* 还有6个人 */
    {   newp=(NODE *)malloc(sizeof(NODE));   /* 生成新结点newp */
        newp->num=n+1;  newp->mm=mm[n];   /* 数据存放到新结点的数据域 */
        tail->next=newp;         /* 将新结点newp插入到链尾tail */
        tail=newp;               /* 链尾tail改为刚插入的新结点newp */
    }
    tail->next=head;             /* 链表的最后一个结点的指针指向第一个结点 */
    return head;
}

int main()
{   NODE *head, *pre, *cur;
    int n, m;

    cur=head=create();           /* 生成约瑟夫环 */
    m=6;                         /* 初始密码 */
    while ( 1 )
    {   n=1;                     /* 从1开始报数 */
        while (n<m) { n++; pre=cur; cur=cur->next; }   /* 顺序报数 */
        printf("%d ", cur->num); /* 输出报m的人的编号 */
        m=cur->mm;               /* 取新密码 */
        if (pre==cur) { free(cur); break; } /* 最后一个人出列后，结束程序 */
        pre->next=cur->next; free(cur); cur=pre->next;   /* 报m的人出列 */
    }
    return 0;
}
```

运行结果：

6 1 4 7 2 3 5

练 习 6

一、选择题

1. 使用结构体类型的目的是（　　）。
    A．将一组相关的数据作为一个整体，以便程序使用
    B．将一组相同数据类型的数据作为一个整体，以便程序使用
    C．将一组数据作为一个整体，以便其中的成员共享同一存储空间
    D．将一组数值一一列写出来，变量的值只限于列举的数值的范围内
2. 当定义一个结构体变量时，系统分配给它的内存空间是（　　）。
    A．结构中的第一个成员所需内存量　　B．成员中占内存量最大者所需的容量
    C．结构中最后一个成员所需内存量　　D．各成员所需的内存量之和

3. 若有定义："struct ex { int x; float y; char z; } example;"，则以下叙述中错误的是（　　）。

　　A．struct 是结构体类型的关键字　　　B．example 是结构体类型名
　　C．x、y、z 都是结构体成员名　　　　D．struct ex 是结构体类型名

4. 若有语句："typedef struct S { int no; char sex; } T;"，则下面叙述中正确的是（　　）。

　　A．可用 S 定义结构体变量　　　　　B．可用 T 定义结构体变量
　　C．S 是 struct 类型的变量　　　　　D．T 是 struct S 类型的变量

5. 若有语句："typedef struct { int no; char name[8]; } PER;"，则下面叙述中正确的是（　　）。

　　A．PER 是结构体类型名　　　　　　B．PER 是结构体变量名
　　C．struct 是结构体类型名　　　　　D．struct 是结构体变量名

6. 若有定义："struct sk { int n; char c; double x; };"，则下列选项中正确的是（　　）。

　　A．struct sk t[2]={{1,'A'},{2,'B',75}};　　B．struct sk t[2]={1,'A',62,{2,'B'},75};
　　C．struct t[2]={{1,'A'},{2,'B'}};　　　　D．struct t[2]={{1,'A',62.5},{2,'B',75.0}};

7. 若有定义："struct sk { int a; float b; } t[2]={1, 6.8, 4, 7.5};"，则以下选项中正确的是（　　）。

　　A．t[0]={1,5.6};　　　　　　　　　B．scanf("%d%f", &t[0]);
　　C．t[0]=t[1];　　　　　　　　　　D．printf("%d%f", t[0]);

8. 若有定义："struct sk { int a; float b; } data, *p=&data;"，则对 data 中的成员 a 的正确引用是（　　）。

　　A．(*p).data.a　　B．(*p).a　　C．p->data.a　　D．p.data.a

9. 若有定义："struct sk { int a; float b; } data; int *p;"，若要使 p 指向 data 中的 a 域，正确的赋值语句是（　　）。

　　A．p=(struct sk*)&data.a;　　　　B．p=(struct sk*)data.a;
　　C．p=&data.a;　　　　　　　　　D．*p=data.a;

10. 若有以下定义语句，则下列引用结构体变量成员的表达式中，错误的是（　　）。

```
struct student { int age; char num[8]; };
struct student stu[3]={{20,"200401"}, {21,"200402"}, {19,"200403"}}, *p=stu;
```

　　A．(p++)->age　　B．p->age　　C．(*p).age　　D．(*p)->age

二、填空题

1. 相同类型数据元素组成的集合可用_____来表示，不同类型数据元素组成的集合可用_____来表示。

2. 对结构体类型变量进行整体操作，除了允许同类型的结构体变量相互_____和取结构体变量的_____外，不允许进行其他类型的操作。

3. 以下程序的输出结果是_____。

```
#include <stdio.h>
int main()
{   struct cmplx { int x;  int y; } a[2]={1, 3, 2, 7};
    printf("%d", a[0].y/a[0].x*a[1].x);
}
```

4. 若有定义："struct cmplx { int x; int y; } a[2]={5, 3, 2, 7}, *p=a;"，则表达式++p->x 的值为____，表达式(++p)->x 的值为____。

5. 若有语句："typedef struct { float x; float y; } POINT;"，以下是一个计算两点之间距离的函数。请填空。

float dist(____)
{ return sqrt(____); }

6. 若有语句："typedef struct { int h; int m; int s; } TIME;"，以下是一个比较同一天中两个时间（24 小时制）大小的函数，a>b 返回正数，a<b 返回负数，a=b 返回 0。请填空。

int compare(TIME a, TIME b)
{ if (____) return a.h-b.h;
  if (____) return a.m-b.m;
  return ____;
}

三、编程题

1. 用结构体类型表示一个分数，定义一个函数实现两分数的加法运算。
2. 定义一个表示日期的结构体类型，然后定义下列函数：
（1）计算某一天是该年的第几天。
（2）比较两个日期的大小。
（3）计算两个日期之间间隔的天数。
3. 计算机系统表示颜色需要 3 个整数，取值范围均为 0～255，表示红色（R）、绿色（G）、蓝色（B）的比例，如 R=255，G=255，B=255 表示白色，R=0，G=0，B=0 表示黑色，R=255，G=255，B=0 表示黄色。网页设计中使用形如 bgcolor="#FFFFFF"的属性设置方式表示颜色的设置情况，如 bgcolor="#FFFFFF"表示将背景颜色设置为白色，为对应颜色值的十六进制数字符串表示形式。定义一个颜色转换函数，将 3 个整数所表示的 3 个颜色值转换成十六进制数字符串表示的颜色表示形式。如 R=255，G=0，B=255，则转换结果串为"#FF00FF"。要求用结构体类型表示 3 个整数所表示的 3 个颜色值，结构体类型定义如下：

```
typedef struct
{ unsigned short R;
  unsigned short G;
  unsigned short B;
} Color;
```

4. "歌手排名"问题。设有 M 个歌手和 N 个评委，每个评委给每一个歌手都要打一个分，每个歌手最后的总得分是去掉一个最高分和一个最低分后的平均分。要求用结构体数组存放各歌手的参赛号码、评委打分和总得分，程序在主函数中输入各歌手的参赛号码和评委的打分，然后根据总得分按名次从高到低输出名次、参赛号码、评委打分和总得分，计算各歌手的总得分和排序另用两个函数实现。结构体类型定义如下：

```
typedef struct
```

```
{   int  no;                 /* 存放参赛号码 */
    float score[10];         /* 存放各评委的打分，假定评委不超过10人 */
    float total;             /* 存放总得分 */
} Singer;
```

5. 定义一个结构体类型来表示一张扑克牌的花色和牌点，用结构体数组表示一副扑克牌（52 张），程序从中任意抽取 13 张扑克牌，然后对这 13 张扑克牌按照花色（若花色一样，则按照牌点）从小到大排序后输出。

6. 编写一个程序，将两个按结点中的数值从小到大有序排列的单链表，合并为一个从小到大有序排列的单链表后输出。

7. 编写一个程序，首先建立一个单链表，然后将单链表中的各结点倒序，最后输出倒序后的单链表。

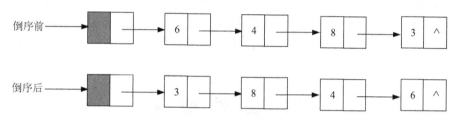

第 7 章　文　件

前面各章节中，程序运行时所需要的数据，除了程序中已赋值的变量外，一般来说是通过键盘输入的，程序运行的结果往往显示在屏幕上。当输入数据较多时，一方面会显得很麻烦，另一方面也容易出错。若把输入数据组织成文件，程序运行时只要到某一个指定的文件中去读取数据即可。同样，当程序运行需要输出较多的数据时，也可以把这些数据输出到某一个指定的文件中，在需要这些数据时，只要打开输出数据文件就可以了。

本章主要介绍文件的一般概念，文件指针以及对文件的打开、关闭、读写、定位等操作。

7.1　文件概述

一般来说，文件是指存储在外部介质上的数据的集合，是程序设计中的一个重要概念，操作系统以文件为单位对数据进行管理。C 语言把文件看作是一个字节的序列，即由一连串的字节数据组成，数据之间没有界限（即分隔符）。在 C 语言中对文件的读写也是以字节为单位的，输入输出数据流的开始和结束只由程序控制而不受物理符号（如回车符）的控制，因此也把这种文件称做"流式文件"。在 C 语言中可从不同的角度对文件作不同的分类。

（1）从用户的角度看，文件可分为普通文件和设备文件两种。

普通文件是指驻留在磁盘或其他外部介质上的一个有序数据集，可以是源文件、目标文件、可执行程序，也可以是一组待输入处理的原始数据，或者是一组输出的结果。对于源文件、目标文件、可执行程序可以称做程序文件，对输入输出数据可称做数据文件。

设备文件是指与主机相连的各种外部设备，如显示器、打印机、键盘等。在操作系统中，把外部设备也看作是一个文件来进行管理，把它们的输入、输出等同于对磁盘文件的读和写。通常把显示器定义为标准输出文件，一般情况下在屏幕上显示有关信息就是向标准输出文件输出，如前面经常使用的 printf()和 putchar()函数就是这类输出。键盘通常被指定为标准输入文件，从键盘上输入就意味着从标准输入文件上输入数据，scanf()和 getchar()函数就属于这类输入。

（2）从文件编码的方式来看，文件可分为 ASCII 码文件和二进制文件两种。

ASCII 文件也称为文本文件，这种文件中的每一字节代表一个字符，存放的是该字符的 ASCII 码。例如，对于整数 5678，在文本文件中将其作为 4 个字符对待，存储的是这 4 个字符的 ASCII 码值，其存储形式如下。

ASCII 码： 00110101　　00110110　　00110111　　00111000
　　　　　　　↓　　　　　↓　　　　　↓　　　　　↓
数字字符：　　5　　　　　6　　　　　7　　　　　8

因此，整数 5678 以 ASCII 文件形式存储时共占用 4 字节。ASCII 码文件可在屏幕上按字符形式显示出来，如源程序文件就是 ASCII 文件，可用"记事本"来读出源程序文件的内容并显示出来。在记事本中保存后生成的输出文件也是 ASCII 文件。

二进制文件是指把数据按其在内存中存储的形式原样输出后形成的文件。例如，对于整数 5678，其在内存中占用 2 字节，存储的是该数的二进制补码形式，即 00010110 00101110，照此原样输出到磁盘上后就是一个二进制文件。

当数以文本文件形式从内存输出到磁盘上时，需要把内存中的二进制补码形式转换成二进制原码形式，再转换成十进制形式，最后把这个十进制数中的各位数字字符的 ASCII 码值输出到文件。这种转换需要时间，而且文本文件所占的存储空间多（整数 5678 要 4 字节），但带来的好处是所建立的文本文件是可读的，可用 Windows 中的"记事本"将文件内容显示在屏幕上。同样一个整数 5678，二进制文件所占的存储空间少（只要 2 字节），输出时不用转换，不需要花费转换时间，但是一个字节并不对应一个字符，不可用"记事本"将文件内容显示在屏幕上。文本文件和二进制文件各有优缺点，在实践中都有实际应用。

（3）从文件处理的方式来看，有缓冲文件系统和非缓冲文件系统两种。

C 语言处理文件的方法是采用"缓冲文件系统"的方式，缓冲文件系统既能处理文本文件，又能处理二进制文件，本章介绍的文本文件和二进制文件都属缓冲文件系统。所谓缓冲文件系统是指程序打开一个文件的同时，自动地在内存中为该文件开辟一个"内存缓冲区"。当向磁盘输出数据时，先把数据送到内存中的这个缓冲区，待数据装满缓冲区后一起写入磁盘。当从磁盘读入数据时，先一次把磁盘文件中的一批数据送入内存缓冲区，然后再从缓冲区中根据程序运行需要逐个地将数据送到程序的数据区。

如果一个程序同时打开多个文件，那么系统自动地在内存中为这几个文件开辟各自的内存缓冲区并编上相应的号码，然后分别进行操作，互不干扰，如图 7.1 所示为读写磁盘文件的示意图。

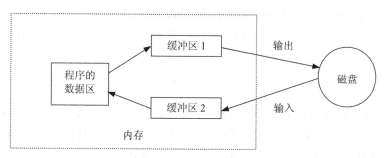

图 7.1　读写磁盘文件的示意图

有了"内存缓冲区"，可以减少对磁盘的实际读写次数，从而提高磁盘的使用寿命。内存缓冲区的大小由各个具体的 C 版本确定，一般为 512 个字节。

在 C 语言中，对文件的操作都是通过调用库函数来实现的，ANSI 规定了标准的输入输出库函数，如文件打开函数、文件关闭函数、文件读写函数、文件定位函数以及文件读写错误检测函数等，这些函数都在 stdio.h 头文件中，因此使用时要包含这个头文件。

7.2 文件的打开和关闭

文件在进行读写操作之前要先打开，使用完毕要关闭。所谓打开文件，实际上是建立文件的各种有关信息，并使文件类型指针指向该文件，以便进行其他操作。关闭文件则断开了文件类型指针与文件之间的联系，也就禁止了再对该文件进行操作。

7.2.1 文件类型指针

为了处理文件，系统在 stdio.h 头文件中为用户定义了文件类型（FILE）。FILE 是通过 typedef 自定义的结构体数据类型，与整型 int 或实型 float 一样可以用来定义该类型的变量或指针。FILE 结构体类型中究竟有多少成员，读者不必细究，因为不同 C 版本中其结构体成员的数目不一定相同，只要知道它至少包含了处理文件所需的各种信息，如文件号、文件操作方式、文件当前位置、文件缓冲区位置等就可以了。

有了 FILE 类型后，就可以定义文件类型指针，如"FILE *fp;"表示 fp 是指向 FILE 类型的指针变量，通过 fp 就可以找到存放某个文件信息的结构体变量，从而可以通过该结构体变量中提供的信息来实现对文件的各种操作。

注意：文件类型指针并不是指向外部介质上的数据文件的开头，而是指向内存中 FILE 类型结构体变量的开头。文件类型指针往往简称为文件指针。

7.2.2 文件的打开

fopen()函数用来实现文件的打开，其调用的一般形式为：

文件指针名=fopen(文件名，使用文件方式)

其中，"文件指针名"必须是被定义为指向 FILE 类型的指针变量；"文件名"是被打开文件的文件名，可以是字符串常量或字符数组，文件名也允许带有路径，包括绝对路径和相对路径；"使用文件方式"用于指定文件的类型和操作要求。例如，有如下语句：

```
FILE *fp;
fp=fopen("d:\\data.txt", "r");    /* \\是转义字符，表示根目录\ */
```

表示要打开文本文件 d:\data.txt，文件使用方式是 r，即只允许从文件中读数据。如果调用函数 fopen()成功，则系统会分配一个内存缓冲区及生成一个 FILE 类型的结构体变量，并返回指向该结构体变量的指针，这样 fp 就与文件 data.txt 联系起来了，从而可以使用 fp 对文件进行指定的操作。如果调用失败，如该文件不存在或路径上有误，则返回 NULL。因此在实际使用中，为可靠起见常采用下面的语句打开一个文件：

```
if ( (fp=fopen("d:\\data.txt", "r"))==NULL )
{ printf("Cannot open the file: data.txt !\n");
```

```
    exit(1);    /* 关闭所有已打开的文件，中止程序运行，返回操作系统 */
}
```

使用文件的方式共有 12 种，表 7.1 所示为具体的符号和意义。

表 7.1　文件使用方式表

文件使用方式	含　义
r	打开一个文本文件，只读
w	生成一个文本文件，只写
a	在一个文本文件尾添加
rb	打开一个二进制文件，只读
wb	生成一个二进制文件，只写
ab	在一个二进制文件尾添加
r+	打开一个文本文件，读/写
w+	生成一个文本文件，写/读
a+	打开或生成一个文本文件，写/读
rb+	打开一个二进制文件，读/写
wb+	生成一个二进制文件，写/读
ab+	打开或生成一个二进制文件，写/读

对于文件使用方式有以下几点说明：

（1）用 r 打开一个文件时，该文件必须已经存在，且只能从该文件读出。

（2）用 w 打开的文件只能向该文件写入。若打开的文件不存在，则以指定的文件名建立该文件，若打开的文件已经存在，则将该文件删去，重建一个新文件。

（3）若要向文件末尾添加数据，则应用 a 方式打开，打开时文件的位置指针移到文件的末尾，可以在文件末尾添加数据。用 a 方式打开时，若文件不存在，则创建该文件。

（4）用 r+、w+、a+方式打开的文件，既可用来读也可用来写。一般用 r+方式打开文件时，该文件已经存在，可以读该文件中的数据，也可以向该文件写数据；用 w+方式打开文件时，则先建立一个文件，向该文件写数据，然后才可以读该文件中的数据；用 a+方式打开的文件，位置指针移到文件末尾，可以添加数据，也可以读数据。

（5）以上方式可以处理文本文件，若要操作二进制文件，则使用方式中要加 b，如 rb、wb、ab 等。

（6）对于计算机的终端设备，如键盘和显示器，也是作为文件来处理的。前面章节并没有提到过打开和关闭这些文件的操作，这是由于程序开始运行时，系统自动打开 3 个系统内部已定义了的标准文件指针 stdin、stdout 和 stderr，它们分别指向标准输入（键盘）、标准输出（屏幕）和标准出错输出（屏幕），这 3 个文件指针在程序中可直接应用。

最后要特别说明的是，从文本文件中读出时，回车换行符转换为一个换行符；以文本方式写入磁盘时，换行符被转换为回车和换行两个字符。

7.2.3　文件的关闭

一个文件使用完毕后应该关闭，以防止它再被误用。"关闭"就是使文件指针变量与其相应的文件"脱钩"，即释放它所占用的内存缓冲区和相应的 FILE 类型结构体变量所占的内存，使得原来的指针变量不再指向该文件，此后就不可以通过该指针来访问这个文件了。

fclose()函数用来实现文件的关闭，其调用的一般形式为：

```
fclose(文件指针名)
```

如果文件关闭操作成功，fclose()函数返回值 0，否则返回非 0 值。

要养成及时关闭文件的好习惯，因为如果不及时关闭文件可能会丢失数据。如前面已经提到过，向文件写数据时，是先将程序中的数据送到内存缓冲区，待缓冲区填满后操作系统会执行一次写磁盘的操作。如果在缓冲区中数据还未填满时，此程序运行已经结束，就会将缓冲区中的数据丢失。若用 fclose()函数关闭文件，则系统会将缓冲区中还未填满的内容都输出到文件中，然后关闭文件。执行 fclose()函数总是在程序运行结束之前，所以缓冲区中的数据就不会丢失。

7.3 文件的读写

文件打开之后，就可以对其进行读写操作了。C 语言中的文件读写函数是成对出现的，即有读就有写。在 C 语言中提供了以下多种文件读写的函数。

- 字符读写函数：fgetc()和 fputc()。
- 字符串读写函数：fgets()和 fputs()。
- 格式化读写函数：fscanf()和 fprintf()。
- 数据块读写函数：freed()和 fwrite()。

下面分别予以介绍。使用以上函数都要求包含头文件 stdio.h。

7.3.1 文件的字符读写

字符读写函数是以字符（字节）为单位的读写函数。每次可从文件读出或向文件写入一个字符。

1. fgetc()函数

fgetc()函数的功能是从指定的文件中读一个字符，其调用的一般形式为：

```
fgetc(文件指针)
```

例如，"ch=fgetc(fp);"的意义是从打开的文件 fp 中读取一个字符（即函数的返回值是一个字符的 ASCII 码）并赋值给字符变量 ch，同时将 fp 的读写位置指针向前移动到下一个字符。

对于 fgetc()函数的使用有以下几点说明：

（1）在 fgetc()函数调用中，读取的文件必须是以读或读写方式打开的。

（2）读取字符的结果也可以不赋值给字符变量，例如：

```
fgetc(fp);     /* 读出的字符不保存 */
```

（3）在 FILE 类型的结构体变量中有一个当前位置指针，用来指向文件的当前读写字节。在文件打开时，该指针总是指向文件的第一个字节。使用 fgetc() 函数后，该位置指针将向后移动一个字节，因此可连续多次使用 fgetc() 函数，读取多个字符。应注意，文件指针和当前位置指针不是一回事。文件指针是指向 FILE 类型的结构体变量的，须在程序中定义说明，只要不重新赋值，文件指针的值是不变的；而当前位置指针在文件指针指向的 FILE 类型的结构体变量中，用以指示文件的当前读写位置，每读写一次，该指针均向后移动，它不需在程序中定义说明，而是由系统自动设置的。

ANSI C 标准中提供一个文件结束函数 feof(fp)，用来测试文件的当前状态。如果文件结束，函数 feof(fp) 的返回值为 1（真），否则为 0（假）。

例 7.1 编写一个程序读一个文本文件，并在屏幕上将内容显示出来。

假定磁盘当前目录下有一个文本文件，其内容为上海到北京的 G106 次高铁时刻表，现在把它作为目标，读入并显示在屏幕上。

```
#include <stdio.h>
#include <stdlib.h>
int main()
{   FILE *fp;
    char ch;

    if ( (fp=fopen("sh2bj.txt", "r"))==NULL )
    {   printf("Cannot open the file: sh2bj.txt !\n");
        exit(1);
    }
    ch=fgetc(fp);
    while ( !feof(fp) )
    {   putchar(ch);
        ch=fgetc(fp);
    }
    fclose(fp);
    return 0;
}
```

```
while ( (ch=fgetc(fp))!=EOF )
    putchar(ch);
```

运行结果：

车站	到时	发时	里程
上海虹桥	-	07:10	0
常州北	07:50	07:52	165
镇江南	08:10	08:12	230
南京南	08:31	08:33	295
徐州东	09:47	09:49	626
滕州东	10:15	10:17	727
济南西	11:00	11:02	912
天津南	12:05	12:06	1196
北京南	12:40	-	1318

对本例还有几点说明：

（1）程序中调用函数 fgetc(fp) 一次，读一个字符，文件的当前位置指针自动往后移一个字符，所以每次循环读入的是不同的字符，不要误认为 fgetc(fp) 形式未变因而读入的是同一个字符，这一点务必注意。

（2）在执行函数调用 fgetc(fp)时，遇到文件结束或出错，fgetc(fp)返回 EOF。EOF 在头文件 stdio.h 中定义为-1，因为 ASCII 码中没有-1 这样的值，因此可用-1 作为文本文件的结束标志。EOF 只能用于文本文件，而文件结束函数 feof()既可用于文本文件，又可用于二进制文件。

（3）本例只能用来读一个指定的文本文件，若要读其他的文本文件，就要修改程序，因此没有通用性。为此，可以在程序中定义一个字符数组"char fname[40];"然后用"gets(fname);"语句从键盘上输入文件名，再将函数调用"fopen("sh2bj.txt", "r")"改为"fopen(fname, "r")"即可。

2．fputc()函数

fputc()函数的功能是把一个字符写到指定的文件中，其调用的一般形式为：

fputc(字符常量或变量，文件指针)

例如，"fputc('a', fp);"的意义是把字符 a 写到 fp 所指向的文件中。调用函数 fputc()成功，则返回输出的字符，否则返回 EOF。

对于 fputc()函数的使用有以下两点说明：

（1）被写入的文件可以用写、写读或追加方式打开，用写或写读方式打开一个已存在的文件时将清除原有的文件内容，写入字符从文件首开始。如需保留原有文件内容，希望写入的字符从文件末开始存放，则应以追加方式打开文件。被写入的文件若不存在，则创建该文件。

（2）每写入一个字符，文件的当前位置指针向后移动一个字节。

例 7.2 从键盘输入一行字符，写入文本文件 string.txt 中。

```
#include <stdio.h>
#include <stdlib.h>
int main()
{   FILE *fp;
    char ch;

    if ( (fp=fopen("string.txt","w"))==NULL )
    {   printf("Cannot open the file: string.txt !\n");
        exit(1);
    }
    do {
        ch=getchar();
        fputc(ch, fp);
    }while (ch!='\n');
    fclose(fp);
    return 0;
}
```

运行时输入

程序生成的文本文件 string.txt 的长度为 33 字节，内容如下：

7.3.2 文件的字符串读写

如果文件中的字符个数多，一个一个读写太麻烦，这时可以使用字符串读写函数，这些函数只能用于处理文本文件。

1．fgets()函数

fgets()函数的原型是：

```
char *fgets(char *buf, int n, FILE *fp);
```

该函数的功能是从 fp 所指定的文件中读取一个字符串，放到字符数组 buf 中，文件必须是以读或读写方式打开的。如果读取成功，函数返回 buf 的值；如果到达文件末尾或出错，则返回 NULL。

对于 fgets()函数的使用有以下几点说明：

（1）使用该函数时，从文件中读取的字符个数最多为 $n-1$ 个。因为在读入字符串之后，系统会自动加一个字符串结束标志'\0'，$n-1$ 个字符加上一个结束标记共占 n 个字节。

（2）如果在读入 $n-1$ 个字符完成之前遇到换行符'\n'或文件结束，则读入操作结束，而遇到的换行符'\n'也作为一个字符送入 buf 数组中，再在'\n'的后面送入一个结束标志'\0'。

（3）使用 fgets()函数后，文件的当前位置指针将向后移动到最后一个被读入的字符的后面，因此可连续多次使用 fgets()函数，读取多个字符串。

2．fputs()函数

fputs()函数的原型是：

```
int fputs(char *str, FILE *fp);
```

该函数的功能是把字符串 str 输出到 fp 指定的文件中，但不输出字符串结束标志'\0'，文件可以用写、写读或追加方式打开。调用函数 fputs()成功，则返回值为 0，否则返回值为 EOF。

对于 fputs()函数的使用有以下几点说明：

（1）用写或写读方式打开一个已存在的文件时将清除原有的文件内容，写入字符从文件首开始。如需保留原有文件内容，希望写入的字符从文件末开始存放，必须以追加方式打开文件。被写入的文件若不存在，则创建该文件。

（2）调用该函数时，第一个参数可以是字符串常量、字符数组名或字符型指针。

（3）每写入一个字符串，文件的当前位置指针向后移动到最后一个被写入的字符的后面。

例 7.3 从文本文件 mobilephone.txt 中读入若干行（假定小于 20 行）字符串，对字符串进行排序后写入另一个文本文件 mobilephonenew.txt 中。

```c
#include <stdio.h>
#include <stdlib.h>
#include <string.h>
int main()
{   FILE *fp1,*fp2;
    char str[20][30],t[30];      /* str[0]不用 */
    int n,i,j,k;

    if ( (fp1=fopen("mobilephone.txt","r"))==NULL )
    {  printf("Cannot open the file: mobilephone.txt !\n");
       exit(1);
    }
    if ( (fp2=fopen("mobilephonenew.txt","w"))==NULL )
    {  printf("Cannot open the file: mobilephonenew.txt !\n");
       exit(1);
    }
    n=0;
    while ( fgets(str[++n],30,fp1)!=NULL )
        ;
    --n;                         /* 最后一次读操作返回NULL，但n加了1，所以要减1 */
    for (i=1; i<n; i++)          /* 选择法排序 */
    {  k=i;
       for (j=i+1; j<=n; j++)
           if (strcmp(str[j],str[k])<0) k=j;
       if (k!=i)
           { strcpy(t,str[i]);  strcpy(str[i],str[k]);  strcpy(str[k],t); }
    }
    for (i=1; i<=n; i++)
        fputs(str[i],fp2);
    fclose(fp1);
    fclose(fp2);
    return 0;
}
```

文件 mobilephone.txt 的内容如下：

文件 mobilephonenew.txt 的内容如下：

```
mobilephonenew.txt - 记事本      —    □   ×
文件(F) 编辑(E) 格式(O) 查看(V) 帮助(H)
1099 小米 红米Note3
2299 小米5
2599 三星 Galaxy C7
2799 华为 Mate 8
3188 华为 P9
3699 苹果 iPhone6
3888 三星 Galaxy S7
4499 苹果 iPhone6S
```

7.3.3 文件的格式化读写

fscanf()函数、fprintf()函数与前面使用过的 scanf()和 printf()函数的功能相似，都是格式化读写函数，两者的区别在于 fscanf()和 fprintf()函数的读写对象不是键盘和显示器，而是磁盘文件。因此，fscanf()和 fprintf()函数的参数中多了一个文件指针，其他参数与 scanf()和 printf()函数相同。

这两个函数调用的一般形式为：

```
fscanf(文件指针，格式控制字符串，输出项列表)
fprintf(文件指针，格式控制字符串，地址列表)
```

例如：

```
fscanf(fp, "%s %d %f", name, &num, &score);
fprintf(fp, "%s %d %f", name, num, score);
```

fscanf()函数是从指定文件的当前位置处开始读入，如操作成功，则返回读入数据的个数，如试图在文件末尾读入，则返回 EOF。fprintf()函数是从指定文件的当前位置处开始写入，如操作成功，则返回实际输出的字符数，如出错，则返回一个负数。

当有程序需要输入较多数据时，一般可用"记事本"创建一个包含原始数据的文本文件，程序中用 fscanf()函数从文本文件中读入原始数据，可将计算结果用 fprintf()函数输出到另一个文本文件，最后可以用"记事本"打开包含计算结果的文本文件查看程序运行结果。

用格式化输入输出函数对文件进行读写，使用方便，容易理解，但要注意它们只能用来读写文本文件。另外，用 fscanf()函数读文件时，系统要将文件中 ASCII 码形式的数据转换成二进制形式，用 fprintf()输出数据时，系统又要将二进制形式数据转换成字符的 ASCII 码形式输出到文件中，花费的转换时间比较多，因此这两个函数一般用于人机交互，如果数据文件用于计算机程序与程序之间交换数据，可用 7.3.4 节介绍的 fread()和 fwrite()函数。

例 7.4 文本文件 allscore.txt 中存放有某次歌唱比赛每个评委（假定评委最多 9 名）给各个歌手的打分数。文件的第一行存放的是参赛歌手的人数和评委数，从第二行开始每一行存放每个歌手的参赛号码以及每个评委给该歌手的打分数。现要求编写一个程序从文件中读入原始数据，计算每个歌手去掉一个最高分和一个最低分后的平均得分，并将原始数据以及计算结果写入到文本文件 avgscore.txt 中。

```c
#include <stdio.h>
#include <stdlib.h>
int main()
{   FILE *fp1,*fp2;
    float a[10],max,min,sum;
    int m,n,i,j;

    if ( (fp1=fopen("allscore.txt","r"))==NULL )
    {  printf("Cannot open the file: allscore.txt !\n");
       exit(1);
    }
    if ( (fp2=fopen("avgscore.txt","w"))==NULL )
    {  printf("Cannot open the file: avgscore.txt !\n");
       exit(1);
    }
    fscanf(fp1,"%d%d", &m,&n);
    fprintf(fp2,"%d  %d\n", m,n);
    for (i=1; i<=m; i++)
    {   fscanf(fp1,"%f%f", &a[0],&a[1]);
        fprintf(fp2,"%.0f  %.1f", a[0],a[1]);
        max=min=sum=a[1];
        for (j=2; j<=n; j++)
        {   fscanf(fp1,"%f", &a[j]);
            if (a[j]>max) max=a[j];
            if (a[j]<min) min=a[j];
            sum+=a[j];
            fprintf(fp2,"  %.1f", a[j]);
        }
        sum=(sum-max-min)/(n-2);
        fprintf(fp2,"  %.2f\n", sum);
    }
    fclose(fp1);
    fclose(fp2);
    return 0;
}
```

文件 allscore.txt 的内容如下：

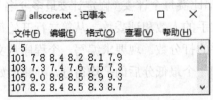

文件 avgscore.txt 的内容如下：

```
4  5
101  7.8  8.4  8.2  8.1  7.9  8.07
103  7.3  7.4  7.6  7.5  7.3  7.40
105  9.0  8.8  8.5  8.9  9.3  8.90
107  8.2  8.4  8.5  8.3  8.7  8.40
```

7.3.4 文件的数据块读写

在需要内存与磁盘文件频繁交换数据的情况下，一般不用格式化读写函数，而用数据块读写函数 fread() 和 fwrite()，它们可用来读写由若干个字节组成的一组数据，如一个结构体变量的值或一个实型变量的值等。fread() 和 fwrite() 函数的原型是：

```
int fread(char *pt, unsigned size, unsigned n, FILE *fp);
int fwrite(char *pt, unsigned size, unsigned n, FILE *fp);
```

其中，pt 是一个指针，对 fread() 函数来说它是内存中存放读入数据块的首地址，对 fwrite() 函数来说它是内存中待输出数据块的首地址；size 表示一个数据块所包含的字节数；n 表示要读写的数据块的个数；fp 是用来读写的文件指针。

fread() 函数的功能是从指定文件 fp 的当前位置处开始读入，一次读入 size 字节，重复 n 次，并将读入的数据存放到 pt 开始的内存中，同时，文件的当前位置指针向后移动 size×n 字节。若函数操作成功，则返回读入的数据块的个数 n（不是字节数），若遇到文件结束或出现错误，则返回值小于 n。

fwrite() 函数的功能是从内存的 pt 开始输出，一次输出 size 字节，重复 n 次，并将输出的数据从指定文件 fp 的当前位置处开始写入，同时，文件的当前位置指针向后移动 size×n 字节。若函数操作成功，则返回输出的数据块的个数 n（不是字节数），若出现错误，则返回值小于 n。

例 7.5 编写一个程序，创建数据文件 goods.dat 用于存储商品信息。每个商品包括名称、单价、销售量和库存量 4 项数据。创建文件完成后再从该文件中找出销售量不到库存量一半的商品，把这些商品的信息写入数据文件 deferredgoods.dat 中。最后再读出文件 deferredgoods.dat 中的数据显示在屏幕上。

```c
#include <stdio.h>
#include <stdlib.h>

typedef struct
{   char name[20];
    float price;
    int sell;
    int stock;
} GOODS;

int main()
```

```c
    {   FILE *fpin,*fpout;
        GOODS a;

        if ( (fpout=fopen("goods.dat","wb"))==NULL )
        {   printf("Cannot open the file: goods.dat !\n");
            exit(1);
        }
        printf("请输入商品的名称、单价、销售量和库存量：\n");
        gets(a.name);
        while ( a.name[0]!='\0' )     /* 商品名称为空，结束输入 */
        {   scanf("%f%d%d%*c", &a.price,&a.sell,&a.stock);
            fwrite(&a,sizeof(a),1,fpout);
            gets(a.name);
        }
        fclose(fpout);
        if ( (fpin=fopen("goods.dat","rb"))==NULL )
        {   printf("Cannot open the file: goods.dat !\n");
            exit(1);
        }
        if ( (fpout=fopen("deferredgoods.dat","wb"))==NULL )
        {   printf("Cannot open the file: deferredgoods.dat !\n");
            exit(1);
        }
        fread(&a,sizeof(a),1,fpin);
        while ( !feof(fpin) )
        {   if (2*a.sell<a.stock)  fwrite(&a,sizeof(a),1,fpout);
            fread(&a,sizeof(a),1,fpin);
        }
        fclose(fpin);
        fclose(fpout);
        if ( (fpin=fopen("deferredgoods.dat","rb"))==NULL )
        {   printf("Cannot open the file: deferredgoods.dat !\n");
            exit(1);
        }
        printf("销售量不到库存量一半的商品：\n");
        fread(&a,sizeof(a),1,fpin);
        while ( !feof(fpin) )
        {   printf("%s  %.2f  %d  %d\n", a.name,a.price,a.sell,a.stock);
            fread(&a,sizeof(a),1,fpin);
        }
        fclose(fpin);
        return 0;
    }
```

运行结果：

```
请输入商品的名称、单价、销售量和库存量：
三星 Galaxy S7
3888 36 20
三星 Galaxy C7
2599 10 24
华为 P9
3188 42 10
华为 Mate 8
2799 9 12
小米5
2299 4 10
小米 红米Note3
1099 12 18
苹果 iPhone6S
4499 47 16
苹果 iPhone6
3699 23 13

销售量不到库存量一半的商品：
三星 Galaxy C7  2599.00  10  24
小米5  2299.00  4  10
```

本例中程序生成的二进制文件 goods.dat 的长度为 256 字节，因为在 Dev-C++ 5.5.3 环境中每个结构体变量占用 32 个字节的内存空间，共 8 种商品。程序生成的二进制文件 deferredgoods.dat 的长度为 64 字节，由于该文件是二进制文件，不能用 Windows 中的"记事本"来查看其内容，所以只能在程序中将其内容读出后显示在屏幕上。

7.4 文件的定位

对文件进行顺序读写比较容易理解，也容易操作，但有时效率不高。例如，文件中有 1000 个数据，若只要第 900 个数据，必须先逐个读入前面 899 个数据，然后才能读入第 900 个数据。如果文件中有 10^8 个数据，若要读最后的第 10^8 个数据，那么等待的时间可能是无法忍受的。

事实上，文件有一个当前位置指针，它指向当前的读写位置。当文件以 r 或 w 方式打开时，这个指针停留在文件的开始处，对文件进行读写操作后，当前位置指针向后移动。那么是否可以直接去读写文件中某一指定位置上的数据呢？答案是可以的。因为 C 语言提供了文件定位函数，这些定位函数能够强制移动文件的当前位置指针指向某一指定的位置。这样在 C 语言中，通过使用文件定位函数来控制文件的当前位置指针，使得对流式文件既可以进行顺序读写，也可以进行随机读写。所谓随机读写，是指读写完当前数据后，并不一定要读写其后续的数据，而可以读写文件中任意位置上所需的数据。

7.4.1 rewind()函数

rewind()函数的功能是使文件的当前位置指针回到文件的开头，以便对文件可以重新从头开始进行读写操作，该函数无返回值。其调用的一般形式为：

```
rewind(文件指针)
```

rewind()函数不仅适用于二进制文件，也同样适用于文本文件。

例 7.6 用 rewind()函数重做例 7.5。

```c
#include <stdio.h>
```

```c
#include <stdlib.h>

/* 结构体类型GOODS的定义同例7.5 */

int main()
{   FILE *fp1,*fp2;
    GOODS a;

    if ( (fp1=fopen("goods.dat","wb+"))==NULL )
    {  printf("Cannot open the file: goods.dat !\n");
       exit(1);
    }
    if ( (fp2=fopen("deferredgoods.dat","wb+"))==NULL )
    {  printf("Cannot open the file: deferredgoods.dat !\n");
       exit(1);
    }
    printf("请输入商品的名称、单价、销售量和库存量：\n");
    gets(a.name);
    while ( a.name[0]!='\0' )
    {  scanf("%f%d%d%*c", &a.price,&a.sell,&a.stock);
       fwrite(&a,sizeof(a),1,fp1);
       gets(a.name);
    }
    rewind(fp1);   fread(&a,sizeof(a),1,fp1);
    while ( !feof(fp1) )
    {  if (2*a.sell<a.stock)  fwrite(&a,sizeof(a),1,fp2);
       fread(&a,sizeof(a),1,fp1);
    }
    printf("销售量不到库存量一半的商品：\n");
    rewind(fp2);   fread(&a,sizeof(a),1,fp2);
    while ( !feof(fp2) )
    {  printf("%s  %.2f  %d  %d\n", a.name,a.price,a.sell,a.stock);
       fread(&a,sizeof(a),1,fp2);
    }
    fclose(fp1);
    fclose(fp2);
    return 0;
}
```

本例不像例 7.5 那样需要对文件关闭以后再打开，程序显得简洁了，但文件必须用 wb+ 方式打开，以便写入后再读出。

7.4.2　fseek()函数

fseek()函数的功能是移动文件的当前位置指针，以便程序能够直接去读写文件中某一指定位置上的数据。其调用的一般形式为：

```
fseek(fp, offset, base)
```

其中，fp 指向当前位置指针被移动的文件；offset 表示以 base 为基准前后移动的字节数，offset 为正值时，向文件末尾方向移动，为负值时，向文件开始方向移动，函数原型要求 offset 是 long 型数据，以便在文件长度大于 64KB 时不会出错，当用常量表示 offset 时，要求加后缀 L；base 表示位置指针移动的起始位置，常用数字常量或符号常量表示，如表 7.2 所示。

表 7.2　fseek()函数的起始位置

起始位置	符号常量	数字常量
文件开始位置	SEEK_SET	0
文件当前位置	SEEK_CUR	1
文件末尾位置	SEEK_END	2

例如，"fseek(fp,100L,0);"表示将文件 fp 的当前位置指针移到离文件开头 100 个字节处。

如果 fseek()函数成功移动当前位置指针，则返回 0，否则返回非 0 值。最后要说明的是，fseek()函数一般用于二进制文件，在文本文件中由于要进行转换，offset 往往难以计算准确，位置会出现错误，这一点请务必注意。

例 7.7　对于例 7.5 中生成的二进制文件 goods.dat，在其末尾增加两种商品的信息，将第 3 种商品"华为 P9"的销售量改为 35，最后倒序输出 goods.dat 文件中的商品信息。

```
#include <stdio.h>
#include <stdlib.h>

/* 结构体类型GOODS的定义同例7.5 */

int main()
{   FILE *fp;
    GOODS a, iPadMini={"苹果 iPad Mini4 64G",3388,26,15};
    GOODS SurfacePro={"微软 Surface Pro4",6588,51,2};

    if ( (fp=fopen("goods.dat","rb+"))==NULL )
    {   printf("Cannot open the file: goods.dat !\n");
        exit(1);
    }
    fseek(fp,0L,SEEK_END);                              /* 定位到文件末尾 */
    fwrite(&iPadMini,sizeof(GOODS),1,fp);               /* 增加两种商品信息 */
    fwrite(&SurfacePro,sizeof(GOODS),1,fp);
    fseek(fp,(long)(2*sizeof(GOODS)),SEEK_SET); /* 定位到第3种商品的开头 */
    fread(&a,sizeof(GOODS),1,fp);
    a.sell=35;      /* 读入后当前位置已改变，所以需要下面的语句再次定位 */
    fseek(fp,(long)(2*sizeof(GOODS)),SEEK_SET);
    fwrite(&a,sizeof(GOODS),1,fp);                      /* 实现修改 */
```

```
        fseek(fp,-(long)(sizeof(GOODS)),SEEK_END);/* 定位到最后一种商品的开头 */
        while ( 1 )
        {   fread(&a,sizeof(GOODS),1,fp);
            printf("%-20s  %.2f  %2d  %2d\n",a.name,a.price,a.sell,a.stock);
            if ( fseek(fp,-(long)(2*sizeof(GOODS)),SEEK_CUR)!=0 ) break; /* 已到头 */
        }
        fclose(fp);
        return 0;
}
```

运行结果：

```
微软    Surface Pro4         6588.00   51    2
苹果    iPad Mini4 64G       3388.00   26   15
苹果    iPhone6              3699.00   23   13
苹果    iPhone6S             4499.00   47   16
小米    红米Note3            1099.00   12   18
小米5                        2299.00    4   10
华为    Mate 8               2799.00    9   12
华为    P9                   3188.00   35   10
三星    Galaxy C7            2599.00   10   24
三星    Galaxy S7            3888.00   36   20
```

注意：本例中文件的打开方式不能为 wb+，否则会先删除原来的文件 goods.dat，再重新创建文件 goods.dat。文件的打开方式也不能为 ab+，因为 ab+方式只能在文件的末尾写，不能修改第 3 种商品"华为 P9"的销售量。

7.4.3 ftell()函数

由于文件的当前位置指针经常移动，程序员往往不清楚其当前位置，用 ftell()函数可以得到文件的当前位置。ftell()函数的原型是：

```
long ftell(FILE *fp);
```

该函数的功能是返回 fp 所指向文件的当前位置，用相对于文件开头的位移量来表示。如果返回值是–1L，表示出错，因此可以用 ftell()函数实现错误检测。例如：

```
a = ftell(fp);
if (a == -1L)  printf("error\n");
```

实际应用中，可以用该函数的返回值求出文件长度，或标明文件中每个记录的位置，以便查阅验证。

例 7.8 求出例 7.7 中修改后二进制文件 goods.dat 的长度。

```
#include <stdio.h>
#include <stdlib.h>
int main()
{   FILE *fp;
```

```
    if ( (fp=fopen("goods.dat","rb"))==NULL )
    {   printf("Cannot open the file: goods.dat !\n");
        exit(1);
    }
    fseek(fp,0L,SEEK_END);      /* 定位到文件末尾 */
    printf("文件长度：%d\n", ftell(fp));
    fclose(fp);
    return 0;
}
```

运行结果：

文件长度：320

7.5 文件的出错检测与处理

7.5.1 ferror()函数

ferror()函数的原型是：

`int ferror(FILE *fp);`

该函数的功能是检测文件读写是否正确，如正确返回 0，否则返回非 0 值。

注意：在调用 fopen()函数时，ferror()函数的返回值自动置为 0。以后每调用一次输入输出函数，都会产生一个新的 ferror()函数值与之对应，所以要检查出错原因，应及时检查 ferror()函数的返回值，以避免出错信息丢失。例如：

```
if ( ferror(fp)!=0 )
{   printf("读写错误 !\n");
    fclose(fp);
    exit(1);
}
```

注意：因为是在读或写的过程中中途退出，为使已写入的内容不丢失，所以先关闭文件后终止程序运行。

7.5.2 clearerr()函数

clearerr()函数的原型是：

`void clearerr(FILE *fp);`

该函数的功能是复位错误标志。一旦 ferror(fp)的函数值（错误标志）为非 0 值后，就一直保留着，直到对同一文件指针 fp 调用 clearerr()函数。如在调用一个输入输出函数时出现错误，ferror (fp)的函数值是一个非 0 值，在调用 clearerr()函数后，ferror(fp)的函数值又复位到 0 值。另外要说明的是，在调用 rewind()函数或任何一个输入输出函数以后，ferror(fp)的函数值（错误标志）也将会复位到 0 值。

练 习 7

一、选择题

1. 要打开一个已存在的非空文件 file 用于修改，正确的语句是（　　）。
   A．fp=fopen("file", "r");　　　　B．fp=fopen("file", "a+");
   C．fp=fopen("file", "w");　　　　D．fp=fopen("file", "r+");
2. 若要在文本文件尾添加数据，在 fopen()函数中应使用的文件方式是（　　）。
   A．"ab+"　　　B．"a"　　　C．"ab"　　　D．"a+"
3. 若要为读/写建立一个新的二进制文件，在 fopen()函数中应使用的文件方式是（　　）。
   A．"w+"　　　B．"rb+"　　　C．"a+"　　　D．"wb+"
4. 若在 fopen()函数中使用文件的方式是 ab，该方式的含义是（　　）。
   A．为读/写打开一个文件　　　　B．向二进制文件尾添加数据
   C．为输出打开一个文本文件　　　D．为读/写建立一个新的二进制文件
5. 以下关于文件打开方式 w 和 a 的描述中，错误的是（　　）。
   A．它们都可以向文件写入数据　　B．以 w 方式打开的文件从头写入数据
   C．它们都不清除原文件内容　　　D．以 a 方式打开的文件从尾写入数据
6. 若在执行 fopen()函数时发生错误，则函数的返回值是（　　）。
   A．NULL　　　B．-1　　　C．1　　　D．EOF
7. 若 fp 是指向某文件的指针，且已读到此文件末尾，则库函数 feof(fp)的返回值是（　　）。
   A．NULL　　　B．0　　　C．非零值　　　D．EOF
8. 在 C 程序中，可把整型数以二进制形式存放到文件中的函数是（　　）。
   A．fprintf　　　B．fread　　　C．fwrite　　　D．fputc
9. 用 fgets(str, n, fp)函数从文件中读入一个字符串，以下叙述中正确的是（　　）。
   A．字符串读入后不会自动加'\0'　　B．读到换行符'\n'后会继续读入
   C．从文件中最多读入 n 个字符　　　D．从文件中最多读入 n–1 个字符
10. 若有定义："int a[5];"，其中 fp 是一个指向已经正确打开了的二进制文件的指针，则以下的函数调用形式中错误的是（　　）。
    A．fread(a[0], sizeof(int), 1, fp)　　B．fread(&a[0], sizeof(int), 5, fp)
    C．fread(a, sizeof(int), 5, fp)　　　D．fread(a, 5*sizeof(int), 1, fp)

二、填空题

1. C 语言中根据数据的组织形式，把文件分为_____和_____文件两种。
2. C 语言中通常把_____定义为标准输出文件，用标识符_____来表示。
3. 若文件操作结束时不用 fclose()函数关闭文件，则可能出现_____问题。
4. 调用函数 fputc()成功输出一个字符后，该函数返回_____。

5．调用函数 fseek(fp, 100L, 0)表示要将文件 fp 的当前位置指针移到离_____100 字节处。

三、思考题

1．什么是文件类型（FILE）？它在何处定义？有何作用？
2．文件打开的方式主要有哪几种？应注意些什么？
3．C 语言中，文本文件和二进制文件有什么异同？各自的优缺点是什么？

四、编程题

1．编写一个程序，统计某个文本文件中各英文字母（不分大小写）出现的次数。
2．编写一个程序，显示 C 语言源程序文件，显示的同时加上行号。
3．改写例 7.1，使得程序能够计算从上海虹桥到北京南的公里数、所需时间和平均速度。
4．编写一个程序，将一个磁盘文件中的内容复制到另一个磁盘文件上。
5．编写一个程序，用一个二进制文件存放学生的通信录（按学号升序存放），每个学生有学号、姓名、性别、专业、手机号、E-mail 地址。程序中输入每个学生的这 6 项信息，排序后输出到二进制文件中，程序再输入一个学号，然后到二进制文件中去查找，如找到则输出相应的姓名、性别、专业、手机号、E-mail 地址，如找不到则报错。

附录 A 常用运算符的含义、优先级和结合性

优先级	运算符	含义	运算对象的个数	结合方向
1	() [] -> .	改变优先级 下标运算符 指向成员运算符 成员运算符		自左至右
2	! ~ ++ -- - (类型) & * sizeof	逻辑非运算符 按位取反运算符 自增运算符 自减运算符 取负运算符 类型转换运算符 取地址运算符 取内容运算符 长度运算符	1（单目运算符）	自右至左
3	* / %	乘法运算符 除法运算符 取余运算符	2（双目运算符）	自左至右
4	+ -	加法运算符 减法运算符	2（双目运算符）	自左至右
5	<< >>	左移运算符 右移运算符	2（双目运算符）	自左至右
6	< <= > >=	关系运算符	2（双目运算符）	自左至右
7	== !=	等于、不等于运算符	2（双目运算符）	自左至右
8	&	按位与运算符	2（双目运算符）	自左至右
9	^	按位异或运算符	2（双目运算符）	自左至右
10	|	按位或运算符	2（双目运算符）	自左至右
11	&&	逻辑与运算符	2（双目运算符）	自左至右
12	||	逻辑或运算符	2（双目运算符）	自左至右
13	? :	条件运算符	3（三目运算符）	自右至左
14	= += -= *= /= %= <<= >>= &= ^= |=	赋值运算符	2（双目运算符）	自右至左
15	,	逗号运算符		自左至右

附录 B　　常用 C 库函数

1. 输入输出库函数（使用时应包含 stdio.h 文件）

函数原型	功　　能	返　回　值
void clearerr(FILE *fp);	清除 fp 指向的文件的错误标志，同时清除文件结束标志	无
int fclose(FILE *fp);	关闭 fp 所指向的文件，释放文件缓冲区	有错返回非 0，否则（关闭成功）返回 0
int feof(FILE *fp);	检查文件是否结束	遇文件结束返回非 0 值，否则返回 0
int ferror(FILE *fp);	测试 fp 所指向的文件是否有错	没错返回 0，有错返回非 0
int fgetc(FILE *fp);	从 fp 所指向的文件中取得下一个字符	返回所得到的字符，若读入出错返回 EOF
char *fgets(char *buf, int n, FILE *fp);	从 fp 指向的文件中读取一个长度为 ($n-1$) 的字符串，存入起始地址为 buf 的内存空间	返回地址 buf，若遇文件结束或出错，返回 NULL
FILE *fopen(char *filename, char *mode);	以 mode 指定的方式打开名为 filename 的文件	成功，返回文件指针（文件信息区的起始地址），否则返回 0
int fprintf(FILE *fp, char *format, args, …);	把 args 的值以 format 指定的格式输出到 fp 指向的文件中	实际输出的字符数
int fputc(char ch, FILE *fp);	把字符 ch 输出到 fp 所指向的文件中	成功，返回该字符，否则返回 EOF
int fputs(char *str, FILE *fp);	把 str 指向的字符串输出到 fp 所指向的文件中	成功，返回 0，若出错返回非 0
int fread(char *pt, unsigned size, unsigned n, FILE *fp);	从 fp 指定的文件中读取长度为 size 的 n 个数据项，存到 pt 所指向的内存区	返回所读的数据项个数，如遇文件结束或出错返回 0
int fscanf(FILE *fp, char *format, *args, …);	从 fp 指定的文件中按 format 给定的格式将输入数据送到 args 所指向的内存单元	已输入的数据个数
int fseek(FILE *fp, long offset, int base);	将 fp 指定的文件的位置指针移到以 base 所指出的位置为基准、以 offset 为位移量的位置	成功移动，返回 0，否则非 0
long ftell(FILE *fp);	返回 fp 所指向的文件中的读写位置	返回 fp 所指向的文件中的读写位置
int fwrite(char *ptr, unsigned size, unsigned n, FILE *fp);	把 ptr 所指向的 n*size 个字节输出到 fp 所指向的文件中	写到 fp 文件中的数据项个数
int getc(FILE *fp);	从 fp 指定的文件中读入一个字符	返回所读的字符，若文件结束或出错，返回 EOF
int getchar(void);	从标准输入设备读取下一个字符	返回所读字符，若文件结束或出错，返回 -1

续表

函数原型	功能	返回值
char *gets(char *str)	从标准输入设备读入字符串，遇换行将结束，并将换行符转换为'\0'	返回 str，若文件结束或出错，返回 NULL
int printf(char *format, args, …);	按 format 指向的格式字符串所规定的格式，将输出表列 args 的值输出到标准输出设备（format 可以是字符串或字符数组的首地址）	输出字符的个数，若出错返回负数
int putc(int ch, FILE *fp);	把一个字符 ch 输出到 fp 所指向的文件中	输出的字符 ch，若出错返回 EOF
int putchar(char ch);	把字符 ch 输出到标准输出设备	输出的字符 ch，若出错返回 EOF
int puts(char *str);	把 str 指向的字符串输出到标准输出设备，将'\0'转换为回车换行	返回换行符，若失败，返回 EOF
void rewind(FILE *fp);	将 fp 指向的文件中的位置指针置于文件开头位置，并清除文件结束标志和错误标志	无
int scanf(char *format, *args, …);	从标准输入设备按 format 指向的格式字符串所规定的格式，输入数据给 args 所指向的单元	读入并赋给 args 的数据个数，遇文件结束返回 EOF，出错返回 0

2. 数学库函数（使用时应包含 math.h 文件）

函数原型	功能	返回值
int abs(int x);	求整数 x 的绝对值	计算结果
double acos(double x);	计算 $\cos^{-1}(x)$ 的值，$-1 \leq x \leq 1$	计算结果
double asin(double x);	计算 $\sin^{-1}(x)$ 的值，$-1 \leq x \leq 1$	计算结果
double atan(double x);	计算 $\tan^{-1}(x)$ 的值	计算结果
double atan2(double x,double y);	计算 $\tan^{-1}(x/y)$ 的值	计算结果
double atof(char *str);	把浮点数字符串转换为浮点数	转换结果
int atoi(char *str);	把整数字符串转换为整数	转换结果
long atol(char *str);	把整数字符串转换为长整数	转换结果
double cos(double x);	计算 $\cos(x)$ 的值，x 的单位为弧度	计算结果
double cosh(double x);	计算 $\cosh(x)$ 的值	计算结果
double exp(double x);	求 e^x 的值	计算结果
double fabs(double x);	求 x 的绝对值	计算结果
double floor(double x);	求不大于 x 的最大整数	计算结果
double fmod(double x, double y);	求整除 x/y 的余数	计算结果
double frexp(double val, int *eptr);	把双精度数 val 分解为数字部分（尾数）x 和以 2 为底的指数 n，即 $val=x*2^n$，n 存放在 eptr 指向的变量中	返回数字部分 x，$0.5 \leq x < 1$
double log(double x);	求 $\ln x$	计算结果
double log10(double x);	求 $\log_{10} x$	计算结果
double modf(double val, double *iptr);	把双精度数 val 分解为整数部分和小数部分，把整数部分存到 iptr 指向的单元	val 的小数部分
double pow(double x, double y);	计算 x^y 的值	计算结果
int rand(void);	产生 0~32 767 的随机整数	随机整数

续表

函 数 原 型	功 能	返 回 值
double sin(double x);	计算 sin(x)的值，x 的单位为弧度	计算结果
double sinh(double x);	计算 sinh(x)的值	计算结果
double sqrt(double x);	计算 $\sqrt{x}$，x 应 ≥ 0	计算结果
void srand(unsigned seed);	用 seed 值初始化随机数生成器	无
double tan(double x);	计算 tan(x)的值，x 的单位为弧度	计算结果
double tanh(double x);	计算 tanh(x)的值	计算结果

3．字符库函数（使用时应包含 ctype.h 文件）

函 数 原 型	功 能	返 回 值
int isalnum(int ch);	检查 ch 是否是字母（alpha）或数字（numeric）	是字母或数字返回 1；否则返回 0
int isalpha(int ch);	检查 ch 是否是字母	是返回 1；否则返回 0
int iscntrl(int ch);	检查 ch 是否是控制字符（其 ASCII 码在 0 和 0x1f 之间）	是返回 1；否则返回 0
int isdigit(int ch)	检查 ch 是否是数字字符（0～9）	是返回 1；否则返回 0
int isgraph(int ch)	检查 ch 是否是可打印字符(其 ASCII 码在 0x21 到 0x7e 之间)，不包括空格	是返回 1；否则返回 0
int islower(int ch);	检查 ch 是否是小写英文字母（a～z）	是返回 1；否则返回 0
int isprint(int ch);	检查 ch 是否是可打印字符(其 ASCII 码在 0x20 到 0x7e 之间)，包括空格	是返回 1；否则返回 0
int ispunct(int ch);	检查 ch 是否是标点字符（不包括空格），即除字母、数字和空格外的所有可打印字符	是返回 1；否则返回 0
int isspace(int ch);	检查 ch 是否是空格、跳格符（制表符）或换行符	是返回 1；否则返回 0
int isupper(int ch);	检查 ch 是否是大写英文字母（A～Z）	是返回 1；否则返回 0
int isxdigit(int ch);	检查 ch 是否是 16 进制数字字符（即 0～9，或 a～f，或 A～F）	是返回 1；否则返回 0
int tolower(int ch);	把 ch 字符转换为小写字母	与 ch 相应的小写字母
int toupper(int ch);	把 ch 字符转换为大写字母	与 ch 相应的大写字母

4．字符串库函数（使用时应包含 string.h 文件）

函 数 原 型	功 能	返 回 值
char *strcat(char *str1, char *str2);	把字符串 str2 接到 str1 后面，原 str1 后面的'\0'被取消	str1
char *strchr(char *str, int ch);	找出 str 指向的字符串中第一次出现字符 ch 的位置	返回指向该位置的指针，如找不到返回空指针
int strcmp(char *str1, char *str2);	比较两个字符串 str1 和 str2 的大小	str1<str2 返回负数 str1=str2 返回 0 str1>str2 返回正数
char *strcpy(char *str1, char *str2);	把 str2 指向的字符串复制到 str1 中	返回 str1
unsigned int strlen(char *str);	统计字符串 str 中字符的个数（不包括结束标志'\0'）	返回字符个数
char *strstr(char *str1, char *str2);	找出 str2 字符串在 str1 字符串中第一次出现的位置（不包括 str2 串的结束符）	返回该位置的指针，如找不到，返回空指针

5. 动态存储分配库函数（使用时应包含 stdlib.h 文件）

函 数 原 型	功　　能	返　回　值
void *calloc(unsigned n, unsigned size);	分配 n 个数据项的内存连续空间，每个数据项的大小为 size 个字节	返回分配内存单元的起始地址，如不成功，返回 NULL
void free(void *p);	释放 p 所指向的内存区	无
void *malloc(unsigned size);	分配 size 个字节的内存区	所分配的内存区的起始地址，如内存不够，返回 NULL
void *realloc(void *p, unsigned size);	将 p 所指向的已分配的内存区大小改为 size 个字节，size 可以比原来分配的空间大或小	返回指向该内存区的指针

附录 C 常见错误分析和程序调试

1. 常见错误分析

C 语言功能强，语法精练灵活，运行效率高，始终占据各类编程语言排行榜前两位。但由于其语法灵活，而且其编译程序对语法的检查又不太严格，许多错误编译时往往不会给出错误提示，这给初学者带来了困难，常常是出错了也不知道怎么回事。下面列举一些初学者常犯的错误，以起提醒的作用。

（1）变量在使用前没有定义，违反了变量"先定义，后使用"的原则。

（2）数值超过指定数据类型的取值范围。例如，n 是 short 类型变量，赋值表达式 n=40000 就不能使得变量 n 得到值 40000，因为 short 类型的取值范围是-32 768~32 767。再如，a 是 double 类型变量，赋值表达式 a=45678*56789 也不能使得 a 得到值 2 594 007 942，因为尽管 2 594 007 942 在 double 类型的取值范围内，但在计算 45678*56789 的结果时，其值已经超出了 long 类型的取值范围，再赋值当然不可能得到正确的数值。解决该问题的方法是将表达式改为 a=45678.0*56789。

（3）忽略了实型数据的舍入误差。例如，n 是 int 类型变量，其值为 100，表达式 n*0.1==10.0 的值不是"真"而是"假"，因为 0.1 在计算机内表示时存在舍入误差，导致条件不成立。解决该问题的方法是将表达式改为 fabs(n*0.1-10.0)<1e-6。

（4）输入输出的数据类型与用户指定的类型格式符不一致。例如，n 是 int 类型变量，其值为 100，语句"printf("%f", n);"的输出结果是 0.000000。注意，输出时是不会将 n 自动转换为 float 类型后输出的。

（5）在用 scanf()函数时，忘记了用取地址运算符&。例如，n 是 int 类型变量，语句 scanf("%d", n); 就不能将输入的数值送到变量 n 中。

（6）在用 scanf()函数输入字符串时，在数组名前面多加了&。例如，s 是长度为 40 的一维 char 类型数组，语句"scanf("%s", &s);"就是错的，因为数组名 s 本身就是地址，不必再加&。

（7）在用 scanf()函数时，输入数据的形式与格式控制字符串中的要求不一致。例如，n 和 m 均是 int 类型变量，语句"scanf("%d%d", &n, &m);"对应的输入形式：5,8✓ 就是错的，因为数据之间应用空格符（或制表符、回车符）分隔，除非用语句"scanf("%d,%d", &n, &m);"指定数据之间的分隔符为","。又如，n 是 int 类型变量，而 ch 是 char 类型变量，语句"scanf("%d%c", &n, &ch);"对应的输入形式：5　s✓ 就是错的，因为在输入字符数据时，所有输入的字符均为有效字符，字符 s 前不能有空格符，除非用语句"scanf("%d %c", &n, &ch);"指定字符 s 前应加空格符与前面的数分隔。再如，s 是长度为 40 的一维 char 类型数组，语句"scanf("%s", s);"对应的输入形式：Shanghai　Disney　2016✓ 就是错的，因为遇到空格符 scanf 就认为输入已经结束，除非改用语句 gets(s)实现输入。

（8）在用 scanf()函数向数值型数组输入数据时，直接用了数组名。例如，a 是长度为 40 的一维 int 类型数组，语句"scanf("%d", a);"就是错的。也许是因为受了在 scanf()函数中用类型格式符%s 和数组名输入一个字符串的影响，但在向数值型数组输入数据时，不能照搬，应用循环语句逐个输入。

（9）语句后面漏分号。分号是 C 语言语句结束的标志，没有分号就不是语句。

（10）在不该加分号的地方加了分号。例如，"#include <stdio.h>;"后面的分号是多余的，因为预处理命令不是语句，后面不必加分号。又如，"if (a>b); max=a;"中(a>b)后面的分号是多余的，但编译程序不报错，而是把分号理解为一个空语句，导致语句"max=a;"不管条件(a>b)是否成立都会执行，违反了语句 max=a; 仅在条件(a>b)成立时才被执行的本意。再如，"for (i=0; i<10; i++);   printf("%f   ", a[i]);"中(i=0; i<10; i++)后面的分号是多余的，但编译程序不报错，这样循环体就是一个空语句，导致语句"printf("%f   ", a[i]);"被排除出循环体，不能达到输出数组 a 中各个元素值的目的。

（11）在需要加头文件时没有加。例如，程序中用到 sqrt()函数，没有用#include <math.h>，这是初学者常犯的错误，原因是初学者往往不清楚#include <math.h>的真正作用。

（12）在 C 语言中，对标识符中的英文字母是大小写敏感的，即大写字母和小写字母是有区别的。例如，maxSize 已经被定义为 int 类型变量，但程序中却出现语句"maxsize=100;"，这会导致编译程序报错：'maxsize' undeclared。

（13）混淆了字符和字符串的表示形式。例如，sex 是 char 类型变量，语句"sex="M";"是错的，因为"M"是字符串，它包括两个字符：'M'和'\0'，而变量 sex 中只能放一个字符。

（14）混淆了变量初始化和赋值的表示形式。例如，"int a=b=c=0;"是错的，而赋值语句"a=b=c=0;"是正确的。

（15）误认为两整数相除的结果是实数。例如，5/9 的结果是 0，而不是 0.5555556。

（16）误认为"="是比较运算符"相等"。例如，对于语句"if (x=100)   c++;"编译程序并不报错，而是把"="理解为赋值运算符，导致不管 x 的值是否是 100，变量 c 都会加 1。

（17）混淆了数学关系式和 C 语言表达式的区别。例如，把数学关系式"5<a<10"写成 C 语言表达式"5<a<10"是错的，正确的 C 语言表达式为"5<a   &&   a<10"。

（18）混淆了中文标点符号与西文标点符号的区别。例如，n 是 int 类型变量，语句 n=100；后出现了中文分号"；"，编译程序报错：stray '\243' in program 和 stray '\273' in program。这个错误很常见，初学者往往看不懂出错信息，找不出出错的原因，因为中文分号与西文分号在屏幕上很难区分。实际上中文分号在 GB2312 中位于第 3 区，是第 27 个符号，即它的区位码是 031BH。也就是说中文分号的机内码是 A3BBH，即中文分号在内存中就相当于两个字符'\xA3'和'\xBB'，而'\xA3'就是'\243'，'\xBB'就是'\273'。

（19）在 switch 语句的各分支中漏写 break 语句。具体实例可参见例 3.16。

（20）括号不配对。例如，语句"while ((c=getchar()!='\n')   putchar(c);"中缺一个右括号。

（21）引用数组元素时的形式或下标有误。例如，若有定义"int a[10];"，则语句"for (i=1; i<=10; i++)   printf("%d   ", a(i));"中有两个错。一个是数组元素不能表示成 a(i)而应为 a[i]，

另一个是10个数组元素不是a[1]~a[10]而是a[0]~a[9]。

（22）表达字符串处理的方法有误。例如，若有定义"char s1[40], s2[]="Java";"，则语句"s1=s2;"和语句"if (s2=="Java") break;"均是错的。首先数组名是地址常量，不能出现在赋值运算符的左边，所以第1句是错的；其次第2句中表达式s2=="Java"进行的是地址比较而不是字符串比较，尽管编译程序不报错，但表达的逻辑意义不对。正确的方法是应用"strcpy(s1, s2);"语句和"if (strcmp(s2, "Java")==0)   break;"语句。

（23）混淆了字符数组与字符指针的区别。例如，若有定义"char s[40], *p;"，则语句"p="Java";"是正确的，而语句"s="Java";"是错的。错误的原因上面已经分析过，这里不再重复。注意，语句"p="Java";"表达的意思不是将字符串"Java"放到指针 p 中去，而是使得指针p指向字符串"Java"的首地址。再如，若有定义"char s[40], *p;"，则语句"scanf("%s", s);"是正确的，而语句"scanf("%s", p);"是错的。错误的原因是没有对指针 p 赋予确定的值，即指针 p 的值是一个随机值，也就是说指针 p 指向的存储单元是随机的，这个错是十分严重的，因为它可能会改变不应被改变的存储单元，破坏系统的工作环境，产生灾难性的后果。

（24）混淆了数组名和指针变量的区别。例如，若有定义"int a[10], *p;"，则语句"for (p=a; a<(p+10); a++)   printf("%d   ", *a);"是错的，因为数组名 a 是地址常量，不能做"++"运算，将语句改为"for (p=a; p<(a+10); p++)   printf("%d   ", *p);"即可。

（25）用户自定义的函数在后，但在调用该函数前忘记了进行函数声明。

（26）用户自定义的函数类型是 void，但在该函数体中出现了类似于"return 表达式;"的语句。

（27）误认为函数形参值的改变会影响实参的值。具体可参见例5.8。

（28）函数的实参和形参类型不一致。例如，若有函数声明"int fun(int *a, int n);"和定义"int b[10];"则函数调用 fun(*b, 10)是错的，因为声明中的星号表示形参 a 是一个 int 指针，而调用中的星号是取内容运算符，实参*b 是一个 int 类型变量，正确的函数调用应为 fun(b, 10)。导致这类错误的原因是初学者只注意形式，没有理解两个星号表达的意义完全不同。又如，若有函数声明"int fun(int a[], int n);"和定义"int b[10];"则函数调用 fun(b[], 10)是错的，因为这里两处"[]"表达的意义也完全不同，声明中的一对方括号表示形参 a 是一个 int 数组名，而调用中的一对方括号是下标运算符，正确的函数调用应为 fun(b, 10)。再如，若有函数声明"int fun(int a[], int n);"和定义"float b[10];"，则函数调用 fun(b, 10)是错的，因为形参 a 表面上看是一个数组名但本质上是一个 int 指针，而实参 b 表面上看是一个数组名但本质上是一个 float 指针，两指针的基类型不同不能赋值。本例中 float 类型的数组 b 是不能作为 int 类型形参数组 a 的实参的。

（29）混淆了结构体类型和结构体变量的区别。例如，若有定义："struct date { int y, m, d; } day;"，则语句"day.y=2016;"是正确的，而语句"date.y=2016;"是错的，因为 date 是类型名，它不是变量，不占用存储单元，赋值只能对变量 day 中的成员进行。

（30）混淆了变量初始化和给变量赋值的区别。例如，若有定义："struct date { int y, m, d; };"，则定义"struct date day={2016, 7, 21};"是正确的，而"struct date day; day={2016, 7, 21};"是错的，因为后面的"day={2016, 7, 21};"是给变量 day 赋值，但 C 语言中没有结构体常量。类似的情况还有，如定义"int a[]={1, 2, 3, 4, 5};"是正确的，而"int a[5];   a={1, 2, 3, 4, 5};"是错的，因为一方面数组名 a 是地址常量，不能出现在赋值运算符的左边，另

一方面 C 语言中没有数组常量。

2. 程序调试概述

所谓程序调试是指对程序的查错和排错。调试程序一般经过以下几个步骤。

（1）先进行人工检查，即静态检查。当把源程序输入到计算机中后，先不要急着进行编译，而应对程序进行人工检查，即仔细阅读程序，看是否存在语法错误和逻辑错误。这一步十分重要，它能发现程序员由于疏忽而造成的多数错误。而这一步往往被忽视，不少初学者在源程序输入后，自己都懒得看一下就进行编译，把发现错误的希望寄托在编译系统身上，这不但浪费时间，而且也不利于养成严谨的科学作风。俗话说"磨刀不误砍柴工"，静态检查不仅不会浪费时间，而且会加快程序的调试。

要特别强调的是：良好的编程风格不但增强了程序的可读性，而且也有利于发现错误。对于初学者，良好的编程风格主要体现在：①采用结构化方法编程；②加必要的注释；③标识符尽量做到"见名知意"；④采用按层次缩进的书写格式；⑤复合语句的左右大括号上下对齐。

（2）在静态检查无误后，可以开始进行动态检查。所谓动态检查就是由编译系统进行检查，帮助程序员发现错误。如果存在语法错误，在编译时会给出语法错误的信息，程序员可以根据出错信息找出程序中的出错之处并改正。应当注意的是：有时提示的出错行并不是真正出错的行，如果在提示出错的行上找不到错误，应到上一行中再找。另外，由于出错的情况繁多且各种错误互有关联，有时提示出错的类型并非绝对正确，因此要善于分析，找出真正的错误，而不是只从字面意义上"死抠"出错信息，钻牛角尖。

有时遇到的情况是：编译时会给出一大批出错信息，这时初学者往往感到问题严重，无从下手。其实这时可能只有一两个错误，正确的做法是只针对前一两个出错信息努力去找出出错的位置和原因并改正，再编译时会发现刚才的一大批出错信息都消失了。

（3）通过试运行程序查错。在动态检查改正所有错误（error）和警告（warning）后，程序经过连接（link）就会生成可执行程序。运行程序，输入程序所需要的数据，就可得到运行结果。这时应当对运行结果进行分析，看它是否符合要求，因为动态检查往往不能找出所有的语法错误，而且程序还可能存在逻辑错误。

有时，问题比较复杂，难以立即判断结果是否正确。这时就应事先准备好一些典型的"测试数据"，输入这些数据就容易判断出结果是否正确。

需要说明的是语法错误分为两类：一类是致命错误，以 error 表示，如果程序中存在这类错误，就不能通过编译，也不会生成可执行程序，更谈不上运行程序了；另一类是轻微错误，以 warning 表示，这类错误不影响生成可执行程序，但可能影响运行的结果，因此也应改正，除非程序员自己清楚产生这个 warning 的原因和可能产生的影响。

（4）根据运行结果排查逻辑错误。运行结果不正确，大多属于逻辑错误。对这类错误需要仔细检查和分析才能找出并改正。方法如下：

① 将程序与算法仔细对照，如果算法是正确的，程序写错了，是很容易找到错误的。

② 如果在程序中没有发现问题，就要检查算法是否有问题，如果有则改正，接着再修改程序。

③ 采用"分段检查"方法。在程序的不同位置添加几个 printf 语句，输出有关变量的值，逐段往下查，直到找到在某一段中的数据不对为止，这时就把错误范围缩小在这一段中了。不断缩小"查错范围"，就可以发现错误所在。

④ 如果觉得通过在程序的不同位置添加几个 printf 语句来实现"分段检查"很不方便，可以使用 DEBUG（调试）工具。现在常用的编程环境都提供了 DEBUG 工具，可以跟踪流程并输出有关信息，这样可以大大方便和加快程序调试工作。

总之，程序调试是一项具有挑战性的工作，需要良好的 C 语言知识，认真细致和不达目标不罢休的工作态度。程序调试过程可反映出一个程序员的经验、能力和态度。对于初学者，上机调试程序的目的不仅是为了验证程序的正确性，更是为了掌握程序调试的方法和技术。

3．Dev-C++中的调试工具

Dev-C++ 5.5.3 提供了必要的调试手段和工具，但在使用它提供的调试工具之前，必须要让 Dev-C++产生调试信息。方法是：选择"工具"主菜单中的"编译选项"子菜单，然后在弹出的"编译器选项"界面中选择"代码生成/优化"选项卡，单击"连接器"可以看到在默认情况下"产生调试信息"为 No，把它改为 Yes 即可，如图 C.1 所示。

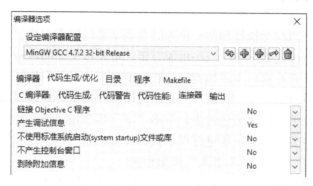

图 C.1 编译器选项窗口界面

在完成准备工作后就可以进行程序的调试了，下面按照使用过程简要介绍调试手段和工具。

（1）让程序执行到中途暂停以便观察阶段性结果。方法是把希望暂停的那一行设置成断点，然后按 F5 键或执行"运行"主菜单中的"调试"命令，当程序执行到断点所在的那一行会暂停。设置断点的步骤如下。

① 把光标移动到希望暂停的行上。

② 按 F4 键或执行"运行"主菜单中的"切换断点"命令。

需要说明的是：由于快捷键不容易记住，菜单操作又不太方便，Dev-C++提供了可隐藏的调试工具条。当需要进行程序调试时，可单击 Dev-C++主窗口界面下面的 ✓调试 按钮打开隐藏的调试工具条，如图 C.2 所示。调试工具条中的"调试"按钮与"运行"主菜单中的"调试"命令是完全等价的。调试工具条中没有"切换断点"按钮，关于设置断点更简便的方法在稍后有介绍。当不需要调试时，可单击"关闭"按钮隐藏调试工具条。

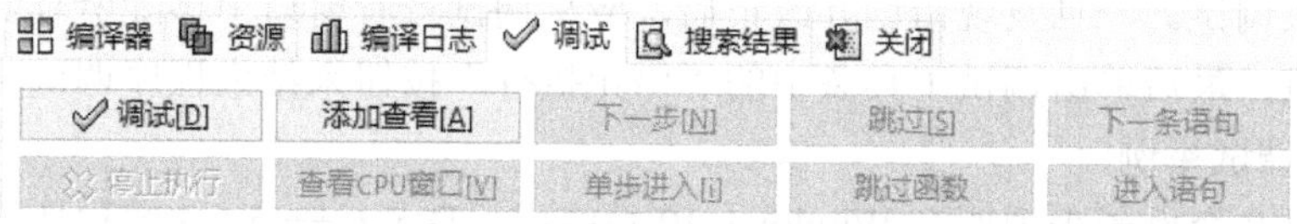

图 C.2 调试工具条

要提醒初学者的是：调试工具条中的"查看 CPU 窗口""下一条语句""进入语句"和"跳过函数"这 4 个按钮与汇编语言有关，一般不要使用。

（2）把需要观察其值变化的各个变量添加到调试查看窗口。

按照上面的操作，可使程序执行到指定位置时暂停，其目的是为了查看有关的中间结果。单击调试工具条中的"添加查看"按钮，在弹出的小窗口中输入要查看的变量名，输入完成后该变量名出现在调试查看窗口。多次使用"添加查看"按钮可添加多个要查看的变量名。如果要从调试查看窗口中移除某个查看变量，首先在查看窗口中单击选中该变量，然后在查看窗口中右击，在弹出的快捷菜单中选择"移除查看"命令。如果要从调试查看窗口中移除所有的查看变量，可在查看窗口中右击，在弹出的快捷菜单中选择"全部清除"命令即可。

在变量名比较长的情况下，上述在调试查看窗口中添加要查看的变量名的方法显得不太方便。另一种更简便的方法是：首先在程序编辑窗口中选中要查看的变量名，然后在调试工具条中单击"添加查看"按钮。

（3）单步执行。当程序执行到某一位置时发现结果已经不正确了，说明在此之前肯定有错误存在。如果能确定某一小段程序可能有错，可先按上面的步骤使程序在该小段的第一行暂停，再在调试查看窗口中添加若干个查看变量，然后单步执行（即一次执行一行语句）逐行检查，查看到底是哪一行造成结果出现错误，从而确定错误的语句并予以改正。

即将被单步执行的行将呈蓝色背景，单击"下一步"按钮该行被执行。如果遇到用户自定义函数调用，若要进入该函数进行单步执行，可单击"单步进入"按钮。对非函数调用语句而言，"下一步"与"单步进入"作用相同。

（4）断点的使用。尽管单步执行方法可以帮助程序员发现错误，但如果遇到结构稍复杂（如含有循环语句）的程序，要反复单步执行，效率不高，这时可使用断点。如果在一个程序的不同位置设置了多个断点，第一次单击调试工具条中的"调试"按钮，程序会暂停在第一个断点，这时可查看有关变量的值是否正确。如果正确，再单击调试工具条中的"跳过"按钮，程序会继续执行到第二个断点处暂停，再查看有关变量的值是否正确。如果正确，再单击"跳过"按钮，程序会继续执行到第三个断点处暂停，再查看有关变量的值是否正确。通过这个方法，可以帮助程序员很快确定可能有错的程序段，再采用单步执行的方法来确定错误的语句并改正。

使用断点可以使程序暂停，但一旦设置了断点，每次调试程序时都会在断点处暂停。为了清除所设置的断点，可以把光标移动到断点所在的行上，按 F4 键或执行"运行"主菜单中的"切换断点"命令。"切换断点"命令是一个开关，第 1 次执行是设置，第 2 次执行是清除，第 3 次执行又是设置，第 4 次执行又是清除，……被设置成断点的行将呈红色背景，该行最左边有一个绿颜色的"√"。断点清除后，红色背景和"√"都消失。事实上，单击该"√"也能清除断点，对该位置再单击也能设置断点。

（5）结束调试。一旦发现错误并改正后，应从调试查看窗口中移除所有的查看变量并清除所有断点，最后单击调试工具条中的"停止执行"按钮来结束程序调试。

4．程序调试举例

下面通过几个例子来说明在 Windows 10 系统中，Dev-C++ 5.5.3 编程环境下程序调试的过程和方法。

例 C.1　编程输入圆锥的半径和高,利用公式 $v=(1/3)\pi r^2 h$ 计算圆锥的体积后输出。

(1) 输入图 C.3 中所示的程序后,单击 Dev-C++主界面工具条中的"编译"按钮,编译程序给出了一条出错信息:第 3 行存在"expected identifier or '(' before '{' token"错,即语法分析发现记号'{'之前有错误。尽管这时光标停留在第 3 行(该行呈暗红色背景),但该行没有错,仔细检查'{'之前的程序,发现第 2 行的末尾多了一个分号。

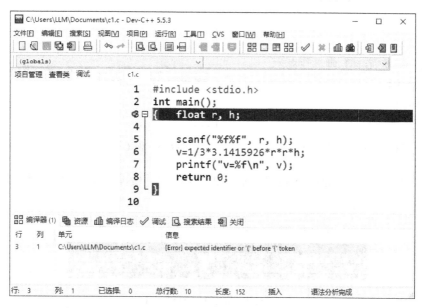

图 C.3　例 C.1 编译出错信息 1

(2) 删除第 2 行末尾的分号后,重新编译,这时编译程序又给出了一条出错信息:第 6 行存在"'v' undeclared"错,即变量 v 未声明(定义),如图 C.4 所示。

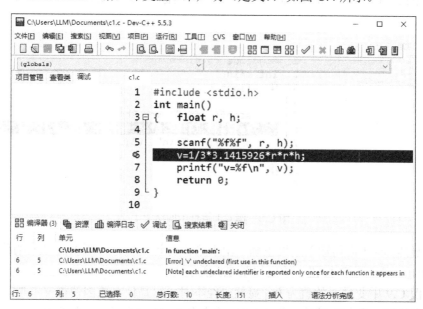

图 C.4　例 C.1 编译出错信息 2

（3）在第 3 行中增加变量 v 的定义后，再重新编译，这时在 Dev-C++主界面的左下方会出现如图 C.5 所示的信息，表示编译成功完成。

（4）单击 Dev-C++主界面工具条中的"运行"按钮，在输入 3 5↙后，弹出如图 C.6 所示的对话框，表示产生了一个运行错误。这个运行错误是在输入过程中产生的，仔细检查第 5 行，发现 scanf()函数中忘记了用取地址运算符&。

图 C.5 编译成功信息   图 C.6 例 C.1 运行错误对话框

（5）在第 5 行中添加两个&运算符后，再重新编译和运行，在输入 3 5↙后，运行结果如图 C.7 所示。

图 C.7 例 C.1 运行结果 1

（6）显然运行结果错误，是什么原因呢？程序是最简单的输入、计算和输出，问题只可能在这 3 行中产生。把光标移动到第 6 行上，在该行上设置一个断点，打开隐藏的调试工具条，单击"调试"按钮，在输入 3 5↙后，再添加 3 个变量到查看窗口，结果如图 C.8 所示。

图 C.8 例 C.1 运行中间结果 1

（7）显然 scanf 语句输入结果正确（由于第 6 行还未执行，所以变量 v 的值是一个随机数），单击"下一步"按钮，结果如图 C.9 所示。

（8）图 C.9 中变量 v 的值为 0，显然已经不对了。是什么原因使得 v=0 呢？仔细检查第 6 行，发现赋值语句中的除运算"1/3"的值为 0，所以变量 v 的值为 0。

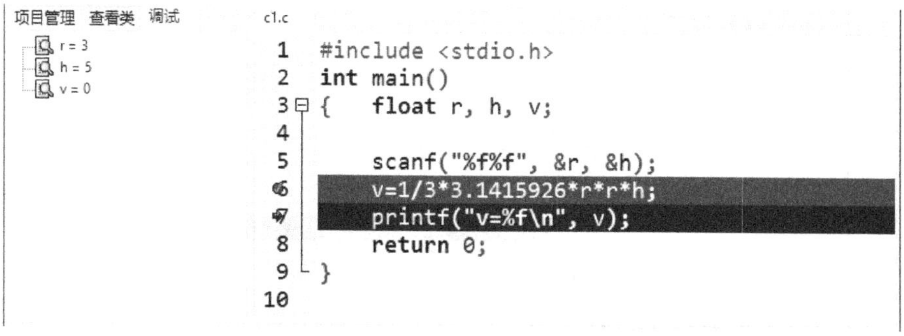

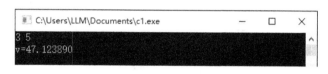

图 C.9　例 C.1 运行中间结果 2

（9）单击"停止执行"按钮，结束程序调试。清除第 6 行上设置的断点，并将第 6 行赋值语句中的除运算"1/3"改为"1.0/3"，最后重新编译和运行，在输入 3　5↙后，程序运行结果如图 C.10 所示，运行结果完全正确。

图 C.10　例 C.1 运行结果 2

例 C.2　函数 shift_m()的功能是将字符串中的所有字符依次向右循环移动 *m* 个位置，右边移出的字符循环放到左边。编程输入一个长度小于 80 的字符串，通过调用函数 shift_m()对输入字符串中的所有字符依次向右循环移动 3 位后输出。例如，输入 123456789↙，则输出 789123456。

（1）输入图 C.11 中所示的程序后，单击 Dev-C++主界面工具条中的"编译"按钮，编译程序给出了一条出错信息：第 8 行存在"expected ';' before 'shift_m'"错，即语法分析发现 shift_m()函数之前少了一个分号。从光标停留的第 8 行（该行呈暗红色背景）往前仔细检查 shift_m()函数之前的程序，发现第 7 行的末尾少了一个分号。

（2）在第 7 行的末尾添加一个分号后，重新编译，这时编译程序给出了一条警告信息，如图 C.12 所示。第 13 行本身没有错误，但在这里出现了 shift_m()函数类型冲突（conflicting type for 'shift_m'）警告，而下面的一个注释（Note）提示第 8 行有 shift_m()函数的隐式声明（implicit declaration of 'shift_m'）。综合分析警告和注释信息，发现由于用户自定义函数在被调用（第 8 行）之前缺少函数声明，导致在第 8 行函数调用时，系统的隐式声明是该函数返回 int 类型，但在第 13 行的函数定义告诉系统该函数是 void 类型，所以函数类型冲突。

（3）在第 8 行函数调用之前的第 6 行加上函数声明"void shift_m(char *s, int m);"，再重新编译，这时编译程序又给出了一条警告信息，如图 C.13 所示。该警告信息表明第 8 行传递给函数 shift_m()的第 1 个参数是整型作为指针用（makes pointer from integer），而下面的一个注释更是清楚地指出第 6 行的函数声明告知函数的第 1 个形参是基类型为 char 的指针，但实参*str 是 char 类型。由于 char 类型可以理解为 integer 类型，所以产生上述警告。

```
项目管理 查看类 调试    c2.c
                        1   #include <stdio.h>
                        2   #include <string.h>
                        3
                        4   int main()
                        5   {   char  str[80];
                        6
                        7       gets(str)
                        8       shift_m(*str, 3);
                        9       puts(str);
                        10      return 0;
                        11  }
                        12
                        13  void shift_m(char *s, int m)
                        14  {   int  n, i, j;
                        15
                        16      n=strlen(s);
                        17      for (i=1; i<=m; i++)
                        18      {   for (j=n-1; j>=0; j--)
                        19              s[j+1] = s[j];
                        20          s[0] = s[n];
                        21      }
                        22  }
                        23
```

图 C.11　例 C.2 编译出错信息

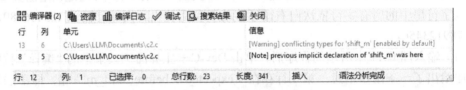

图 C.12　例 C.2 编译警告信息 1

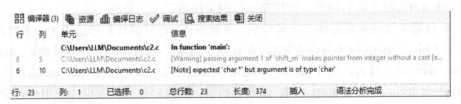

图 C.13　例 C.2 编译警告信息 2

（4）将实参*str 改为 str 后，再一次重新编译，系统显示所有错误为 0，总错误为 0，表示编译成功完成。

（5）单击 Dev-C++主界面工具条中的"运行"按钮，在输入 123456789↙后，运行结果如图 C.14 所示。

（6）为了找出错误的原因，首先要检查字符串输入和参数的传递是否正确，为此，在第 8 行"shift_m(str, 3);"语句处设置一个断点，打开隐藏的调试工具条，单击"调试"按钮，在输入 123456789↙后，再添加 str 变量到查看窗口，结果如图 C.15 所示。

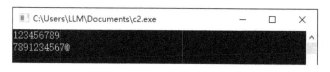

图 C.14　例 C.2 运行结果 1　　　　　　图 C.15　例 C.2 运行中间结果 1

（7）显然 gets 语句输入结果正确。单击"单步进入"按钮，再添加 s 变量到查看窗口，结果如图 C.16 所示。

（8）参数传递也是正确的。为了了解第一次内循环结束后的情况，在第 20 行 s[0] = s[n]; 语句处设置一个断点，单击"跳过"按钮，结果如图 C.17 所示。

图 C.16　例 C.2 运行中间结果 2　　　　　图 C.17　例 C.2 运行中间结果 3

（9）第一次内循环结束结果正确。单击"下一步"按钮，结果如图 C.18 所示，图 C.18 说明，外循环第一次结束后，也就是形参 s 中的所有字符依次向右循环移动 1 位后，s 的值为"9123456789@"。造成这个结果的原因是原字符串的结束标志'\000'，现在变成了字符'9'，所以，外循环第三次结束后，也就是形参 s 中的所有字符依次向右循环移动 3 位后，s 的值为"7891234567@"，错误原因找到了。

图 C.18　例 C.2 运行中间结果 4

（10）单击"停止执行"按钮，结束程序调试。现在只要清除所有断点，并在 shift_m() 函数体的最后加上"s[n] = '\0';"语句，最后重新编译和运行，输入 123456789↙ 后，程序运行结果如图 C.19 所示，运行结果完全正确。

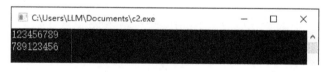

图 C.19　例 C.2 运行结果 2

参 考 文 献

[1] 陆黎明，朱媛媛，蒋培. 高级语言程序设计（C语言描述）[M]. 北京：科学出版社，2013.
[2] 夏耘，吉顺如. 大学程序设计（C）实践手册[M]. 上海：复旦大学出版社，2008.
[3] 谭浩强. C程序设计（第四版）[M]. 北京：清华大学出版社，2010.
[4] 谭浩强. C程序设计（第四版）学习辅导[M]. 北京：清华大学出版社，2010.
[5] 吕国英，钱揖丽，杨红菊，等. 高级语言程序设计实验指导与习题集[M]. 北京：清华大学出版社，2012.
[6] 王朝晖，黄蔚. C语言程序设计学习与实验指导（第3版）[M]. 北京：清华大学出版社，2016.
[7] 冯相忠. C语言程序设计学习指导与实验教程（第三版）[M]. 北京：清华大学出版社，2016.